소방기술사 기출문제 풀이 시리즈

마스터 소방기술사 기출문제 풀이 01

114~119회 소방기술사
기출문제 풀이

소방기술사 **홍운성** 저

머리말

시험공부에서 가장 먼저 해야 하는 것은 기출문제 분석입니다. 이를 통해 어떤 유형의 문제가 출제되고, 수험서 내에서 중요한 사항이 무엇인지 파악할 수 있기 때문입니다.

이렇게 중요한 기출문제 분석이지만, 정답과 거리가 먼 해설로 공부한다면 오히려 역효과를 낼 수도 있습니다. 또한 수험생이 공부하고 있는 교재의 내용과 전혀 다르게 기술된 해설이라면 기존 공부와 별도로 최신 기출문제 풀이를 또 공부해야 하는 상황에 놓이게 됩니다.

《마스터 소방기술사 기출문제 풀이 01》은 2018~2019년에 출제된 114~119회 소방기술사 필기시험 문제의 풀이를 적중률이 높은 수험서인 《NEW 마스터소방기술사》의 내용 중심으로 만들었고, 수많은 자료 분석과 저자의 실무 경험을 통해 최대한 정답에 가까워지도록 하였습니다. 문제풀이의 분량도 터무니없이 적거나 많지 않고, 실전에서 쓸 수준에 맞추었습니다.

수험생 여러분은 이 기출문제 해설을 통해 답안의 수준, 분량을 이해하고, 기본서를 어떻게 요약 정리하며 공부해 두어야 하는지 파악할 수 있을 것입니다. 연계 온라인 강좌인 마스터 실전반 1을 수강하게 되면 최신 기출문제의 정답을 이해하고, 실전에서 답안을 작성하기 위해 공부해야 할 범위와 방법을 깨닫게 될 것입니다.

앞으로 이 기출문제 시리즈를 지속적으로 출간하여 소방기술사를 준비하는 모든 이들에게 도움을 드리고자 합니다.

차례

CHAPTER 05 제118회 기출문제 풀이

CHAPTER 06 제119회 기출문제 풀이

단원별 소방기술사 기출문제 분석

Ⅰ. 화재역학

[소방화학]

118-2-6 프로판의 연소식을 적고 화학양론조성비, 연소상한계(UFL), 연소하한계(LFL), 최소산소농도(MOC)를 구하고 각각의 의미를 설명하시오.

116-1-2 이중결합을 가지고 있는 지방족 탄화수소화합물의 명칭과 일반식을 쓰고 고분자(polymer)형성 과정에 대하여 설명하시오.

115-1-6 그레이엄(Graham)의 확산법칙을 설명하고, 표준상태에서 수소가 산소보다 몇 배 빨리 확산하는지를 구하시오.

115-1-7 물이 이산화탄소보다 끓는점과 녹는점이 높은 이유를 화학결합이론으로 설명하시오.

114-1-13 보일의 법칙과 샤를의 법칙을 비교하여 물질의 상태에 대한 물리적 의미를 설명하시오.

[연소공학]

119-1-3 연소범위 영향요소에 대하여 설명하시오.

119-1-4 훈소의 발생 메커니즘 및 특성, 소화대책에 대하여 설명하시오.

116-2-6 소방펌프실의 펌프 고장으로 액체연료인 윤활유가 바닥면에 1 cm 두께, 면적 4 m^2로 누유된 후 점화원에 의해 화재가 발생하였다. 이때 열방출률($\dot{Q}$), Heskestad의 화염길이(L), 화재지속시간(Δt)을 계산하시오.(단, 용기화재의 단위면적당 연소율 계산식은 $\dot{m}'' = \dot{m}_{\infty}''(1-\exp^{-\kappa\beta D})$이고, 이때 윤활유의 $\dot{m}_{\infty}'' = 0.039\ \mathrm{kg/m^2s}$, $\kappa\beta = 0.7\ \mathrm{m^{-1}}$, 밀도 $\rho = 760\ \mathrm{kg/m^3}$, 완전연소열 $\Delta H_C = 46.4\ \mathrm{MJ/kg}$, 연소효율 $\chi = 0.7$이다.)

기 출
분 석

[방화공학]

기출문제 없음

[열전달]

118-4-1 열전달 메커니즘(Mechanism)에 대하여 설명하시오.

117-1-5 열역학법칙에 대하여 설명하시오.

114-1-6 폴리우레탄 폼 벽체를 관통하는 단위 면적당 열유동률을 구하시오.

〈조건〉
• 벽의 두께는 0.1 m, 벽 양면의 온도는 각각 20 ℃와 −10 ℃이다. • 폴리우레탄 폼의 열전도도는 0.034 W/m · K이다.

[방폭공학]

116-1-8 화학적 폭발의 종류와 개별특성에 대하여 설명하시오.

116-2-4 폭발에 관한 다음 질문에 답하시오.
1) 폭발의 정의
2) 폭연과 폭굉의 차이점
3) 폭굉 유도거리
4) 폭굉 유도거리가 짧아질 수 있는 조건
5) 폭발 방지대책

115-2-4 인화성 증기 또는 가스로 인한 위험요인이 생성될 수 있는 장소의 폭발위험장소 구분에 대한 규정인 한국산업표준(KS C IEC 60079-10-1)이 2017년 11월에 개정되었다. 주요 개정사항 7가지를 설명하시오.

II. 소방기계 기초

[유체역학]

118-4-4 차압식 유량계의 유속측정 원리에 대하여 식을 유도하고 설명하시오.

117-1-3 Newton의 운동법칙과 점성법칙에 대하여 설명하시오.

[배관재료]

119-2-2 소화배관의 기밀시험 방법 중 국내 수압시험 기준과 NFPA 13의 수압시험 및 기압시험에 대하여 설명하시오.

114-1-5 스윙 체크밸브(Swing Check Valve)와 스모렌스키 체크밸브(Smolensky Check Valve)의 차이점과 용도에 대하여 설명하시오.

114-3-3 수계소화설비 배관의 부식 발생 원인과 방지대책에 대해 설명하시오.

[수리계산]

119-3-2 수계시스템에서 배관경 산정방법인 규약배관방식(pipe schedule method)과 수리계산방식(hydraulic calculation method)을 비교 설명하시오.

117-2-1 스프링클러설비 수리계산 절차 중 다음 내용에 대하여 설명하시오.
- 상당길이(Equivalent Length)
- 조도계수(C-factor)
- 마찰손실 계산 시 등가길이 반영 방법

기 출
분 석

[소방펌프]

119-1-1 펌프의 비속도 및 상사법칙에 대하여 설명하시오.

119-4-2 NFPA 20에 따라 소방펌프 및 충압펌프 기동 · 정지압력을 세팅하려고 한다. 아래 내용에 대하여 설명하시오.

1) 소방펌프 및 충압펌프 기동 · 정지압력 설정기준
2) 소방펌프의 최소운전시간
3) 소방펌프의 운전범위
4) 소방펌프(전동기 구동 1대, 디젤엔진 구동 2대) 및 충압펌프의 정격압력은 150 psi, 체절압력은 165 psi이다. 현재 정격압력 기준 자동기동, 자동정지로 셋팅된 상태를 체절압력 기준 자동기동, 수동정지 상태로 변경하려고 한다. 소방펌프 및 충압펌프의 기동 · 정지 압력 세팅값을 계산하시오. (단, 최소 정적 급수압력은 50 psi으로 한다)
5) 계통 신뢰성 향상을 위한 고려사항

115-1-9 NFPA 25에서 소방펌프 유지관리 시험 시 디젤 펌프를 최소 30분 동안 구동하는 이유에 대하여 설명하시오.

114-1-9 수계소화설비의 흡입배관 구비조건과 적용할 수 없는 개폐밸브에 대해 설명하시오.

114-2-2 지하 3층, 지상 49층, 연면적 120,000 m^2인 건축물에 소화설비를 구성하고자 한다. 주된 수원을 고가수조방식으로 적용하였을 때, 옥내소화전설비 및 스프링클러설비를 고층, 중층, 저층으로 구분하여 계통도를 그리고 설명하시오.

Ⅲ. 수계 소화설비

[화재안전기준 – 기계]

119-1-7 소화기구 및 자동소화장치의 화재안전기준(NFSC 101) 별표 1 관련 소화기구의 소화약제별 적응성에 관하여 설명하시오.

119-2-5 피난기구의 설치에 대하여 다음 사항을 설명하시오.
1) 피난기구의 설치 수량 및 추가 설치기준
2) 승강식피난기 및 하향식 피난구용 내림식 사다리 설치기준

117-1-6 다음 조건을 고려하여 화재조기진압용 스프링클러설비 수원의 양을 구하시오.

〈조건〉
- 랙(Rack)창고의 높이는 12 m이며 최상단 물품높이는 10 m이다.
- ESFR 헤드의 K-factor는 320이고 하향식으로 천장에 60개가 설치되어 있다.
- 옥상수조의 양 및 제시되지 않은 조건은 무시한다.

116-3-5 아래 소방대상물의 설치장소별 적응성 있는 피난기구를 모두 기입하시오.

층별 / 설치장소별	지하층	1층	2층	3층	4층 이상 10층 이하
노유자 시설					
다중이용업소의 안전관리에 관한 특별법 시행령 제2조에 따른 다중이용업소로서 영업장의 위치가 4층 이하인 "다중이용업소"					

115-1-8 피난용트랩의 설치대상과 구조를 설명하시오.

115-4-1 NFSC 103에서 천장과 반자 사이의 거리 및 재료에 따른 스프링클러헤드의 설치제외 기준을 설명하고, 천장과 반자 사이 공간의 안전성 확보를 위해 확인해야 할 사항을 설명하시오.

114-1-7 수계소화설비의 주요 구성요소 7가지와 가압송수장치 종류 4가지에 대해 설명하시오.

[수계일반]

119-1-8 주거용 주방자동소화장치의 정의, 감지부, 차단장치 공칭방호면적에 대하여 설명하시오.

119-3-5 소방시설의 내진설계 기준에서 정한 면진, 수평력, 세장비에 대하여 설명하고, 단면적이 9 cm^2로 동일한 정삼각형, 정사각형, 원형의 버팀대가 있을 경우 세장비가 300일 때 최소회전반경(r)과 버팀대의 길이를 계산하시오.

118-1-4 건축물의 구조안전 확인 적용기준, 확인대상 및 확인자의 자격에 대하여 설명하시오.

118-2-2 호스릴 소화전의 도입배경과 설치기준 및 호스릴 소화전의 특징, 문제점에 대하여 설명하시오.

116-3-1 국내 전력구에 설치되고 있는 강화액 자동식소화설비에 관하여 아래의 사항에 대하여 설명하시오.
1) 강화액 소화설비의 작동원리
2) 강화액 소화설비의 구성과 소화효과
3) 기존 소화설비(수계, 가스계)와 성능 비교

114-2-1 345 kV 전력구에 설치되어 있는 강화액 자동소화설비의 구성과 주요특성, 작동원리를 설명하고, 타 소화설비와 성능을 비교하여 설명하시오.

114-3-1 기존의 옥내소화전을 호스릴(Hose Reel) 옥내소화전으로 변경하는 경우 발생할 수 있는 문제점과 대책을 설명하시오.

〈조건〉
- 지하 3층, 지상 35층의 공동주택이다.
- 소화설비의 가압송수장치는 전동기펌프로서 지하 2층에 설치되었다.

114-4-2 수계소화설비에 사용되는 물의 특성을 열역학적 선도(Thermodynamic Diagram)에서 삼중점(Triple Point)과 삼중선(Triple Line)으로 구분하여 설명하시오.

[스프링클러설비]

119-3-4 스프링클러의 작동시간 예측에 있어 감열체의 대류와 전도에 대하여 열평형식을 이용하여 설명하시오.

118-1-5 스프링클러 작동시의 스모크 로깅(Smoke-Logging) 현상에 대하여 설명하시오.

118-2-1 스프링클러 급수배관은 수리계산에 의하거나 아래의 "스프링클러헤드 수별 급수관의 구경"에 따라 선정하여야 한다. "스프링클러헤드 수별 급수관의 구경"의 (주) 사항 5가지를 열거하고 스프링클러 헤드를 가, 나, 다 각 란의 유형별로 한쪽의 가지배관에 설치할 수 있는 최대의 개수를 그림으로 설명하시오.(단, "가"란은 상향식설치 및 상 · 하향식설치 2가지 유형으로 표기하고, 관경 표기는 필수이다.)

스프링클러헤드 수별 급수관의 구경

단위(mm)

구분 \ 급수관의 구경	25	32	40	50	65	80	90	100	125	150
가	2	3	5	10	30	60	80	100	160	161 이상
나	2	4	7	15	30	60	65	100	160	161 이상
다	1	2	5	8	15	27	40	55	90	91 이상

118-3-3 건식유수검지장치의 작동 시 방수지연에 대하여 설명하시오.

117-1-7 스프링클러설비 건식밸브의 Water Columnning 현상에 대하여 설명하시오.

117-1-13 스프링클러소화설비에서 탬퍼스위치(Tamper Switch)의 설치목적 및 설치기준, 설치위치에 대하여 설명하시오.

117-3-4 NFPA 13에서 정하는 스프링클러설비 연결송수구의 배관 연결방식을 도시하여 설명하고 국내 기준과 비교하시오.

117-4-3 스프링클러헤드의 균일한 살수밀도를 저해하는 3가지(Cold soldering, Skipping, Pipe shadow effect)의 원인 및 대책에 대하여 설명하시오.

116-1-11 건식스프링클러설비의 건식밸브(dry valve) 작동 · 복구 시 초기주입수(priming water)의 주입 목적에 대하여 설명하시오.

115-1-10 스프링클러헤드의 로지먼트(Lodgement) 현상에 대하여 설명하시오.

[물분무 · 미분무설비]

119-3-6 옥외에 설치된 유입변압기 화재방호를 위해 설계된 물분무소화설비의 배수설비 용량(m^3)을 NFPA 15에 따라 아래 조건을 이용하여 계산하시오.

〈조건〉
- 단일저장용기에 저장된 절연유의 최대 용량 : 50 m^3, 절연유 비중 : 0.83
- 변압기 윗면 표면적 : 35 m^2
  변압기 외형 둘레길이 : 32 m, 변압기 높이 : 4.5 m
- Conservator Tank 지름 및 길이 : 1.2 m, 5.2 m
- 소화수 방출시간 : 30분
- 변압기 설치 지역의 비흡수지반 면적 : 16.5 m^2
  (단, 배수설비 용량 산정 시 빗물 및 공정액체 또는 냉각수가 배수설비로 보내지는 정상적인 방출유량을 제외한다.)

116-1-10 B급 화재위험성이 있는 특정소방대상물에 미분무소화설비를 적용하고자 할 때 고려되어야 할 변수들을 2차원과 3차원 화재로 각각 분류하여 기술하시오.

116-1-12 물분무소화설비(water spray system)의 작동 · 분무 시 물입자의 동(動)적 특성 및 소화 메커니즘(mechanism)에 대하여 설명하시오.

115-2-1 스프링클러설비와 미분무소화설비의 소화메커니즘, 소화특성, 용도 및 주된 소화효과를 비교하여 설명하시오.

114-4-1 A급, B급, C급 화재에 각각 소화능력을 가지는 수계소화설비와 소화특성에 대해 설명하시오.

[포 소화설비]

118-1-6 프레져 사이드 푸로포셔너(Pressure Side Proportioner)의 설비구성과 혼합 원리를 설명하시오.

Ⅳ. 가스계 및 분말 소화설비

[가스계 소화설비]

119-1-5 할로겐화합물 및 불활성기체 소화설비의 배관 압력등급을 선정하는 방법에 대하여 설명하시오.

118-1-7 청정소화약제의 인체에 대한 유해성을 나타내는 LOAEL, NOAEL, NEL을 설명하시오.

117-1-12 NFPA 12에서 정하는 이산화탄소소화설비의 적응성, 비적응성 및 나트륨(Na)과 CO_2의 반응식을 설명하시오.

117-2-5 액체 상태로 보관하는 가스계소화약제의 약제량을 확인하는 4가지 방법에 대하여 설명하시오.

117-4-1 NFPA 12에서 제시한 이산화탄소화설비의 소화약제 방출과 관련한 "자유유출(free efflux)"에 대하여 설명하고 이산화탄소 소화약제 방출후 "자유유출(free efflux)" 조건에서의 방호구역의 단위체적당 약제량(kg/m^3), 방출후 농도(Vol %) 및 비체적(m^3/kg)과의 관계식을 유도하시오.
(단, 방호구역 단위체적당 약제량은 F, 방출후 농도를 C, 비체적은 S로 표시한다.)

115-3-4 청정소화약제소화설비의 화재안전기준(NFSC 107A)에 규정된 방사시간의 정의, 기준 및 방사시간 제한에 대하여 설명하시오.

115-4-4 청정소화약제소화설비에서 다음 항목에 대한 설계 · 시공 상의 문제점을 설명하시오.

1) 방호공간의 기밀도
2) 방호대상공간의 압력배출구
3) 가스집합관의 안전밸브
4) 가스배관의 접합
5) PRD 시스템

114-3-2 이산화탄소소화설비의 저장방식 및 방출방식에 따른 분류에 대해 설명하시오.

[분말 소화설비]

117-1-1 원소주기율표상 1족 원소인 K, Na의 소화특성을 설명하시오.

V. 연기 및 제연설비

[연기]

117-1-10 감광(소멸)계수가 $0.3\ m^{-1}$일 때 자극성 연기에서 유도등의 가시거리를 구하시오.(단, 이때 적용하는 비례상수 K는 8을 적용한다.)

116-1-13 연돌효과를 고려한 계단실 급기가압 제연설비 설계 시 최소 설계차압 적용 위치(층)와 보충량 계산을 위한 문 개방 조건 적용 위치(층)에 대하여 설명하시오.

116-4-6 계단실의 상 · 하부 개구부 면적이 각각 $A_a = 0.4\ m^2$과 $A_b = 0.2\ m^2$, 유량계수 $C = 0.7$, 높이(상 · 하부 개구부 중심 간 거리) $H = 60\ m$, 계단실 내부 및 외기 온도가 각각 $T_s = 20\,℃$와 $T_o = -10\,℃$인 경우 아래 사항에 대하여 답하시오.

1) 중성대 높이 계산식 유도 및 중성대 높이 계산
2) 상 · 하부 개구부 중심 위치에서의 차압 계산
3) 각 개구부의 질량유량 계산
4) 수직높이에 대한 차압 분포 그림 도시
5) 개구부의 면적 변화에 대한 중성대의 위치 변화 설명

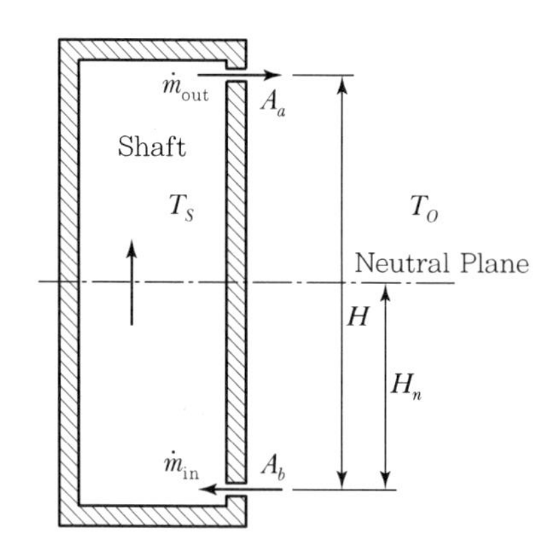

114-2-6　Normal Stack Effect와 Reverse Stack Effect에 의한 기류이동을 도시하여 비교하고, Normal Stack Effect 조건에서 화재가 중성대 하부와 상부에 발생했을 때 각각의 연기흐름을 도시하고 설명하시오.

[제연설비]

119-1-9　어떤 구획실의 면적이 24 m²이고, 높이 3 m일 때 구획실 내부에서 화원 둘레가 6 m인 화재가 발생하였다. 이때 화재 초기의 연기 발생량(kg/s)을 구하고 바닥에서 1.5 m 높이까지 연기층이 강하하는 데 걸리는 시간(s)과 연기 배출량(m³/s)을 계산하시오. (단, 연기의 밀도 $\rho_s = 0.4\ \mathrm{kg/m^3}$이고, 기타 조건은 무시한다.)

119-2-3　특별피난계단의 계단실 및 부속실 제연설비의 화재안전기준(NFSC 501A)에서 정하는 누설면적 기준 누설량 계산방법과 KS 규격 방화문 누설량 계산방법에 대하여 설명하시오.

〈조건〉
- 제연구역의 실내쪽으로 열리는 경우
  (방화문 높이 : 2.0 m, 폭 : 1.0 m)
- 적용 차압은 50 Pa

119-4-6 거실제연설비에 대하여 아래 내용을 설명하시오.

1) 배출풍도 및 유입풍도의 설치기준
2) 상당지름과 종횡비(Aspect ratio)
3) 종횡비를 제한하는 이유

118-4-6 특별피난계단의 부속실과 비상용승강기의 승강장의 제연설비 설치와 관련하여, 공동주택 지상1층에는 제연설비를 미적용하는 사례가 있다. 건축법과 소방관계법령의 이원화에 따른 문제점 및 개선방안을 설명하시오.

117-2-4 제연설비의 성능평가 방법 중 Hot Smoke Test의 목적 및 절차, 방법에 대하여 설명하시오.

117-3-1 송풍기의 System Effect에 대하여 설명하시오.

117-4-2 다음 그림의 조건에서 유효누설면적(A_T)을 구하시오.

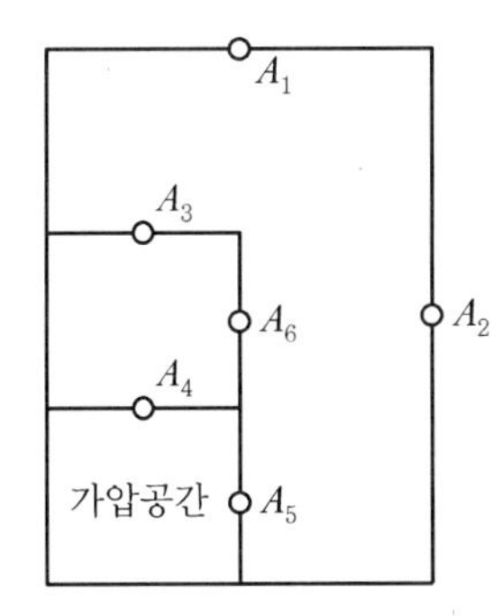

〈조건〉

$A_1 = A_3 = A_4 = A_6 = 0.02\ m^2$이고,

$A_2 = A_5 = 0.03\ m^2$이다.

115-1-11 연기배출구 설계에 있어 플러그 홀링(Plug Holing) 현상에 대하여 설명하시오.

114-1-8 유체기계를 운전할 때 압력의 순간적인 변동과 송출량의 급격한 변화가 일어나는 현상 및 방지대책에 대해 설명하시오.

114-2-3 연기제어를 위한 급배기 덕트 설계 시 외기온도나 바람 등의 영향을 고려하여야 한다. 이때 기류를 평가하는 CONTAM Program을 수행절차 중심으로 설명하시오.

114-4-4 아래 조건과 같은 특정소방대상물의 비상전원 용량산정 방법과 제연설비의 송풍기 수동조작스위치를 송풍기별로 설치하여야 하는 이유에 대하여 설명하시오.

〈조건〉
- 5개의 특정소방대상물이 지하에 설치된 주차장으로 연결되어 있다.
- 주차장에서 하나의 특정소방대상물의 제연구역으로 들어가는 입구에는 제연용 연기감지기가 설치되어 있다.
- 제연용 연기감지기의 작동에 따라 특정소방대상물의 해당 수직풍도에 연결된 송풍기와 댐퍼가 작동한다.

114-4-6 제연용 송풍기에 가변풍량 제어가 필요한 이유를 설명하시오. 또한 댐퍼제어방식과 회전수제어방식의 특징을 성능곡선으로 비교하고, 각 방식의 장 · 단점 및 적용대상에 대하여 설명하시오.

Ⅵ. 소방전기설비

[화재안전기준 – 전기 및 기타]

119-1-11 정온식감지선형 감지기 적응장소 및 지하구에 설치할 경우 설치기준을 설명하시오.

118-1-2 교차회로 방식으로 하지 않아도 되는 감지기에 대하여 설명하시오.

115-1-13 내화배선에 금속제가요전선관을 사용할 경우 2종만 허용되는 이유를 설명하시오.

114-1-12 취침 · 숙박 · 입원 등 이와 유사한 용도의 거실에 연기감지기를 설치하여야 하는 특정소방대상물에 대해 설명하시오.

[화재경보설비]

118-1-1 보상식 스포트형 감지기의 필요성 및 적응장소에 대하여 설명하시오.

118-2-4 축적형 감지기의 작동원리 · 설치장소 · 사용할 수 없는 경우에 대하여 설명하시오.

118-4-5 정온식 감지선형 감지기의 구조 · 작동원리 · 특성 · 설치기준 · 설치 시 주의사항에 대하여 설명하시오.

117-1-8 MIE 분산법칙과 이를 응용한 감지기에 대하여 설명하시오.

117-1-9 열전현상인 Seebeck effect, Peltier effect, Thomson effect에 대하여 설명하시오.

115-1-1 화재에 의해 발생된 불꽃의 적외선 영역 내의 파장성분과 방사량을 감지하는 방식 4가지를 설명하시오.

115-2-3 IoT 무선통신 화재감지시스템의 개념을 설명하고, 무선통신 감지기의 구현에 필요한 항목에 대하여 설명하시오.

115-3-2 NFSC 203과 NFPA 72에서 발신기 설치기준을 비교하여 설명하시오.

115-2-2 아래 조건에 따른 스포트형 연기감지기의 설치 방법에 대하여 설명하시오.

- NFPA 72의 스포트형 연기감지기 설치기준을 따른다.
- 천장은 수평천장(Level Ceiling)이다.
- 연기감지기 설치 시 화재플럼(Fire Plume), 천장류(Ceiling Jet)를 고려한다.

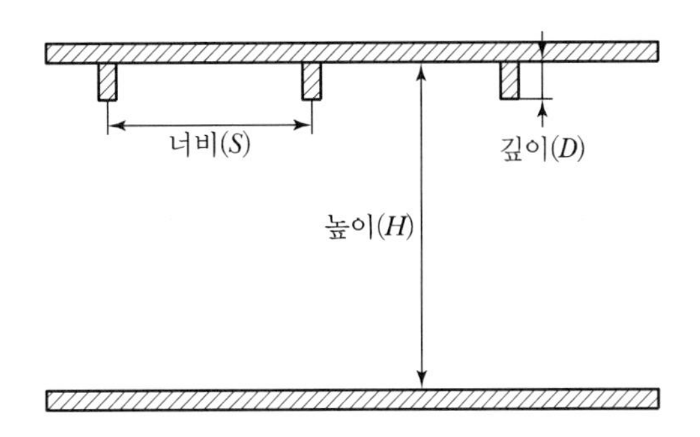

114-1-4 정온식 감지선형감지기로 교차회로를 구성하고자 한다. 교차회로방식과 이때의 회로구성 방법을 설명하시오.

114-2-4 자동화재탐지설비의 음향장치 설치기준을 국내기준과 NFPA기준을 비교하여 설명하시오.

114-3-4 일반 감지기와 아날로그 감지기의 주요 특성을 비교하고, 경계구역의 산정방법에 대하여 설명하시오.

[소방전기설비]

119-2-1 비상방송설비의 단락보호 기능 관련 문제점 및 성능개선방안에 대하여 설명하시오.

119-4-3 피난구유도등에 대하여 아래 사항을 답하시오.
1) 점등방식(2선식, 3선식)에 따른 회로도 작성
2) 유도등의 크기 및 상용점등 시/비상점등 시 평균 휘도
3) 유도등의 색상이 녹색인 이유

[비상전원, 일반전기, 전기화재]

119-2-4 비상전원으로 축전지를 적용할 때 종류 선정방법 및 용량 산출순서에 대하여 설명하시오.

117-3-2 축전지 용량환산계수를 결정하는 영향인자에 대하여 설명하시오.

117-4-6 연료전지의 종류와 특성 및 장단점에 대하여 설명하시오.

115-4-3 무정전전원설비의 다음 사항에 대하여 설명하시오.
1) 동작방식별 기본 구성도
2) 각각의 장 · 단점
3) 선정 시 고려사항

[일반전기]

116-4-1 소방펌프에 사용되는 농형 유도전동기에서 저항 R[ohm] 3개를 Y로 접속한 회로에 200 [V]의 3상 교류전압을 인가 시 선전류가 10 [A]라면 이 3개의 저항을 △로 접속하고 동일 전원을 인가 시 선전류는 몇 [A]인지 구하시오.

115-1-2 다음 용어에 대하여 간략히 설명하시오.
1) 도체저항
2) 접촉저항
3) 접지저항
4) 절연저항

115-3-1 시퀀스회로를 구성하는 릴레이의 원리 및 구조와 a, b, c 접점 릴레이의 작동원리를 설명하시오.

114-1-2 3상 Y부하와 △부하의 피상전력에 모두 $P_a = \sqrt{3}\ VI$[VA]를 사용할 수 있음을 설명하시오.

114-4-5 Y(Star)로 결선된 농형 유도전동기의 선간전압(Line Voltage)이 상전압(Phase Voltage)에 $\sqrt{3}$ 배가 됨을 극좌표 형식으로 증명하시오.

[전기화재]

119-1-2 그래파이트(Graphite) 현상과 트래킹(Tracking) 현상에 대하여 설명하시오.

118-1-13 전기화재의 원인으로 볼 수 있는 은(Silver) 이동 현상의 위험성과 특징, 대책에 대하여 설명하시오.

117-1-4 흑연화 현상과 트래킹(Tracking) 현상에 대하여 비교 설명하시오.

115-1-3 줄열에 의한 발열과 아크에 의한 발열에 대하여 각각 설명하시오.

115-4-6 휴대전화, 노트북 등에 사용되는 리튬이온 배터리의 화재위험성과 대책을 설명하시오.

Ⅶ. 건축방재

[화재성상]

116-1-1　연소확대와 관련하여 Pork through 현상에 대하여 설명하시오.

116-3-6　단일 구획에 설치된 스프링클러소화설비의 헤드 열적 반응과 살수 냉각 효과를 조사하기 위하여 Zone 모델(FAST) 화재프로그램을 사용하여 아래와 같이 5가지 화재시나리오에 대하여 화재시뮬레이션을 각각 수행할 경우 화재시뮬레이션 결과의 열방출률-시간 곡선의 그림을 도시하고 헤드의 소화성능을 반응시간지수(RTI) 값과 살수밀도 ρ값을 고려하여 비교·설명하시오. (단, 구획 크기는 4 m×4 m×3 m, 화재성장계수 α =medium(=0.012 kW/s²), 최대 열방출률 $\dot{Q}_{max}$ =1,055 kW이고, 쇠퇴기는 성장기와 같다. 화재시뮬레이션 결과 시나리오 2(S2)의 경우 헤드작동시간 t_a =135 s, 화재진압시간 t =700 s이다.)

시나리오	반응시간지수 RTI [(m · s)$^{1/2}$]	살수밀도 ρ [m³/s · m²]	헤드작동온도 Ta [℃]
S1	No sprinkler	No sprinkler	No sprinkler
S2	100	0.0001017	74
S3	260	0.0001017	74
S4	50	0.0002033	74
S5	100	0.0002033	74

114-3-6　환기구가 있는 구획실의 화재 시, 연기 충진(Smoke Filling) 과정과 중성대 형성에 따른 화재실의 공기 및 연기흐름을 3단계로 구분하여 설명하시오.

기 출
분 석

[건축방화 – 건축법 기준]

118-2-5 건축물에 설치하는 지하층의 구조 및 지하층에 설치하는 비상탈출구의 구조에 대하여 설명하시오.

118-4-2 건축법에서 아파트 발코니의 대피공간 설치 제외 기준과 관련하여 다음 내용을 설명하시오.
1) 대피공간 설치 제외기준
2) 하향식 피난구 설치기준
3) 하향식 피난구 설치에 따른 화재안전기준의 피난기구 설치관계

117-4-5 건축물의 내부마감재료 난연성능기준에 대하여 설명하시오.

117-2-6 피난용승강기의 설치대상과 설치기준을 설명하시오.

116-1-5 방화구조 설치대상 및 구조기준에 대하여 설명하시오.

116-1-7 건축물의 화재확산 방지구조 및 재료에 대하여 설명하시오.

116-3-3 초고층 및 지하연계 복합 건축물에 설치하는 종합방재실의 설치 위치, 면적, 구조, 설비에 대하여 설명하시오.

115-3-3 방화댐퍼의 설치기준, 설치 시 고려사항 및 방연시험에 대하여 설명하시오.

114-2-5 건축물에 화재 발생 시 유독가스 발생으로 인한 인명피해를 최소화하기 위한 마감재료의 기준과 수직화재 확산방지를 위한 화재확산방지구조에 대하여 각각 설명하시오.

114-3-5 건축법상 방화구획과 내화구조의 기준을 비교하고, 차이점을 설명하시오.

[건축방화]

118-1-3 방화문의 종류 및 문을 여는데 필요한 힘의 측정기준과 성능에 대하여 설명하시오.

117-1-11 건축물 방화계획의 작성 원칙에 대해 설명하시오.

116-1-4 외단열 미장마감에서 단열재를 스티로폼으로 시공 시 화재확산과 관련하여 닷 앤 댑(Dot & Dab)방식과 리본 앤 댑(Ribbon & Dab)방식에 대하여 설명하시오.

116-1-6 자동방화댐퍼의 설치기준과 점검시에 발생하는 외관상 문제점에 대하여 설명하시오.

116-2-1 고층건축물(30층 이상) 공사현장에서 공정별 화재위험요인을 설명하시오. (공정 : 기초 및 지하 골조공사, Core Wall공사, 철골 · Deck · 슬라브공사, 커튼월공사, 소방설비공사, 마감 및 실내장식공사, 시운전 및 준공 시)

115-1-4 건축용 강부재의 방호방법 중 히트 싱크(Heat Sink)방식에 대하여 설명하시오.

115-4-5 드라이비트(외단열미장마감공법)의 화재확산에 영향을 미치는 시공 상의 문제점을 설명하시오.

[건축피난 – 건축법 기준]

119-1-10 직통계단에 이르는 보행거리를 건축물의 주요구조부 등에 따라 설명하시오.

119-1-13 헬리포트 및 인명구조공간 설치기준, 경사지붕 아래에 설치하는 대피공간의 기준을 설명하시오.

116-2-2 건축물에 설치하는 피난용승강기와 비상용승강기의 설치대상, 설치대수 산정기준, 승강장 및 승강로 구조에 대하여 설명하시오.

116-2-3 건축물 내부에 설치하는 피난계단과 특별피난계단의 설치대상 · 설치예외조건, 계단의 구조에 대하여 설명하시오.

116-4-3 건축물 배연창의 설치대상, 배연창의 설치기준, 배연창 유효면적 산정기준(미서기창, Pivot 종축창 및 횡축창, 들창)에 대하여 설명하시오.

114-1-1 비상용승강기의 승강장에 설치하는 배연설비의 구조에 대해 설명하시오.

114-1-10 건축물의 바깥쪽에 설치하는 피난계단의 건축법상 구조기준에 대해 설명하시오.

기 출
분 석

[건축피난]

119-4-4 건축물 화재 시 안전한 피난을 위한 피난시간을 계산하고자 한다. 아래 사항에 대하여 답하시오.
1) 피난계산의 필요성, 절차, 평가방법
2) 피난계산의 대상층 선정 방법

118-3-4 IBC(International Building Code)에서 규정하고 있는 피난로(Means of Egress) 및 피난로의 구성에 대하여 설명하시오.

[건축물 방재대책]

119-4-1 최근 건설현장에서 용접 · 용단작업 시 화재 및 폭발사고가 증가하고 있다. 아래 내용을 설명하시오.
1) 용접 · 용단작업 시 발생되는 비산불티의 특징
2) 발화원인물질별 주요 사고발생 형태
3) 용접 · 용단작업 시 화재 및 폭발 재해예방 안전대책

118-3-5 에너지저장시스템(ESS : Energy Storage System)의 안전관리상 주요확인 사항과 리튬이온 ESS의 적응성 소화설비에 대하여 설명하시오.

117-2-3 리튬이온배터리 에너지저장장치시스템(ESS)의 안전관리가이드에서 정한 다음의 내용을 설명하시오.
- ESS 구성
- 용량 및 이격거리 조건
- 환기설비 성능 조건
- 적용 소화설비

117-3-5 국가화재안전기준(NFSC)을 적용하여야 하는 지하구의 기준 및 지하공간(공동구, 지하구 등)의 화재특성, 소방대책을 설명하시오.

116-1-3 산불화재에서 Crown fire와 화학공정에서 Blow down에 대하여 설명하시오.

116-2-5 도로터널에 화재위험성평가를 적용하는 경우 이벤트 트리(event tree)와 F-N곡선에 대하여 설명하시오.

116-4-2 도로터널 방재시설 설치 및 관리지침에서 규정하는 1, 2등급 터널에 설치하는 무정전전원(UPS)설비 설치기준에 대하여 설명하시오.

116-4-4 반도체 제조과정에서 사용되는 가스/케미컬 중 실란(silane)에 대하여 다음 물음에 답하시오.

1) 분자식
2) 위험성
3) 허용농도
4) 안전 확보를 위한 이송체계
5) 소화방법
6) GMS(Gas Monitoring System)

116-4-5 지진발생 시 화재로 전이되는 메카니즘과 화재의 주요원인, 지진화재에 대한 방지대책에 대하여 설명하시오.

115-1-12 원자력발전소의 심층화재방어의 개념에 대하여 설명하시오.

114-1-3 Aircraft Fire Extinguisher System이 적용되는 대상의 주요 화재특성을 설명하시오.

114-4-3 건축물이 대형화 · 고층화 · 심층화되면서 주차장 역시 지하화되고 있다. 주차장에서 화재 발생 시 문제점과 화재 안전성 확보를 위한 대책을 설명하시오.

Ⅷ. 위험물

[위험물 법령 및 분류]

118-1-12 위험물안전관리법 시행령에서 규정하고 있는 인화성 액체에 대하여 설명하고, 인화성 액체에서 제외할 수 있는 경우 4가지를 설명하시오.

118-2-3 「위험물안전관리법」에서 규정하고 있는 「수소충전설비를 설치한 주유취급소의 특례」 상의 기술기준 중 아래 내용을 설명하시오.
1) 개질장치(改質裝置)
2) 압축기(壓縮機)
3) 충전설비
4) 압축수소의 수입설비(受入設備)

117-1-2 옥외저장탱크 유분리장치의 설치목적 및 구조에 대하여 설명하시오.

117-2-2 물질안전보건자료(MSDS) 작성대상 물질과 작성항목에 대하여 설명하시오.

117-3-6 위험물안전관리법령에서 정하는 제5류 위험물에 대하여 다음의 내용을 설명하시오.
- 성질, 품명, 지정수량, 위험등급
- 저장 및 취급방법
- 위험물 혼재기준
- 히드록실아민 1,000 kg을 취급하는 제조소의 안전거리 선정

117-4-4 위험물제조소등의 소화설비 설치기준에 대하여 다음의 내용을 설명하시오.
- 전기설비의 소화설비
- 소요단위와 능력단위
- 소요단위 계산방법
- 소화설비의 능력단위

116-3-4 요오드가 160인 동식물유류 500,000 ℓ를 옥외저장소에 저장하고 있다. 다음 질문에 답하시오.
1) 위험물안전관리법령 상 지정수량 및 위험등급, 주의사항을 표시하는 게시판의 내용을 쓰시오.
2) 동식물유류를 요오드가에 따라 분류하고, 해당품목을 각각 2개씩 쓰시오.
3) 위험물안전관리법령 상 옥외저장소에 저장 가능한 4류 위험물의 품명을 쓰시오.
4) 상기 위험물이 자연발화가 발생하기 쉬운 이유를 설명하시오.
5) 인화점이 200 ℃인 경우 위험물안전관리법령 상 경계표시 주위에 보유하여야 하는 공지의 너비를 쓰시오.

115-1-5 다음 용어를 위험물안전관리법에 근거하여 설명하시오.

1) 위험물
2) 지정수량
3) 제조소
4) 저장소
5) 취급소

115-3-6 위험물 제조소의 위치 · 구조 및 설비의 기준에서 안전거리, 보유공지와 표지 및 게시판에 대하여 설명하시오.

115-4-2 위험물안전관리법령상 제2류 위험물의 품명과 지정수량, 범위 및 한계, 일반적인 성질과 소화방법에 대하여 설명하시오.

[개별 위험물]

119-4-5 유기 과산화물의 활성산소량, 분해온도, 활성화에너지, 반감기, 사용 시 주의사항에 대하여 설명하시오.

116-1-9 나트륨(Na)에 관한 다음 질문에 답하시오.

1) 물과의 반응식
2) 보호액의 종류와 보호액 사용 이유
3) 다음 중 사용 할 수 없는 소화약제를 모두 골라 쓰시오.

이산화탄소, Halon 1301, 팽창질석, 팽창진주암, 강화액 소화약제

115-2-5 수소화알루미늄리튬(Lithium Aluminium Hydride)의 성상, 위험성, 저장 및 취급방법, 그리고 소화방법에 대하여 설명하시오.

Ⅸ. 성능위주설계, 위험성평가 및 화재조사

[성능위주설계 및 위험성평가]

119-1-12 소방성능위주설계 대상물과 설계변경 신고 대상에 대하여 설명하시오.

119-2-6 화학공장의 위험성평가 목적과 정성적평가와 정량적평가 방법에 대하여 설명하시오.

117-3-3 국내 소방법령에 의한 성능위주설계에 대하여 다음의 내용을 설명하시오.
- 성능위주설계의 목적 및 대상
- 시나리오 적용기준에서 인명안전 및 피난가능시간 기준

114-1-11 소방시설 등의 성능위주설계 방법에서 시나리오 적용기준 중 인명안전기준에 대하여 설명하시오.

[화재조사]

118-1-11 가연물 연소패턴 중 다음의 용어에 대하여 설명하시오.
1) Pool-shaped burn pattern
2) Splash pattern

118-3-2 수렴화재(Convergence Fire)의 화재조사 내용을 설명하시오.

Ⅹ. 소방법 및 실무

[소방법]

119-3-1 방염에 대하여 아래 내용을 설명하시오.
1) 방염대상 2) 실내장식물 3) 방염성능기준

119-3-3 무창층의 기준해석에 대한 업무처리 지침 관련 아래 사항을 설명하시오.
1) 개구부 크기의 인정기준
2) 도로 폭의 기준
3) 쉽게 파괴할 수 있는 유리의 종류

118-1-8 「소방기본법」에 명시된 법의 취지에 대하여 설명하시오.

118-1-9 감리 계약에 따른 소방공사 감리원이 현장배치 시 소방공사 감리를 할 때 수행하여야 할 업무를 설명하시오.

118-3-1 건축물 실내 내장재의 방염의 원리 · 방염대상물품 · 방염성능 기준과 방염의 문제점 및 해결방안에 대하여 설명하시오.

118-3-6 「소방기본법」에서 규정하고 있는 화재예방을 위하여 불의 사용에 있어서 지켜야 할 사항 중 일반음식점에서 조리를 위하여 불을 사용하는 설비와 보일러 설비에 대하여 설명하시오.

118-4-3 아래와 같이 특정소방대상물에 주어진 조건으로 「화재예방, 소방시설 설치 · 유지 및 안전관리에 관한 법률」에 따라 적용하여야 할 소방시설(법적기준 포함)을 설명하시오.

〈조건〉
- 용도 : 지하층 – 주차장, 지상 1~2층 – 근린생활시설,
  지상 3~15층 – 오피스텔
- 연면적 : 18,000 m^2
  (각 층 바닥면적 : 1,000 m^2이며 지하3층 전기실 : 290 m^2)
- 층수 : 지하 3층, 지상 15층
- 층고 : 지하전층 15 m, 지상 1층~지상 15층 60 m
- 구조 : 철근, 철골 콘크리트조
- 특별피난계단 2개소 및 비상용승강기 승강장 1개소
- 지상층은 유창층이며, 특수가연물 해당 없음
- 소방시설 설치의 면제기준 중 소방전기설비는 비상경보설비 또는 단독경보형 감지기만 대체 설비 적용하며, 기타설비는 적용하지 않음(소방기계설비는 적용)

[실무]

119-1-6 소방감리자 처벌규정 강화에 따른 운용지침에서 중요 및 경미한 위반사항에 대하여 설명하시오.

118-1-10 공정흐름도(PFD, Process Flow Diagram)와 공정배관계장도(P&ID, Process & Instrumentation Diagram)에 대하여 설명하시오.

116-3-2 재난 및 안전관리기본법령 상에 의거한 재난현장에 설치하는 긴급구조통제단의 기능과 조직(자치구 또는 시 · 군 기준)에 대하여 설명하시오.

115-2-6 소방감리의 검토대상 중 설계도면, 설계시방서 · 내역서 및 설계계산서의 주요 검토 내용에 대하여 설명하시오.

115-3-5 방염에서 현장처리물품의 품질확보에 대한 문제점과 개선방안을 설명하시오.

CHAPTER 01

제 114 회 기출문제 풀이

PROFESSIONAL ENGINEER FIRE PROTECTION

114회 기출문제 1교시

1 비상용승강기의 승강장에 설치하는 배연설비의 구조에 대해 설명하시오.

문제 1) 비상용승강기의 승강장에 설치하는 배연설비의 구조

1. 비상용승강기 승강장의 배연설비 구조

1) 배연구 및 배연풍도
① 불연재료로 할 것
② 화재 시 원활하게 배연시킬 수 있는 규모일 것
③ 외기 또는 평상시에 사용하지 않는 굴뚝에 연결할 것

2) 배연구의 수동개방장치 및 자동개방장치
① 자동개방장치 : 열 또는 연기감지기에 의한 것
② 수동개방장치 : 손으로도 열고 닫을 수 있도록 설치할 것

3) 배연구 설치기준
① 평상시 닫힌 상태 유지
② 개방 시 배연에 의한 기류로 인해 닫히지 않도록 할 것

4) 배연기 설치기준
① 배연구가 외기에 접하지 않은 경우 : 배연기를 설치할 것
② 배연구 개방에 의해 자동적으로 작동하고, 충분한 공기배출 또는 가압능력이 있을 것
③ 배연기에는 예비전원을 설치

5) 공기유입방식 : 급기가압방식 또는 급 · 배기방식인 경우
소방관계법령의 규정에 적합하도록 할 것

2. 개선이 필요한 사항

1) 건축법에서는 배연방식, 소방법에서는 차연방식의 제연설비로 규정하고 있다.
2) 건축법상의 배연설비는 소방법에 관련 규정을 위임하도록 개선해야 한다.

2 3상 Y부하와 △부하의 피상전력에 모두 $P_a = \sqrt{3}\ VI$[VA]를 사용할 수 있음을 설명하시오.

문제 2) 3상 Y부하와 △부하의 피상전력 $P_a = \sqrt{3}\ VI$임을 증명

1. Y부하의 피상전력

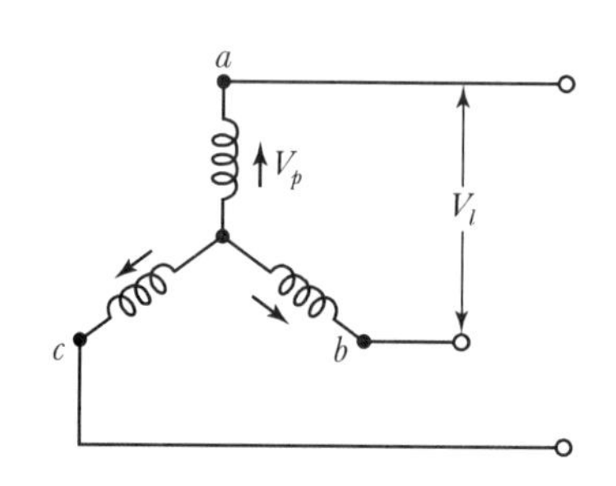

1) Y부하에서의 관계

$$I_l = I_p,\quad V_l = \sqrt{3}\ V_p$$

여기서, V_l : 선간전압 V_p : 상전압

I_l : 선전류 I_p : 상전류

2) 피상전력

$$P_a = 3 \times (V_p \times I_p) = 3 \times \left(\frac{V_l}{\sqrt{3}} \times I_l \right) = \sqrt{3}\ VI$$

2. △부하의 피상전력

1) △부하에서의 관계

$$I_l = \sqrt{3}\, I_p,\quad V_l = V_p$$

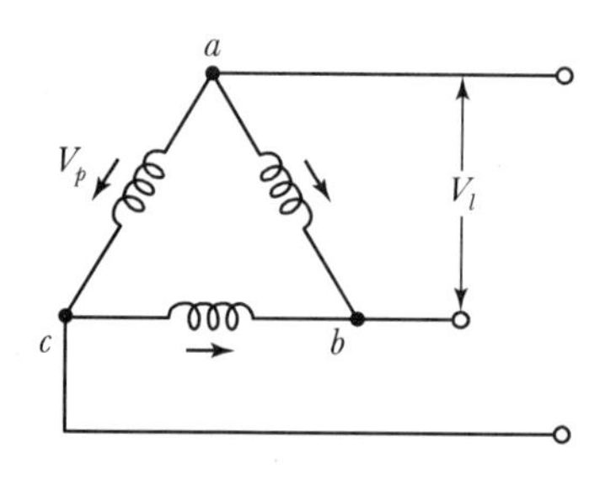

2) 피상전력

$$P_a = 3 \times (V_p \times I_p)$$

$$= 3 \times \left(V_l \times \frac{I_l}{\sqrt{3}} \right) = \sqrt{3}\ VI$$

3. 결론

Y부하와 △부하의 피상전력은 모두 $P_a = \sqrt{3}\ VI$를 사용할 수 있다.

3 Aircraft Fire Extinguisher System이 적용되는 대상의 주요 화재특성을 설명하시오.

문제 3) Aircraft Fire Extinguisher System이 적용되는 대상의 주요 화재특성

기 출 분 석
114회-1
115회
116회
117회
118회
119회

1. 개요

Aircraft Fire Extinguisher System은 항공기 운항 중에 발생하는 화재를 소화하기 위한 시스템이다.

2. 주요 화재특성

1) 객실, 조종실 화재

① 전기장치 및 개인 휴대 리튬이온 배터리 등의 화재

② 의류, 종이, 고무류 등의 일반가연물 화재

③ 오일, 인화성 액체 등에 의한 조리실 화재

→ 주로 수동식 소화기로 대응

2) 화물칸 화재

① 다양한 종류의 가연물 및 박스 등에 의한 화재

② 화재 발견이 늦고, 가연물 집적으로 인해 재발화 가능

→ 열감지에 의해 승무원이 작동시키는 소화설비(과거에는 할론 1301을 적용하였으나, 최근에는 미분무와 N_2를 조합하여 사용)

3) 엔진 화재

주로 항공유에 의한 화재로 급격히 연소 확대

→ 화재 감지에 의해 승무원이 수동 작동시키는 소화설비(할론 1301에 대체 소화약제인 HFCs를 적용)

4) 화장실 휴지통 화재

화장실 휴지통에서 발생되며, 흡연에 의한 비화재보 발생 가능함

→ 열 감지에 의한 자동소화설비 적용(연기 감지에는 연동하지 않음)

4 정온식 감지선형감지기로 교차회로를 구성하고자 한다. 교차회로방식과 이때의 회로구성 방법을 설명하시오.

문제 4) 정온식 감지선형 감지기의 교차회로방식과 회로구성 방법

1. 개요

1) 교차회로방식

① 감지기와 연동시키는 소화설비의 오작동을 방지하기 위해 적용하는 감지기 설계방식

② 2개 이상의 회로를 교차되도록 설치하여 각 회로가 모두 화재를 감지했을 때 소화설비를 작동시킴

2) 정온식 감지선형 감지기의 교차회로방식

① 화재안전기준에서는 교차회로로 적용하지 않아도 되는 감지기로 규정함

② 전력구 화재에 사용하는 강화액 소화설비의 작동에 사용될 경우 교차회로로 적용

2. 회로구성 방법

그림과 같이 정온식 감지선형 감지기를 작동온도 70 ℃, 90 ℃의 2가지로 함께 설치(70/90 ℃ 다신호식 설치도 가능)

1) 70 ℃ : 경보 발령

2) 90 ℃ : 강화액 소화설비 작동

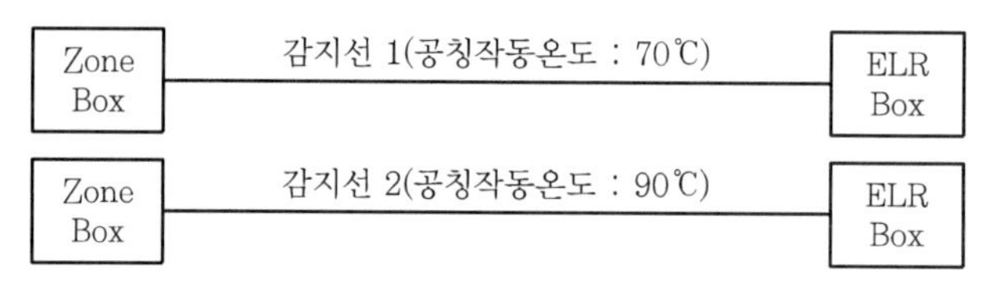

5 스윙 체크밸브(Swing Check Valve)와 스모렌스키 체크밸브(Smolensky Check Valve)의 차이점과 용도에 대하여 설명하시오.

문제 5) 스윙 체크밸브와 스모렌스키 체크밸브의 차이점과 용도

구분	스윙 체크밸브	스모렌스키 체크밸브
구조	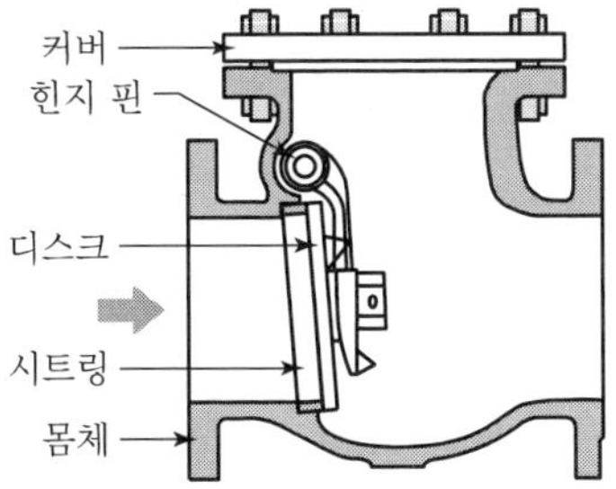 커버 힌지 핀 디스크 시트링 몸체	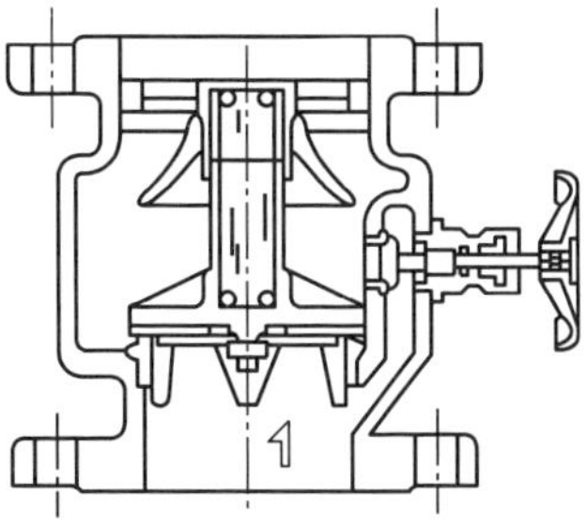 1
작동 원리	[스윙형] 유체 유입 시 밸브 디스크가 지지점 핀을 중심으로 스윙하며 개방되고, 역류에 의해 시트면에 압착됨	[리프트형] 유체 유입 시 수압에 의해 스프링을 밀어 소화수 유동되고, 역류에는 미개방
마찰손실	스모렌스키에 비해 작음	매우 큼
펌프 보호	불가능	가능(상부 버퍼에 의해 수격을 흡수함)
바이패스	없음	있음
용도	• 고가수조 토출배관 • 밸브 헤더 • 펌프 압력감지배관 • 송수구 배관 • 가스계 소화설비 동관	펌프 토출 측 배관(수격으로부터 펌프 보호)

6 폴리우레탄 폼 벽체를 관통하는 단위면적당 열유동률을 구하시오.

〈조건〉
- 벽의 두께는 0.1 m, 벽 양면의 온도는 각각 20 ℃와 −10 ℃이다.
- 폴리우레탄 폼의 열전도도는 0.034 W/m · K이다.

문제 6) 폴리우레탄 폼 벽체를 관통하는 단위 면적당 열유동률

1. 계산식

$$\dot{q}'' = \frac{k}{L} \times (T_1 - T_2)$$

여기서, $\dot{q}''$: 단위면적당 열유동률

k : 열전도도

L : 벽의 두께

$T_1 - T_2$: 벽 양면의 온도차

2. 단위면적당 열유동률

$$\dot{q}'' = \frac{k}{L} \times (T_1 - T_2) = \frac{0.034}{0.1} \times (20 + 10) = 10.2\,\mathrm{W/m^2}$$

7 수계소화설비의 주요 구성요소 7가지와 가압송수장치 종류 4가지에 대해 설명하시오.

문제 7) 수계소화설비의 주요 구성요소 7가지와 가압송수장치 종류 4가지

1. 주요 구성요소

수원	• 소화수조 및 옥상수조 • 규정시간 동안 소화수 공급 가능한 용량
가압송수장치	• 고가수조, 압력수조, 가압수조 또는 펌프방식 • 필요한 압력과 유량의 소화수 공급
배관 및 송수구	• 급수배관, 송수구배관, 배수배관 • 압력, 마찰손실, 부식 및 동파 등 고려
음향장치/기동장치	• 소화설비 작동 시 음향 경보 • 소화설비의 자동 및 수동기동
전원 및 배선	• 상용전원 및 비상전원 • 내화 또는 내열 배선
제어반	• 감시제어반 • 동력제어반
방수구	• 소화전, 스프링클러 헤드, 물분무 노즐 • 필요한 살수범위 내로 배치

2. 가압송수장치 종류

1) 고가수조
자연낙차에 의해 소화수 공급

2) 압력수조
수조의 압축공기의 압력으로 소화수 공급

3) 가압수조
수조와 별도로 설치된 가압용 가스의 압력으로 소화수 공급

4) 펌프
펌프의 기동에 의해 가압된 소화수 공급

8 유체기계를 운전할 때 압력의 순간적인 변동과 송출량의 급격한 변화가 일어나는 현상 및 방지대책에 대해 설명하시오.

문제 8) 유체기계에서 압력의 순간적인 변동과 송출량의 급격한 변화가 일어나는 현상

1. 서징 현상

1) 발생조건

① 우상향 구배가 포함된 운전 특성을 가진 유체기계

② 서징영역으로 운전 시 발생

③ 소방에서는 주로 제연설비의 송풍기에서 발생

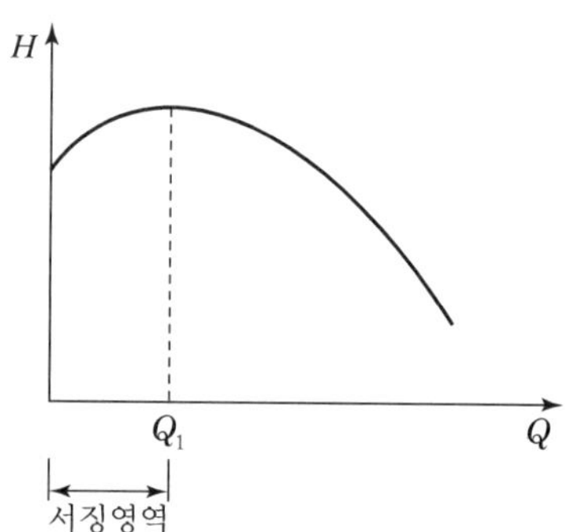

2) 발생 시 문제점

① 서징 범위에서는 토출압력이 맥동하며, 토출량이 불규칙해져 소음 및 진동 발생

② 덕트 계통에 힘이 가해지지 않아도 유량과 압력의 주기적인 변동이 나타나는 현상에 의해 송풍기가 정상 성능발휘를 할 수 없게 됨

2. 방지대책

1) 송풍기 타입 선정

① 시로코 팬 : 정격토출량의 80 % 이하에서 서징영역에 포함되므로 부적합

② 익형 팬 : 정격토출량의 30 % 이하에서 서징영역에 포함되므로 이를 제연용 송풍기로 적용

2) 풍량 제어

송풍기의 회전수 제어(가변풍량 제어시스템)를 적용하여 서징영역 밖에서 운전되도록 조절

3) 기타

방풍, 바이패스, 흡입교축 등

9 수계소화설비의 흡입배관 구비조건과 적용할 수 없는 개폐밸브에 대해 설명하시오.

문제 9) 수계소화설비의 흡입배관 구비조건과 적용할 수 없는 개폐밸브

1. 흡입배관의 구비조건

1) 화재안전기준

① 공기 고임이 생기지 않는 구조 및 여과장치 설치

② 수조가 펌프보다 낮게 설치된 경우에는 각 펌프(충압펌프 포함)마다 수조로부터 별도로 설치

③ 펌프의 흡입 측 배관에는 버터플라이밸브 외의 개폐표시형 밸브를 설치할 것

2) NFPA 20

① 파이프의 길이 : 가급적 짧게 할 것

② 배관에 공기 고임이 생기지 않도록 상향 구배로 설치

③ 배관 구경 : 유속, NPSH 등을 고려해서 결정

④ 흡입배관 재질 : 동관이나 CPVC는 금지

⑤ 흡입 측 플랜지로부터 10D 이내에서는 소방펌프 축과 평행한 방향으로의 방향전환 금지

⑥ 설치해야 할 밸브, 부속류

- Vortex Plate, 연성계, OS&Y 게이트 밸브, 편심리듀서 등

2. 적용할 수 없는 개폐밸브

1) 화재안전기준에서는 버터플라이밸브를 금지하고 있으며 그 이유는 다음과 같다.

→ 버터플라이밸브는 개방 상태에서 유로에 클래퍼가 있어 소화수 유동을 방해하고, 공기고임을 발생시킴

2) 그러나 다른 밸브들도 버터플라이밸브와 같은 문제점을 발생시킬 수 있으므로, NFPA 20에서와 같이 OS&Y 게이트밸브만을 적용하도록 규정을 바꿀 필요가 있다.

기출분석
114회-1
115회
116회
117회
118회
119회

10 건축물의 바깥쪽에 설치하는 피난계단의 건축법상 구조기준에 대해 설명하시오.

문제 10) 건축물 바깥쪽에 설치하는 피난계단의 건축법상 구조기준

1. 옥외피난계단의 구조

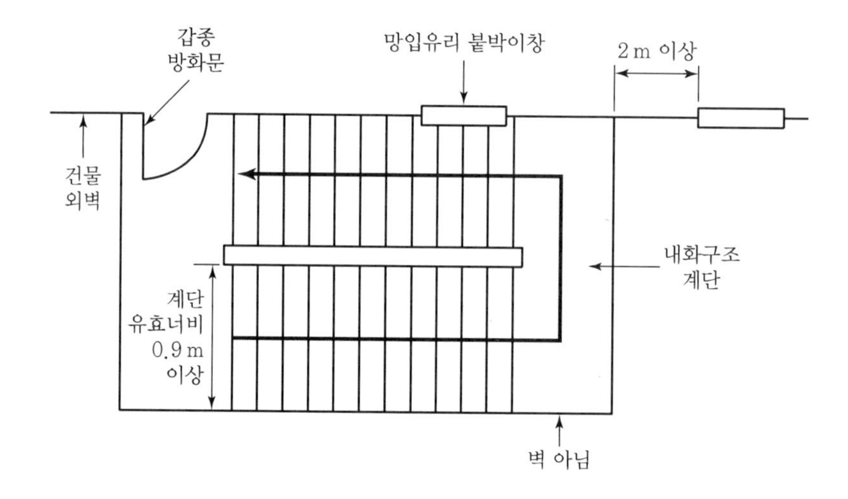

2. 구조기준

1) 계단의 위치

계단실의 출입구 이외의 창문등(1 m^2 이하의 망입유리 붙박이창은 제외)으로부터 2 m 이상의 거리를 두고 설치할 것

2) 계단실의 출입구

갑종방화문으로 할 것

3) 계단의 유효너비

0.9 m 이상으로 할 것

4) 계단의 구조

내화구조로 지상까지 직접 연결되도록 할 것

11 소방시설 등의 성능위주설계 방법에서 시나리오 적용기준 중 인명안전기준에 대하여 설명하시오.

문제 11) 성능위주설계 방법에서 시나리오 적용기준 중 인명안전기준

<table>
<tr><th>구분</th><th colspan="2">성능기준</th><th>비고</th></tr>
<tr><td>호흡한계선</td><td colspan="2">바닥으로부터 1.8 m 기준</td><td></td></tr>
<tr><td>열에 의한 영향</td><td colspan="2">60 ℃ 이하</td><td></td></tr>
<tr><td rowspan="4">가시거리에 의한 영향</td><td>용도</td><td>허용가시거리 한계</td><td rowspan="4">① 고휘도유도등
② 바닥유도등
③ 축광유도표지 설치 시,
집회시설 및 판매시설은 7 m를 적용 가능</td></tr>
<tr><td>기타 시설</td><td>5 m</td></tr>
<tr><td>집회시설
판매시설</td><td>10 m</td></tr>
<tr><td></td><td></td></tr>
<tr><td rowspan="4">독성에 의한 영향</td><td>성분</td><td>독성 기준치</td><td rowspan="4">기타 독성가스는 실험결과에 따른 기준치를 적용 가능</td></tr>
<tr><td>CO</td><td>1,400 ppm</td></tr>
<tr><td>O_2</td><td>15 % 이상</td></tr>
<tr><td>CO_2</td><td>5 % 이하</td></tr>
</table>

[비고] 이 기준을 적용하지 않을 경우, 실험적 · 공학적 또는 국제적으로 검증된 명확한 근거 및 출처 또는 기술적인 검토자료를 제출하여야 함

12 취침 · 숙박 · 입원 등 이와 유사한 용도의 거실에 연기감지기를 설치하여야 하는 특정소방대상물에 대해 설명하시오.

문제 12) 거실에 연기감지기를 설치하여야 하는 특정소방대상물

1. 개요

취침, 숙박, 입원 등의 용도의 거실에는 재실자가 취침상태로 거주할 수 있으므로, 화재의 조기 감지 및 피난을 위해 이러한 용도에는 연기감지기를 설치하도록 규정함

2. 연기감지기 대상 특정소방대상물

1) 공동주택 · 오피스텔 · 숙박시설 · 노유자시설 · 수련시설
2) 교육연구시설 중 합숙소
3) 의료시설, 근린생활시설 중 입원실이 있는 의원, 조산원
4) 교정 및 군사시설
5) 근린생활시설 중 고시원

3. 결론

1) 재실자가 취침상태로 거주할 수 있는 훈소 화재의 위험성이 있는 장소에서는 열감지기의 적응성이 낮으므로 연기감지기 적용이 바람직함
2) 취침상태 거주장소가 아닌 발코니, 보일러실, 실외기실 등은 다른 형식의 감지기 적용 가능함

⑬ 보일의 법칙과 샤를의 법칙을 비교하여 물질의 상태에 대한 물리적 의미를 설명하시오.

문제 13) 보일, 샤를의 법칙 이용한 물질의 상태 설명

1. 보일, 샤를의 법칙

1) 보일의 법칙

① 온도가 일정한 상태에서 이상 기체의 부피는 압력에 반비례한다.

② $PV = Const$ (일정)

여기서, P : 기체의 절대압력　　V : 기체의 부피

2) 샤를의 법칙

① 압력이 일정한 상태에서 이상 기체의 부피는 절대온도에 비례한다.

② $\frac{V}{T} = Const$ (일정)

여기서, T : 기체의 절대온도　　V : 기체의 부피

2. 물질의 상태

1) 보일의 법칙

① 기체는 가압하면 압축되어 부피가 감소됨

② IG계 소화설비는 이러한 원리를 이용하여 기체상태인 소화약제를 저장용기에 가압 저장함

2) 샤를의 법칙

① 기체는 온도가 상승하면 분자운동이 활발해져 부피가 증대되고, 온도가 저하되면 응축됨

② 가스계 소화약제는 방호구역의 온도가 낮을 경우, 소화약제가 응축되어 설계농도가 낮아질 수 있다. 따라서 소화약제량 산정 시에는 방호구역의 예상 최저온도를 기준으로 설계해야 한다.

114회 기출문제 2교시

1 345 kV 전력구에 설치되어 있는 강화액 자동소화설비의 구성과 주요특성, 작동원리를 설명하고, 타 소화설비와 성능을 비교하여 설명하시오.

문제 1) 전력구에 설치된 강화액 자동소화설비의 구성과 주요 특성, 작동 원리 및 타 소화설비와 성능 비교

1. 구성

1) 강화액 소화약제 저장용기

① 소화약제 저장용기의 재질 및 용기

재질	내용적 (L)	직경 (mm)	높이 (mm)	사용압력 (MPa)	허용압력 (MPa)
STS 304	50	267	1,005	0.1	0.35

② 저장용기는 저압 용기로서, 산업안전보건법 규정에 따르며, 소화약제 방사 후 재충전이 가능할 것

③ 작동밸브는 니들밸브에 의해 풀림과 잠금이 이루어져야 하며 압력 급상승 시 안전 봉판이 20 kg_f에서 파괴되는 구조일 것

④ 솔레노이드밸브는 감시제어반과 연동될 것

2) 방출 노즐

① 방출 노즐은 소화기의 형식승인 및 제품검사의 기술기준에 적합할 것

재질	입자 크기(μm)	사용 압력(MPa)
황동 또는 스테인리스	1,000	0.1

② 방출 노즐은 전력구 내부의 상부 또는 측면에 부착하며, 설치수량은 제조사 기준에 따라 결정

③ 방출 노즐은 개방형 적용

3) 강화액 소화약제

알칼리 금속염류(K_2CO_3 등)를 주성분으로 하는 수용액

항목	규격
어는점	−20 ℃ 이하일 것(동파 우려가 낮음)
표면장력	0.033 N/m 이하일 것(표면장력이 낮아 화재에 빠르게 침투)
화재 적응성	B급 화재에 적응성 있음
시야 확보	분말 형태가 아니어서 시야 확보에 영향이 없음
부식성	부식성이 낮아 저장용기의 손상이 없음

4) 감시제어반(수신부)

형식	사용 전압	설치 형태
P형 1급 또는 R형	AC 220 V DC 24 V	자립형 또는 벽부형

5) 기타 장치

① 정온식 감지선형 감지기

② 소화배관 : 스테인리스강관

2. 작동 원리

1) 화재 감지

전력구에는 정온식 감지선형 감지기를 작동온도 70 ℃, 90 ℃의 2가지를 함께 설치함

① 70 ℃ : 경보 발령

② 90 ℃ : 강화액 소화설비 작동

2) 전용 감시제어반 작동

감지기의 화재신호를 수신한 자탐설비 수신기의 신호에 따라 강화액 소화설비 감시제어반이 연동한다.

3) 솔레노이드 밸브 개방

90 ℃ 정온식 감지선형 감지기의 작동신호에 따라 해당 방호구역의 솔레노이드 밸브가 개방된다.

4) 소화약제 방출

전용 배관을 통해 강화액 소화약제가 4분 이상 방출된다.

3. 기존 소화설비(수계, 가스계)와 성능 비교

1) 전력구 화재 특성

① 밀폐된 장소에서 발생

② 케이블 화재의 특성 → A급 심부화재 및 C급 화재 특성

2) 일반 수계 소화설비

높은 표면장력으로 인해 침투성능이 낮아 심부화재에 장시간 방수가 필요

3) 가스계 소화설비

① 단순히 불꽃을 제거하고 냉각될 때까지 설계농도를 유지하는 방식 : 대부분 A급 심부화재에 적응성이 없음

② CO_2 소화설비의 경우, 전력구에서는 20분 이상의 설계농도 유지시간을 지속할 수 있는 밀폐도 유지 어려움

4) 비교결과

강화액 소화설비는 기존 수계 및 가스계 소화설비에 비해 적응성이 우수하다고 볼 수 있다.

2 지하 3층, 지상 49층, 연면적 120,000 m²인 건축물에 소화설비를 구성하고자 한다. 주된 수원을 고가수조방식으로 적용하였을 때, 옥내소화전설비 및 스프링클러설비를 고층, 중층, 저층으로 구분하여 계통도를 그리고 설명하시오.

문제 2) 옥내소화전설비 및 스프링클러설비의 고층, 중층, 저층으로 구분한 계통도

1. 기본 가정

1) 층고 : 3 m

2) 층별 바닥면적 : 2,308 m²(전층 동일한 바닥면적)

3) 기준개수

① 스프링클러 : 30개

② 옥내소화전 : 2개

4) 각 층별 수리계산 결과

입상관 연결지점까지의 수리계산 결과 소요압력은 다음과 같다.

① 스프링클러설비 소요 압력 : 4.5 bar

② 옥내소화전설비 소요 압력 : 4.5 bar

2. 층 분할방안 및 계통도

1) 고층부 범위

① 각 층별 소요 양정 : 45 m

② 자연낙차 45 m 이상인 층 : 34층

(45 m ÷ 3 m = 15개 층 이상)

③ 고층부 구간 : 49층~35층

2) 중층부 범위

① 자연낙차 120 m 이하인 층 : 9층

(120 m ÷ 3 m = 40개 층 이내)

② 중층부 구간 : 34층~10층

3) 저층부 범위

① 최저층 압력 검토 : 81 m

(소요 양정 45 m + 낙차 36 m)

→ B~3F까지 추가 감압할 필요 없음

② 저층부 구간 : 9층~지하 3층

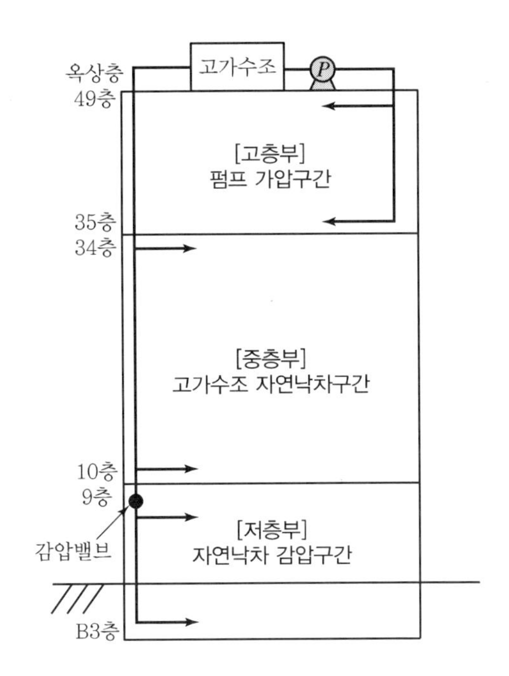

3. 결론

1) 고층부(펌프가압 구간)
자연낙차에 의해 소요 양정의 소화수를 공급할 수 있을 때까지 적용

2) 중층부(자연낙차 구간)
자연낙차에 의한 공급압력이 120 m 이내인 범위까지 적용

3) 저층부(자연낙차 감압 구간)
자연낙차 공급압력이 120 m를 초과하는 층부터 감압하여 적용

3 연기제어를 위한 급배기 덕트 설계 시 외기온도나 바람 등의 영향을 고려하여야 한다. 이때 기류를 평가하는 CONTAM Program을 수행절차 중심으로 설명하시오.

문제 3) CONTAM Program을 수행절차 중심으로 설명

1. CONTAM 프로그램 개요

1) CONTAM 프로그램
① 옥내의 공기품질 분석에 적용하기 위해 개발되었으나, 급기가압 제연설비 분석을 위해 가장 많이 사용되는 컴퓨터 소프트웨어
② 건물 내의 공기유동을 분석할 수 있고, 구획부의 유동을 시뮬레이션할 수 있음
③ NIST에서 무료로 다운로드하여 사용 가능하며, 정교한 그래픽 인터페이스를 가지고 있어서 데이터 입력이 쉬움

2) CONTAM 프로그램의 적용 목적
① 어떤 건물 내에 적용되는 제연설비가 설계 의도와 같이 작동하고, 균형을 맞출 능력이 있는지를 미리 판단하기 위해 사용
② 급 · 배기 팬, 배기구 등의 시스템 구성요소의 크기를 결정하는 데 참고할 만한 정보 제공

3) 적용대상
① 고층건축물 : 연돌효과 분석을 통해 제연설비의 성능을 확인
② 제연성능 미비한 현장 : 덕트, 송풍기, 댐퍼 및 기구류의 적정성 판정 및 개선대책 도출
③ 설계 검증 : 시스템 적정 차압 및 방연풍속 검증

2. CONTAM 프로그램에 의한 시뮬레이션 수행절차

1) 설계도서 검토
① 제연설비의 설계도면 검토
② 건축도면의 출입문 크기, 방향 등 검토

2) 열관류율 등을 이용한 각 실의 온도조건 부여

3) 수계산을 통한 입력조건(설계 결과값) 검증
엔지니어링 계산법을 이용한 정압손실 계산

4) 덕트류, 송풍기 및 건축물 누설경로조건 입력

5) 적정성 분석
① 덕트 크기 및 경로의 적정성 분석
② 차압댐퍼 크기의 적정성
③ 체절압에 따른 기구류의 파손 우려 검토
④ 선정된 송풍기 및 풍량제어방식의 적정성
⑤ 화재안전기준 및 설계 목표치에 대한 충족 여부 검토

3. CONTAM 수행 시의 주의사항

1) 건물의 개구부 반영 시 다양한 조건으로 검토해야 함
2) 적절한 덕트 Factor 입력
3) 덕트 터미널 등은 카탈로그 등의 자료를 이용하여 환산값 입력
4) 시스템의 경향을 판단할 수 있도록 다양한 Factor로 분석하여 실패 확률을 줄여야 함(최소 10가지 이상)
5) 부적절한 Factor를 적용할 경우, 결과값을 신뢰할 수 없음에 주의해야 함

4. 결론

1) CONTAM 프로그램은 제연설비의 적정성을 예측할 수 있는 프로그램으로 실무에서 널리 사용중이다.
2) 다른 프로그램들과 마찬가지로 CONTAM도 적절한 입력과 다양한 Factor 분석이 이루어져야 그 결과를 신뢰할 수 있다.

4 자동화재탐지설비의 음향장치 설치기준을 국내기준과 NFPA기준을 비교하여 설명하시오.

문제 4) 음향장치 설치기준의 비교

1. 국내 음향장치 설치기준

1) 주 음향장치

수신기 내부 또는 그 직근에 설치할 것

2) 지구 음향장치

① 수평거리 25 m 이내

② 정격전압의 80 %에서 음향을 발할 수 있을 것

③ 음량은 1 m 떨어진 곳에서 90 dB 이상일 것

④ 감지기 · 발신기와 연동될 것

⑤ 복수의 수신기가 설치된 경우, 어느 수신기에서도 지구음향 및 시각경보장치를 작동할 수 있도록 할 것

2. NFPA 음향장치 설치기준

1) Mode

① Public Mode

일반 거주인을 위한 경보는 해당 지역 내에서 다음 2가지 중 큰 음압을 유지하도록 요구함

- 주변 60초간의 최대소음보다 5 dB 이상
- 주변 24시간 평균소음보다 15 dB 이상

② Private Mode

해당 건물의 관리자에게만 알리는 경보는 해당 지역 내에서 다음 2가지 중 큰 음압을 유지하도록 요구함

- 주변 60초간의 최대소음보다 5 dB 이상
- 주변 24시간 평균소음보다 10 dB 이상

③ 취침지역 : 최소 75 dBA

- 주변 최대소음보다 5 dB 이상
- 주변 평균소음보다 15 dB 이상

④ 최대음압 : 110 dBA 이하로 제한

2) 주변지역의 평균 소음(단위 : dBA)

교육시설	공장	공공시설	주거시설	차량
45	80	40	35	50

3) 설치간격

① 음향장치의 정격 음압(Rating)

모든 음향장치는 음원에서 1 m 또는 10 ft 등의 일정거리에서의 음압(SPL, dBA)이 표시됨

② 거리에 따른 음압 감소(6 dB Rule)

- Rating을 기준으로 거리가 2배 멀어질수록 약 6 dB씩 감소하는 원리를 활용함
- 이 원리는 넓은 공간에서는 잘 맞고, 밀폐 공간에서는 음 반사 또는 감쇠로 인해 약간의 차이가 있다.

③ 실내에서의 음향경보설비 설계

SFPE 핸드북에서는 음향장치의 Rating, 음향의 확산방향, 복도 벽체의 마감재료, 칸막이 설치 등에 대해 감안하여 음향장치의 배치 간격을 계산하는 방법이 제시되어 있다.

3. 결론

국내 음향장치 기준은 NFPA와 비교해 볼 때 다음과 같은 차이점을 보완할 필요가 있다.

1) 주변 소음도를 고려한 음압 기준 수립

2) 실제 경보음을 청취할 수 있도록 음향장치 설계방법 제시

3) 청력 손상 방지를 위한 최대음압 기준 수립

5 건축물에 화재 발생 시 유독가스 발생으로 인한 인명피해를 최소화하기 위한 마감재료의 기준과 수직화재 확산방지를 위한 화재확산방지구조에 대하여 각각 설명하시오.

문제 5) 유독가스에 의한 인명피해 최소화를 위한 마감재료의 기준과 화재확산방지구조

1. 마감재료 기준

1) 유독가스 발생에 대한 가스유해성 시험

① 불연, 준불연 및 난연 재료 모두 가스유해성 시험 결과 쥐의 행동정지시간이 9분 이상이어야 함

② 가스유해성 시험방법

- 재료의 연소 시 발생하는 가스의 유해성을 쥐를 이용하여 시험하는 것
- 직경 25 mm의 구멍을 3개 뚫은 시험체 2개
- 시험장치 : 가열로, 희석상자, 시험상자로 구성
- 가열온도

시간(분)	1	2	3	4	5	6
온도(℃)	70	85	90	140	170	195

- 판정기준 : 쥐의 행동정지시간이 9분 이상일 것

2. 외벽 마감재료 적용기준

1) 건축물의 외벽 : 불연재료 또는 준불연재료를 마감재료로 사용할 것

① 외벽 범위 : 필로티 구조의 외기에 면하는 천장 및 벽체 포함

② 마감재료 : 도장 등 코팅재료 및 기타 모든 재료 포함

③ 외벽 마감재료를 구성하는 재료 전체를 하나로 보아 불연재료 또는 준불연재료에 해당하는 경우

→ 마감재료 중 단열재는 난연재료로 사용 가능함

2) 6층 이상 또는 높이 22 m 이상인 건축물의 외벽을 화재확산방지구조 기준에 적합하게 설치한 경우

→ 난연재료를 마감재료로 사용할 수 있음

3. 화재확산방지구조

수직 화재확산 방지를 위해 외벽마감재와 지지구조 사이의 공간을 다음에 해당하는 재료로 매층마다 최소 높이 400 mm 이상 밀실하게 채운 것

1) KS규격에서 정하는 12.5 mm 이상의 방화 석고보드
2) KS규격에서 정하는 6 mm 이상의 석고 시멘트판 또는 섬유강화 평형 시멘트판
3) KS규격에서 정하는 미네랄울 보온판 2호 이상인 것
4) KS규격에서 정하는 수직 비내력 구획부재의 내화성능 시험한 결과, 15분의 차염성능 및 이면온도가 120 K 이상 상승하지 않는 재료

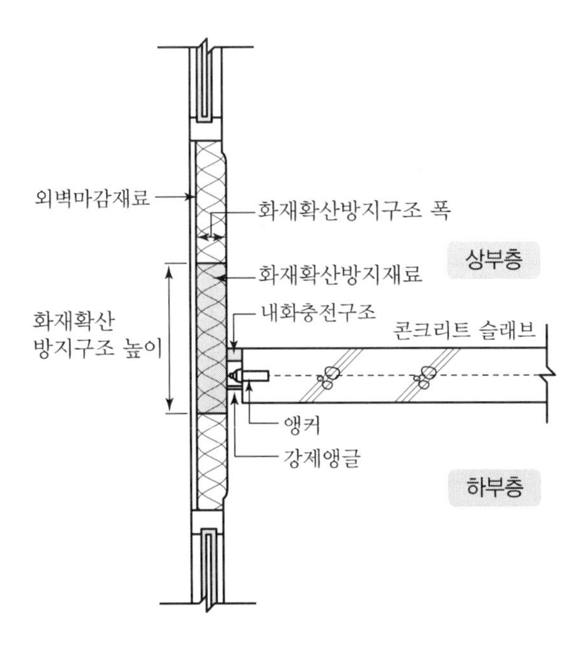

6 Normal Stack Effect와 Reverse Stack Effect에 의한 기류이동을 도시하여 비교하고, Normal Stack Effect 조건에서 화재가 중성대 하부와 상부에 발생했을 때 각각의 연기흐름을 도시하고 설명하시오.

문제 6) Normal Stack Effect와 Reverse Stack Effect

1. Normal Stack Effect와 Reverse Stack Effect에 의한 기류이동

1) Normal Stack Effect(연돌효과)

① 겨울과 같이 외기온도가 낮은 경우에 건물 내의 수직관통부에서 발생하는 공기의 상승기류

② 기류는 아래 그림과 같이 중성대 아래의 건물 내부에서 공기가 유입되어 수직관통부를 통해 상승하며, 중성대 윗부분의 건물을 통해 외부로 배출된다.

2) Reverse Stack Effect(역 연돌효과)

① 여름과 같이 외기온도가 높은 경우에 건물 내의 수직관통부에서 발생하는 공기의 하강기류

② 기류는 아래 그림과 같이 Normal Stack Effect와 반대 방향으로 형성된다.

③ 여름철의 실내 · 외 온도차는 적은 편이라, 역 연돌효과의 영향은 연돌효과에 비해 크지 않다.

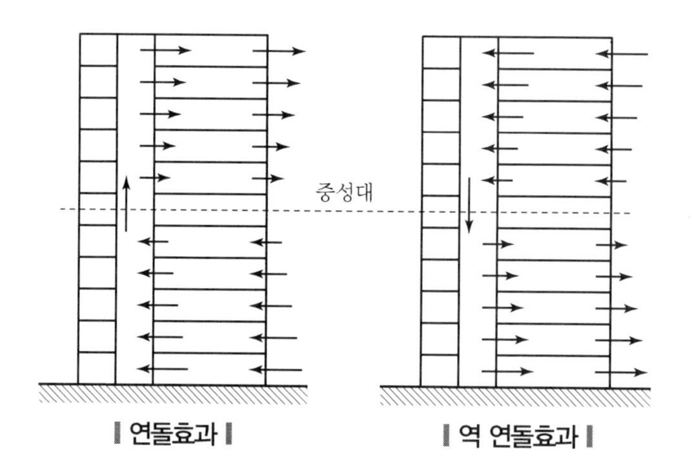

‖ 연돌효과 ‖ ‖ 역 연돌효과 ‖

3) 수직관통부의 종류

계단실, 엘리베이터 승강로, 덤웨이터, 파이프 피트 및 덕트 샤프트 등

4) 연돌효과에 의한 연기유동

① 연돌효과는 건물 화재 시 연기 유동에 매우 큰 영향을 줌

② 외기온도가 낮은 경우, 샤프트에서의 상승기류는 연기의 부력에 의해 더 강해진다.

2. 화재가 중성대 하부와 상부에 발생했을 때 각각의 연기 흐름

1) 중성대 하부에서의 화재(그림 a)

① 연기는 샤프트 내부로 인입되어 상승

② 샤프트 내의 상승기류에 의해 중성대 상부에서 건물 내부로 연기가 확산됨

2) 중성대 상부에서의 화재

① 화재의 규모가 작은 경우(그림 b)

- 화재 발생층의 상층 바닥의 균열부 또는 틈새를 통해 연기가 확산될 수 있지만
- 연돌효과에 의한 압력은 그림에서와 같이 연기가 샤프트 내부로 유입되는 것을 방해함
- 층 바닥면의 방화구획이 잘 유지된 경우에는 연기가 화재층 내에서 확산되지 않을 것임

② 화재의 규모가 큰 경우(그림 c)

- 중성대 상부에서의 화재로부터 발생된 연기가 연돌효과를 이겨내고 샤프트 내부로 유입될 수 있을 정도로 큰 부력을 갖게 되면 연기확산 양상이 달라짐
- 그림 (c)와 같이 연기는 샤프트 내부에서 상승하고 화재층 위의 바닥면을 통해 확산됨

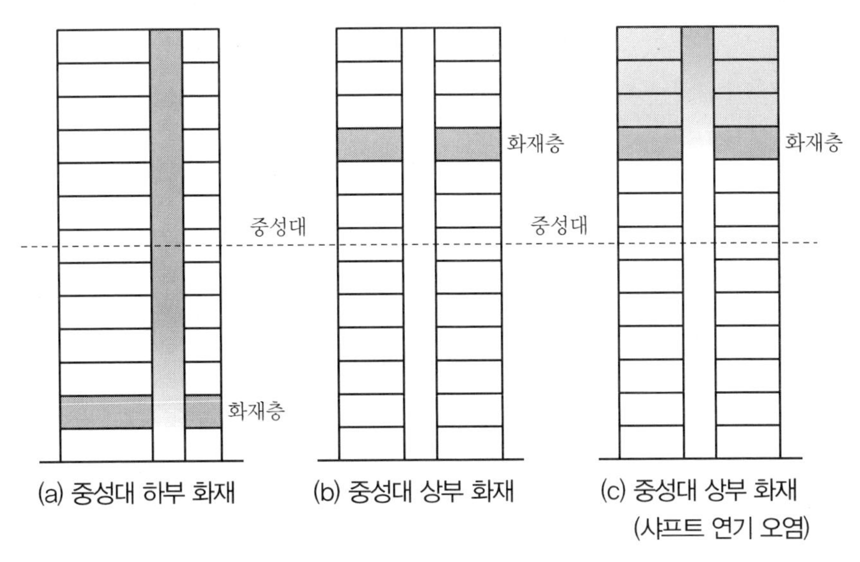

‖ 중성대 하부와 상부 화재 ‖

114회 기출문제 3교시

1 **기존의 옥내소화전을 호스릴(Hose Reel) 옥내소화전으로 변경하는 경우 발생할 수 있는 문제점과 대책을 설명하시오.**

〈조건〉
• 지하 3층, 지상 35층의 공동주택이다.
• 소화설비의 가압송수장치는 전동기펌프로서 지하 2층에 설치되었다.

문제 1) 호스릴 옥내소화전으로 변경 시 발생할 수 있는 문제점과 대책

1. 개요

1) 공동주택의 옥내소화전은 세대 출입문 밖 부속실에 설치됨
2) 기존 호스식 옥내소화전은 세대 내 화재 시 호스의 접힘이나 조작성 등으로 인해 사용상의 어려움이 많음
3) 옥내소화전의 사용성을 향상시키기 위해 기존 공동주택에서 호스릴을 적용할 경우 몇 가지 문제점이 발생할 수 있으므로 이에 대한 충분한 사전 검토가 필요하다.

2. 호스릴 변경 시의 문제점

1) 펌프 양정 부족

① 기존 호스식 소화전의 양정(층고 3 m로 가정)

$$H(\mathrm{m}) = H_1 + H_2 + H_3 + 17$$
$$= 110 + 15 + 10 + 17 = 152\,\mathrm{m}$$

여기서, H_1 : 낙차손실(약 110 m)
H_2 : 배관마찰손실(약 15 m)
H_3 : 호스마찰손실(약 10 m)

② 호스릴 소화전 변경 시의 양정

호스릴 마찰손실이 약 38 m임을 감안하면,

$$H(\text{m}) = H_1 + H_2 + H_3 + 17$$
$$= 110 + 15 + 38 + 17 = 180\,\text{m}$$

→ 기존 대비하여 약 30 m 정도 펌프 양정이 부족함

2) 밸브류 압력등급 초과

① 펌프의 체절압력 : 정격양정의 125 % 정도

- 기존 : 152 m × 1.25 = 190 m
- 호스릴 변경 : 180 × 1.25 = 225 m

  → 배관 계통의 최대 압력은 2 MPa을 초과하게 됨

② 배관 재질은 기존에도 압력배관용 탄소강관을 적용했을 것이므로 문제가 없음

③ 그러나 국내에서 사용하는 소방용 밸브가 모두 최대사용압력이 2 MPa임을 감안하면 국산 밸브는 적용 가능한 것이 없음

3) 저층부 과압 발생

① 지하 2층에 펌프가 설치되어 있으므로, 지하 3층을 포함한 저층부에서는 과압이 발생

② 감압 오리피스를 적용해도 방수압력이 0.7 MPa을 초과하는 소화전이 다수 발생하여 조작의 어려움 예상

4) 소화전함 크기 증대

호스릴 소화전 함의 깊이가 200 mm 이상으로 기존 소화전이 매립된 벽체 두께를 초과함

5) 호스릴 소화전의 고강도 화재 적용 불가

호스릴 소화전은 경급 화재위험 용도로서, 세대 내 화재에 적용하기에는 적합하나 주차장의 고강도화재에는 대응하기 어려움

3. 대책

1) 직렬 펌프 설치 또는 펌프 변경

증가된 소요 양정을 보충하기 위해 직렬로 펌프를 추가 설치하거나, 고양정 펌프로 변경

2) 층 분할

① 수직배관을 추가 설치하여 저층부에는 감압밸브를 통해 소화수 공급

② 층 분할 시에도 조작을 위해 추가 감압이 필요한 소화전에 감압 오리피스는 적용

3) 벽체 보강

호스릴 소화전이 설치되는 벽의 두께를 보강

4) 호스릴 사용범위 제한

고강도 화재가 예상되는 주차장 부분에는 기존 호스식 소화전 유지

2 이산화탄소소화설비의 저장방식 및 방출방식에 따른 분류에 대해 설명하시오.

문제 2) 이산화탄소소화설비의 저장방식 및 방출방식에 따른 분류

1. 개요

1) 저장방식에 따른 분류 : 고압식, 저압식 CO_2 소화설비

2) 방출방식에 따른 분류 : 전역방출방식, 국소방출방식 및 호스릴방식

2. 저장방식에 따른 분류

항목	고압식	저압식
저장조건	상온(20 ℃)에서 고압(6.0 MPa)으로 저장	저온(−18 ℃)에서 저압(2.1 MPa)으로 저장
저장용기	45 kg/68 L의 저장용기	대형 저장탱크를 1대 설치 (단열조치 · 냉동기 필요)
충전비	1.5~1.9	1.1~1.4
배관	Sch.80 압력배관용 탄소강관	Sch.40 압력배관용 탄소강관
방사압	2.1 MPa	1.05 MPa
약제량 측정	현장에서 수동으로 레벨미터나 저울을 이용하여 측정	CO_2 Level Monitor를 이용하여 원격 감시함
충전	용기별로 해체 · 충전 및 재부착을 해야 하므로 번거롭다.	설비의 분리 없이 현장에서 충전하므로 편리하다.
약제누설 확인	확인 불가능	24시간 상시 확인 및 누설 경보
예비설비설치	저장공간 문제로 설치가 곤란	저장용기만 확대하여 설치 가능
방출방식	방출 시 전량 방출	필요량만큼 방출
오동작 제어	가스방출제어가 어려움	방출 정지 가능
용기저장실	큰 용기실 면적이 필요	용기실 면적의 축소 가능
안전장치	안전밸브	액면계, 압력계, 압력경보장치, 안전밸브, 파괴봉판
적용	작은 방호구역	다수의 대규모 방호구역

3. 방출방식에 따른 분류

1) 전역방출방식

① 하나의 방호구역 전체 공간에 CO_2를 방사하는 방식

② 전역방출방식의 채택기준

→ 개구부가 작은 경우(국내 : 개구부 면적이 전표면적의 3% 이하)

③ 과압 배출구가 필수적으로 필요함

- CO_2 방출 시 과압으로 인한 구조물 등의 손상 방지
- CO_2 소화약제가 무거우므로 높은 위치에 설치
- 크기 : $X(\text{mm}^2) = \dfrac{239\,Q}{\sqrt{p}}$

④ 분사헤드

방호구역 전체에 균일 · 신속하게 확산되는 위치에 설치

⑤ 방사시간

- 표면화재 : 1분 이내
- 심부화재 : 7분 이내(2분 이내에 설계농도가 30%에 도달)

2) 국소방출방식

① 방호구역을 구획할 수 없는 경우에 화재가 발생하는 방호대상물에 직접 CO_2를 방사하는 방식

② NFPA에서 국소방출방식을 적용하는 경우

- 인화성 증기 및 가스를 안전하게 배출할 수 없는 공정이나 저장 탱크
- 방호구역이 구획되지 않거나 전역방출방식의 기준에 부합되지 않는 경우
- 인화성 기체 · 액체 또는 얇은 고체의 표면화재용으로 사용하는 경우

③ 분사헤드

방사에 의해 가연물이 비산되지 않는 위치에 설치

④ 방사시간 : 30초(심부화재에는 적용하지 않음)

3) 호스릴방식

① 이동식 설비로서 화재 시 호스를 이용하여 사람이 직접 조작하여 사용하는 수동식 설비

② 호스릴방식은 사용 후 피난이 가능하며 실질적으로 효과를 낼 수 있는 소규모 가연물에만 적용

③ 수평거리 : 15 m

④ 노즐 방사량 : 60 kg/min → 방사시간 1.5분

3 수계소화설비 배관의 부식 발생 원인과 방지대책에 대해 설명하시오.

문제 3) 수계 배관의 부식 발생 원인과 방지대책

1. 개요

1) 수계 소화설비는 설치 후 장시간 사용하지 않고 화재가 발생한 경우에만 사용하므로 배관 내 부식 발생의 위험이 높다.

2) 설계, 시공 단계에서부터 미리 시스템에 적합한 부식방지대책을 적용하여야 한다.

2. 부식 발생 원인

1) 부식의 3요소가 존재하는 상태

① 철 : 강관을 사용할 경우 항상 존재

② 산소 : 배관 내에 공기가 채워져 있는 건식, 준비작동식 설비에서 부식되기 쉬움

③ 물 : 소화수가 충수된 습식 배관뿐만 아니라, 습기가 남아 있는 건식 배관에서도 존재

2) 부식 발생의 메커니즘

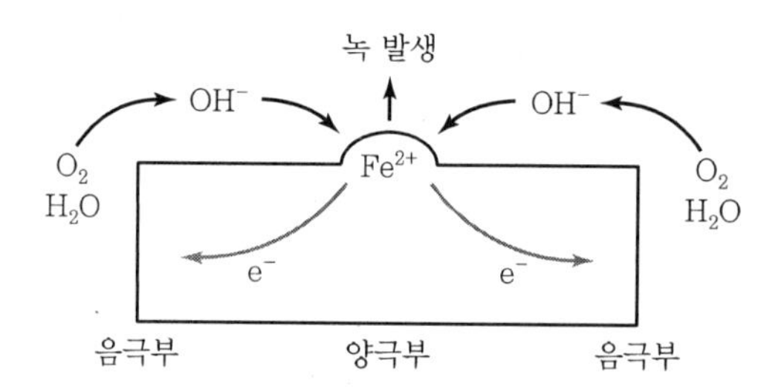

① 양극 반응

$$Fe \rightarrow Fe^{2+} + 2e^-$$

→ 금속이 전해질 속에서 전자를 잃고, 양이온이 되어 전해질 속으로 녹음

② 음극 반응

$$O_2 + 2H_2O + 4e^- \rightarrow 4OH^-$$

(용존산소) (물) (전자) (수산화이온)

→ 양극에서 발생된 전자가 음극으로 이동하여 반응

③ 녹 생성

$Fe^{2+} + 2OH^- \rightarrow Fe(OH)_2$: 수산화 제1철

$4Fe(OH)_2 + O_2 + 2H_2O \rightarrow 4Fe(OH)_3$: 수산화 제2철

$2Fe(OH)_3 \rightarrow Fe_2O_3 + 3H_2O$: 붉은 녹 발생

→ 음극부에서 발생된 수산화이온(OH^-)과 양극에서 발생된 금속이온(Fe^{2+})이 전해질 속에서 반응하여 부식 생성물이 붉은 녹을 발생시킨다.

3. 부식 방지대책

1) 배관 개선

일반적인 환경	내산성 페인트로 도색
다습한 환경	동관 또는 아연도금강관 적용
부식 환경	합성수지관, 모넬강 등의 특수재질 적용 또는 외부 코팅

2) 부식억제제 투입

① 역류 시 식수가 오염될 우려가 있으므로 적용 제한

② 부식억제제 경화 시 소화수 유동에 장애가 됨

3) 배관 두께에 여유

① 얇은 두께인 배관에는 나사이음을 하지 말고, 소켓 용접 실시

② NFPA 13의 배관재질 선정

- 200 mm 미만 : Sch. 40 이상
- 200 mm 이상 : Sch. 30 이상

4) 공기 배출구 설치

① 산소의 양을 감소시키는 습식 배관용 최적의 대책

② 입상관 최상부, 수평배관 최상부 등 여러 지점에 설치

5) 지하매설배관에 음극방식법 적용

6) 건식, 준비작동식 설비의 2차 측 배관에 공기 대신 질소 충전

7) 배관 내면 라이닝(Lining)

8) 유속 제어

9) 이종금속 접촉부에 절연플랜지 설치

10) 배관 내부 점검 후 Flushing 실시

4 일반 감지기와 아날로그 감지기의 주요 특성을 비교하고, 경계구역의 산정 방법에 대하여 설명하시오.

문제 4) 일반 감지기와 아날로그 감지기의 주요 특성 비교 및 경계구역의 산정 방법

1. 일반 감지기

1) 단순히 ON/OFF만을 표시

① 열, 연기가 기준을 초과하여 발생하면 화재신호 전송

② 비화재보 발생 가능성이 높고, 평상시 감지기의 상태를 확인할 수 없음

2) 비화재보 방지용 감지기

① 축적형 감지기

- 공칭축적시간 이상 지속되는 이상상태를 감지
- 실제 화재 시 작동이 지연되어 화재가 확대되는 문제

② 복합형 감지기, 정온식 감지선형 감지기 등

- 시간 경과에 따른 성능 저하로 비화재보 또는 실보의 가능성이 있음(감지기 상태 확인 불가능)

2. 아날로그 감지기

1) 다양한 상태 정도를 나타내는 신호들을 전송함

→ 연기 농도, 온도 변화 등 변수의 다양한 변화 값을 측정하여 수신기로 전송하는 기기

2) 작동방식

① 수신기 프로그램상에서 관리자가 경보 · 감시 · 고장 신호를 발령하는 설정값을 입력

② 아날로그 연기감지기는 매 시간마다 수신기에 보고된 값을 저장하여 연기감지기가 오염되거나 등록 감도를 벗어나면 고장신호 발신

③ 아날로그 열감지기는 수신기에서 경보 한계값을 조정할 수 있으며, 실의 화재특성에 따라 임계온도를 설정 가능

3) 주요 기능

① 자가 진단 기능 : 오염, 탈락, 고장 등

② 다단계 표시 기능

③ 원격 감도조정 기능

④ 자기 보상 기능

⑤ 주소표시 기능

3. 경계구역 산정 방법

1) 하나의 경계구역은 2개 이상의 건축물에 미치지 않을 것

2) 하나의 경계구역은 2개 층 이상에 미치지 않을 것
   (500 m^2 이하의 범위 내 : 2개의 층을 1개 경계구역 가능)

3) 경계구역의 수평적 면적기준
   ① 하나의 경계구역은 600 m^2 이하로 하고, 한 변의 길이는 50 m 이하로 할 것
   ② 주된 출입구에서 그 내부 전체가 보이는 것은 한 변의 길이 50 m 이하의 범위에서 1,000 m^2 까지 가능
   ③ 별도의 성능인정을 받은 경우에는 이를 초과 가능
   ④ 지하구 : 길이 700 m 이하

4) 경계구역의 수직적 기준
   ① 계단, 경사로, 엘리베이터 권상기실, 린넨슈트, 파이프 · 덕트 피트 : 별도의 경계구역으로 할 것
   ② 계단, 경사로 : 하나의 경계구역은 높이 45 m 이하
   ③ 지하 2층 이상의 계단 · 경사로 : 별도의 경계구역으로 할 것

5) 외기 개방기준
   외기에 대한 상시 개방부가 있는 차고 · 주차장 · 창고 등
   → 외기에 면하는 각 부분에서 5 m 미만의 범위는 경계구역 면적에서 제외

6) 방호구역 및 제연구역과의 연계
   자동식 소화설비의 방호구역 및 제연설비의 제연구역과 동일하게 경계구역을 설정할 수 있다.

4. 결론

1) 아날로그 감지기는 감지기마다 회로이므로, 경계구역 설정기준을 적용할 필요가 없다.
2) 또한 자가진단기능 등으로 비화재보의 가능성이 일반감지기에 비해 매우 낮으므로, 다양한 장소에 적용하는 것이 바람직하다.

5 건축법상 방화구획과 내화구조의 기준을 비교하고, 차이점을 설명하시오.

문제 5) 방화구획과 내화구조기준의 비교 및 차이점

1. 개요

1) 내화구조는 화재 시 주요구조부의 성능을 유지하기 위한 것으로서, 해당 부재는 내력 기능(하중지지력)과 구획 기능(차염성 및 차열성)을 갖춰야 한다.
2) 방화구획은 화재를 국한화하는 것으로서, 해당 부재는 구획 기능(차염성 및 차열성)을 가져야 한다.

2. 방화구획과 내화구조 기준의 비교

구분	내화구조	방화구획
대상	• 방화지구 내 건축물 • 3층 이상, 지하층 있는 건축물 • 2,000 m^2 이상의 공장 등	• 주요구조부가 내화구조 또는 불연재료인 건축물로서, 연면적 1,000 m^2 넘는 건축물
적용	• 주요구조부 • 방화지구 내 건축물은 외벽 포함	• 바닥면적 1,000 m^2 이내마다 구획(자동식 소화설비 적용 시 3배) • 층마다 구획 • 공동주택 대피공간 • 내화구조 대상과 비대상 • 방화구획 완화부와 타 부분
부재 기준	• 법령에 명시된 재질인 경우 일정 두께 이상 • 품질시험(내화, 부가시험)에 의해 성능기준에 적합 • 성능설계에 따라 내화구조의 성능을 검증 • 건설기술원 인정기준에 인정	• 내화구조의 벽, 바닥, 방화문으로 구획 • 관통부 틈새 : 내화충전 • 풍도 관통부 : 방화댐퍼
시험	• 표준시간-가열온도곡선에 의한 시험을 수행 ① 하중지지력 : 변형량, 변형률 기준 초과 여부 ② 차염성 : 면패드 착화, 균열게이지 관통 및 이면에서의 10초 이상 지속화염 발생 여부 ③ 차열성 : 비가열면의 온도가 평균온도 140 K, 최고온도 180 K 초과 상승하는지 여부	• 표준시간-가열온도곡선에 의한 시험을 수행 ① 차염성 : 면패드 착화, 균열게이지 관통 및 이면에서의 10초 이상 지속화염 발생 여부 ② 차열성 : 비가열면의 온도가 평균온도 140 K, 최고온도 180 K 초과 상승하는지 여부 • 하중지지력 요구 없음

3. 차이점

1) 요구성능

① 내화구조

- 내력 기능 : 하중지지력
- 구획 기능 : 차염성, 차열성

② 방화구획

- 구획 기능 : 차염성, 차열성
- 방화문 및 자동방화셔터 적용 가능
- 설비(배관, 배선 및 덕트)의 부재 관통 허용
- 내화구조가 적용된 주요구조부로 대체 가능

2) 목적

① 내화구조 : 화재 시 건물의 붕괴 방지

② 방화구획 : 연소확대 방지

3) 공장의 경우

① 내화구조 : 주요구조부가 불연재료이고, 2층 이하인 화재 위험이 낮은 용도의 공장의 경우에는 내화구조 제외 가능

② 방화구획 : 주요구조부의 내화구조가 면제되더라도 연면적 1,000 m^2를 넘는 경우에는 방화구획을 해야 함

6 환기구가 있는 구획실의 화재 시, 연기충진(Smoke Filling) 과정과 중성대 형성에 따른 화재실의 공기 및 연기흐름을 3단계로 구분하여 설명하시오.

문제 6) 연기충전과정과 중성대 형성에 따른 공기 및 연기 흐름의 3단계

1. 개요

1) 구획실이 밀폐되어 있거나 연기가 개구부를 통해 외부로 방출되기 전의 화재 초기단계에서는 화재실 내의 연기충전 과정 이해가 중요

2) 이러한 연기충전과정은 욕조에 물을 채우는 것과 반대 현상이다. 연기층은 시간에 따라 하강하며 화재실을 채우게 되며, 화재실에 누설이 있더라도 화재 크기가 충분히 크면 화재실을 연기로 채우게 된다.

2. 화재실의 공기 및 연기 흐름

1) 1단계 : 연기층 하강

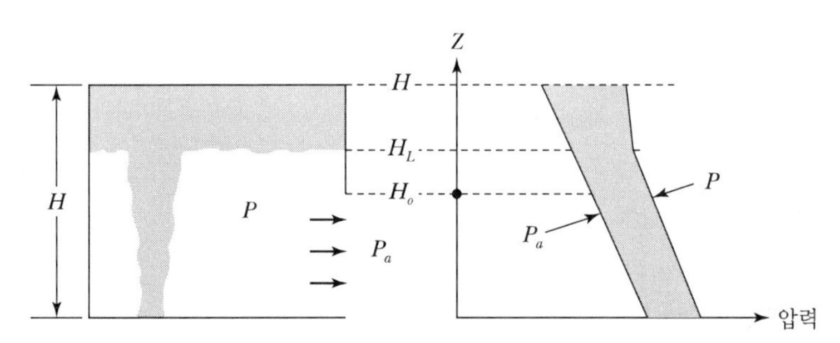

❙ 1단계 : 연기층 하강 및 저온층 배출 ❙

① 화재가 발생되는 시점에 에너지 방출로 인해 화재실의 압력이 상승

② 화재실 압력이 주위 대기보다 훨씬 높게 되어 외부로의 흐름이 발생

2) 2단계 : 고온 유동의 배출 시작

① 연기층의 높이가 개구부까지 하강하면 실내 · 외 압력차에 의해 고온연기층이 화재실 외부로 배출되기 시작

② 연기 배출이 시작되면서 화재실 내 · 외부의 압력차는 점점 감소

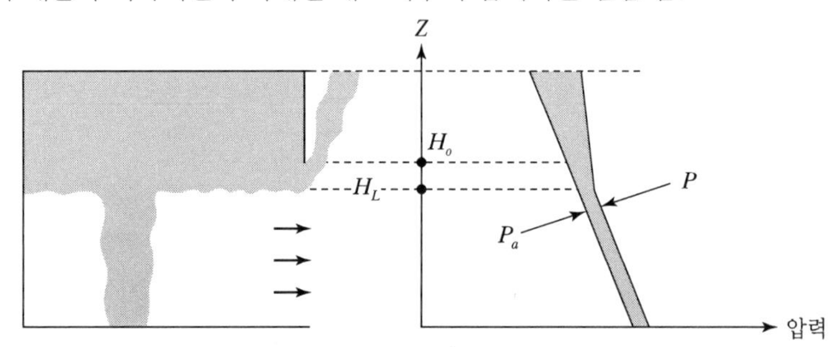

❙ 2단계 : 고온 유동의 배출 시작 ❙

3) 3단계 : 주위 저온 흐름의 인입

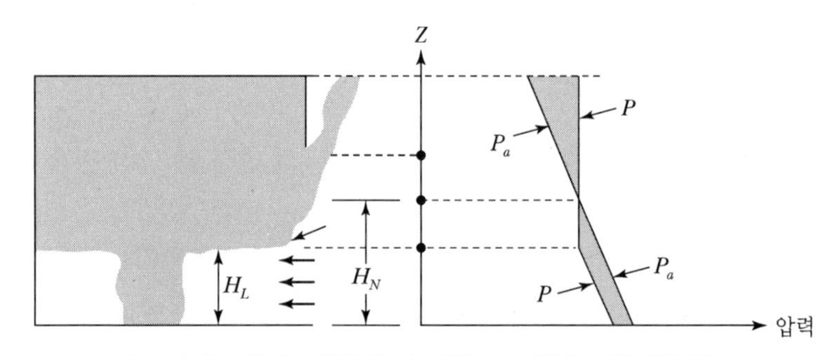

❙ 3단계 : 개구부에서 층간 접촉 및 저온공기층 인입 ❙

① 2단계에서 소화되지 않고 연기층 높이(H_L)가 개구부 아래로 내려오면 개구부에서는 2방향 유동이 발생
② 중성대(H_N)가 형성되고 화재실 내 중성대 하부 공간에서는 주위 대기보다 압력이 더 낮아져 공기를 유입시킴
③ 중성대에서의 압력차는 0이 되며, 중성대의 위치는 화재가 더 커짐에 따라 문 높이의 약 1/2에서 약 1/3 정도까지 변할 수 있다.

3. 결론

1) 성장기 화재 초기에는 화재실 압력이 상승하여 개구부를 통해 화재실 외부로 기류가 배출된다.
2) 성장기 화재가 지속됨에 따라 연기가 배출되어 점점 압력차가 줄어들고, 상부 고온연기층이 지속적으로 성장하여 중성대가 형성되면 중성대 상부에서는 연기가 외부로 배출되고, 하부에서는 공기가 유입된다.

114회 기출문제 4교시

1 A급, B급, C급 화재에 각각 소화능력을 가지는 수계소화설비와 소화특성에 대해 설명하시오.

문제 1) A · B · C급 화재에 각각 소화능력을 가지는 수계소화설비와 소화특성

1. 적응성 조건

1) A급 심부화재 : 연료 표면을 충분히 냉각시킬 수 있어야 함

2) B급 화재 : 물이 기름보다 무거워 방수 시 물이 연료 하부로 가라앉으므로 이에 대한 보완이 필요함

3) C급 화재 : 물의 전기전도성으로 인한 감전 등의 위험성을 낮춰야 함

2. A · B · C급 화재에 소화능력을 가지는 수계소화설비

화재	적응 수계소화설비
A급 화재 (일반 고체 화재)	옥내 · 외 소화전, 스프링클러, 물분무, 미분무, 포, 강화액 소화설비
B급 화재 (유류 화재)	물분무, 미분무, 포 소화설비
C급 화재 (전기 화재)	물분무, 미분무, 강화액 소화설비

3. 소화특성

1) 옥내 · 외 소화전

① 봉상 또는 분무 주수를 통해 화점에 직접 살수하는 초기 화재 소화용이며, 수동식이라 화재가 성장한 시점에는 사용할 수 없다.

② 물입자가 매우 커서 화점에 대한 살수능력은 뛰어나지만, B · C급 화재에는 적응성이 낮다.

2) 스프링클러 소화설비

① K-factor가 큰 헤드를 통해 비교적 저압으로 방수하여 큰 물입자로 소화하는 방식

② 주로 A급 화재(심부화재 포함)의 화점에 직접 방수하여 냉각 소화

③ 주로 열방출률 증가를 억제하는 화재제어의 개념으로 설계하며, ESFR의 경우에는 조기에 많은 소화수를 방수하는 화재진압의 개념으로 설계

④ C급 화재에도 일부의 경우에는 연소확대 방지의 목적으로 적용할 수 있음 → 발전소 케이블실 및 ESS 화재 등

3) 물분무 소화설비

① 소화, 화재제어, 노출부방호, 인화성증기 완화(화재 예방) 등 4가지의 설계목표로 적용 가능

② 스프링클러보다 작은 물입자를 방수하여 물의 단속성으로 C급 화재에 적응성을 가지며, 운동량에 의한 액체가연물 표면의 희석 또는 유화효과를 가짐

③ 소화 개념으로 고인화점 액체 화재(B급 화재), 고체가연물 화재(A급 및 C급 화재)에 적용 가능

- B급 화재 : 희석(수용성 액체 화재) 또는 유화(비수용성 화재 액체)
- A급 화재 : 석탄, 황 등의 이송 컨베이어 화재
- C급 화재 : 케이블트레이의 케이블 화재

4) 미분무 소화설비

① 소화 메커니즘

- 표면냉각, 기상냉각, 질식소화, 연기 및 가스 제거
- 부유하며 재착화 방지, 복사열 차단, 동역학적 효과

② 매우 작은 물입자를 방수하여 B · C급 화재에도 적용이 가능하지만, 물입자의 낙하속도가 낮아 표면을 완전히 적시지 못해 A급 심부화재에 대한 적응성은 낮다.

5) 포 소화설비

① 물, 포 소화약제와 공기를 혼합시켜 거품(foam)을 형성하여 가연물 표면을 덮어 소화(냉각, 질식 소화)

② 거품에 의해 유면을 덮을 수 있어 옥외에 저장하는 유류화재(B급 화재)에 매우 효과적이며, A · B급 화재에 적용 가능하다.

③ 옥내 또는 지하 탄광 등 소방관이 접근하기 어려운 장소의 화재에 대해 고팽창포를 적용하여 특수한 위험의 화재를 소화할 수 있다.

→ 항공기 격납고, 탄광 등의 화재

2 수계소화설비에 사용되는 물의 특성을 열역학적 선도(Thermodynamic Diagram)에서 삼중점(Triple Point)과 삼중선(Triple Line)으로 구분하여 설명하시오.

문제 2) 물의 특성을 삼중점과 삼중선으로 구분하여 설명

1. 개요

1) 물질의 열역학적 상태 표현 방법

① 압력(P), 온도(T), 비체적(V)의 3가지 물리량으로 표현

② 3차원의 P-V-T 상태도에서 물질의 상태를 표시하며, 이때 기체, 액체, 고체가 공존하는 상태는 삼중선으로 표현됨

2) 물질의 특성 단순화

① P-V-T 상태도를 투영해서 보면 P-V, V-T 및 P-T 상태도로 단순화할 수 있다.

② 보일의 법칙($PV=$ Const)은 온도가 일정하다고 가정하여 압력과 비체적의 관계를 계산한 것이다.

③ 샤를의 법칙$\left(\frac{V}{T}=\text{Const}\right)$은 압력이 일정하다고 가정한 상태에서 온도와 비체적의 관계를 계산한 것이다.

2. 삼중선과 삼중점

1) 삼중선(Triple Line)

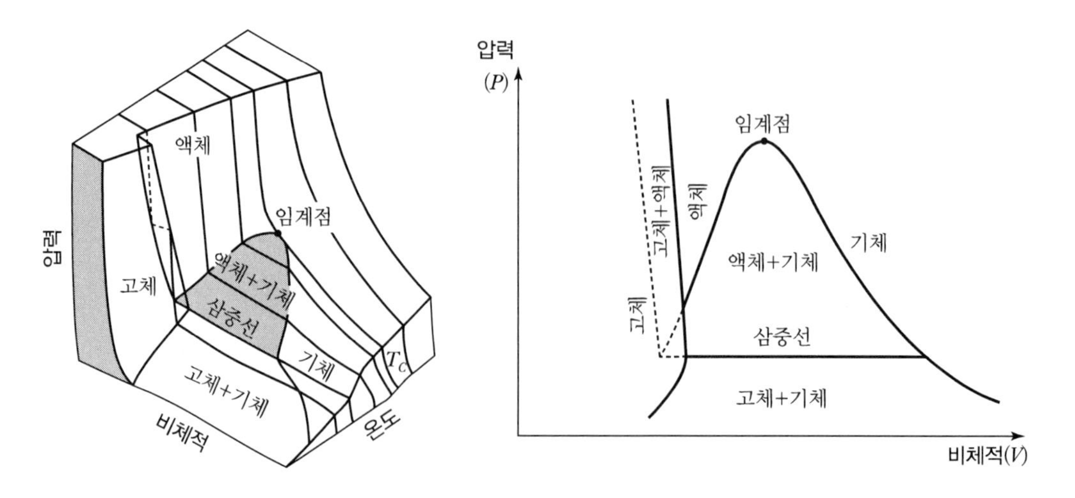

① 물질의 열역학적 특성을 나타내는 P-V-T 3차원 상태도에서는 기체, 액체, 고체가 공존하는 영역이 삼중선으로 표현된다.

② 이를 투영한 P-V(압력-비체적) 상태도에서도 삼중선으로 표현됨

2) 삼중점(Triple Point)

① 물의 열역학적 특성을 비체적이 일정한 상태에서 온도와 압력 간의 관계로 해석하면 P-T 상태도로 표시됨

② P-T 상태도에서는 삼중점의 하나의 점으로 나타나게 된다.

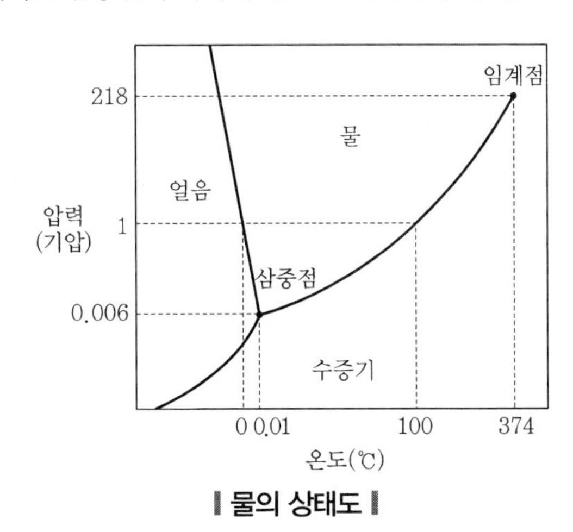

▌물의 상태도▐

3. 결론

물질의 삼중점과 삼중선은 별도의 다른 상태가 아니며, 동일한 물질의 열역학적 특성에 대한 관점에 따라 다르게 표현된 것이다.

3 건축물이 대형화 · 고층화 · 심층화되면서 주차장 역시 지하화되고 있다. 주차장에서 화재 발생 시 문제점과 화재 안전성 확보를 위한 대책을 설명하시오.

문제 3) 주차장 화재 발생 시 문제점과 화재 안전성 확보를 위한 대책

1. 주차장 화재 시 문제점

1) 고강도 화재

저장 연료, 플라스틱으로 인한 차량화재는 매우 빠르게 성장하는 고강도 화재로 발전할 위험이 있음

2) 연쇄적인 차량 화재

가깝게 주차되어 주변 차량으로의 연소확대가 용이

3) 밀폐공간

① 밀폐공간이므로 고강도 차량화재의 열축적 용이

② 열축적에 따른 다수 차량의 동시화재로 성장할 위험 있음

4) 방화구획 부재

지하주차장의 방화구획 완화기준 적용으로 화재의 확산 위험이 크다.

5) 불완전한 소방시설

① 준비작동식 스프링클러 설비

- 보의 깊이에 따른 교차회로 감지기 작동지연으로 시스템 작동이 지연되기 쉽다.
- 내화구조로 7.6 Lpm/m^2의 낮은 살수밀도 적용
  (고강도 화재로 물분무의 경우 20 Lpm/m^2 요구)

2. 화재 안전성 확보 대책

1) 제연설비

① 지하주차장은 제연설비 적용대상이 아님(소방법)

② 지하주차장 화재 시의 연기를 배출하기 위해 주차장 환기설비를 이용

③ 보통 시간당 6회 이상의 용량 환기용량이 필요하며, 급기와 배기를 상호 반대 방향에 위치시켜야 함

2) 스프링클러설비

① 시스템 작동방식 개선

감지기와 연동하는 준비작동식 스프링클러는 부적합 → (개선방안)

- 동파 우려가 없는 지하 심층 : 습식설비로 적용
- 동파 우려가 있는 지하 1~2층 : 건식설비를 적용

② 살수밀도 개선

- 차량 고강도화재의 제어가 가능한 높은 살수밀도 적용
- K-factor가 높은 스프링클러 헤드 적용

3) 감지기 개선

① 화재 감지가 느린 열감지기보다는 연기감지기를 적용

② 주차장의 유지관리를 통해 연기감지기 오작동 위험을 낮춰야 하며, 자기보상 기능을 갖춘 아날로그 방식의 연기감지기를 적용

4) 방화구획 보완

방화구획 완화요건을 적용하지 않거나, 일부에만 적용하여 적절한 범위 이내로 방화구획 적용

5) 주차구획 개선

① 선진국에 비해 현재의 주차구획 간격이 좁아 차량화재 시 인접 차량으로의 연소확대 위험이 높은 편

② 차량에 대한 화재강도 실험 결과 등을 반영하여 주차장법을 개선해야 함

6) 전기차 충전소 위치

점화원이 될 가능성이 높은 전기차 충전소는 가급적 지상 주차장이나 옥외에 별도로 설치함이 바람직하다.

4 아래 조건과 같은 특정소방대상물의 비상전원 용량산정 방법과 제연설비의 송풍기 수동조작스위치를 송풍기별로 설치하여야 하는 이유에 대하여 설명하시오.

〈조건〉
- 5개의 특정소방대상물이 지하에 설치된 주차장으로 연결되어 있다.
- 주차장에서 하나의 특정소방대상물의 제연구역으로 들어가는 입구에는 제연용 연기감지기가 설치되어 있다.
- 제연용 연기감지기의 작동에 따라 특정소방대상물의 해당 수직풍도에 연결된 송풍기와 댐퍼가 작동한다.

문제 4) 비상전원 용량산정 방법과 송풍기 수동조작스위치를 송풍기별로 설치하여야 하는 이유

1. 비상전원 용량산정 방법

1) 관련 기준 – NFSC 501A 제17조 제3호 사목(급기구의 댐퍼 설치기준)

사. 옥내에 설치된 화재감지기에 따라 모든 제연구역의 댐퍼가 개방되도록 할 것. 다만, 둘 이상의 특정소방대상물이 지하에 설치된 주차장으로 연결되어 있는 경우에는 주차장에서 하나의 특정소방대상물의 제연구역으로 들어가는 입구에 설치된 제연용 연기감지기의 작동에 따라 특정소방대상물의 해당 수직풍도에 연결된 모든 제연구역의 댐퍼가 개방되도록 할 것

2) 비상전원 용량산정

① 상기 기준과 문제 조건에 의해 1개의 특정소방대상물의 제연설비가 작동하는 것으로 제연설비 비상전원 용량을 산정할 수 있다.

② 그러나 만약 지하주차장 내의 화재로 인해 2~3개 동 입구로 연기가 확산되어 제연용 연기감지기가 작동될 가능성이 있다.

③ 그러한 경우 여러 동의 제연설비가 동시에 작동되어 정전 시 비상전원 용량 부족이 우려되므로, 지하주차장의 스프링클러설비 방호구역 범위 내에 계단실이 포함되는 특정소방대상물에서 제연설비가 동시에 작동되는 것으로 간주하여 비상전원 용량을 산정해야 한다.

2. 송풍기별로 수동조작 스위치를 설치해야 하는 이유

1) 현 R형 수신기 설치 시의 문제점

① 많은 현장에서 R형 수신기에 1개의 송풍기 수동조작 스위치만 설치하는 경우가 있는데, 이

러한 경우 수동기동 시 전체 동의 제연설비가 동시에 작동되므로 비상전원 용량이 부족해질 수 있다.

② 만약 감지기 작동 지연 또는 감지기 고장 등의 이유로 수동방식으로 송풍기를 기동시킬 경우, 5개 동 전체에서 제연설비가 작동된다.

③ 1~3개 동의 제연설비만으로 비상전원 용량을 산정하였으므로, 비상전원 용량이 부족하게 된다.

2) 대책

① 소방전기 도면 범례 또는 시방서에 반드시 각 동별로 제연 송풍기 수동조작스위치를 별도 설치하도록 해야 한다.

② 또한 비상전원 용량 산정 시 소방기계의 스프링클러 설계 결과에 따른 동시 작동 수량을 비상발전기 설계에 반영할 수 있도록 해야 한다.

5 Y(Star)로 결선된 농형 유도전동기의 선간전압(Line Voltage)이 상전압(Phase Voltage)에 $\sqrt{3}$ 배가 됨을 극좌표 형식으로 증명하시오.

문제 5) Y 결선의 선간전압이 상전압에 $\sqrt{3}$ 배가 됨을 극좌표로 증명

1. Y로 접속한 회로

1) 평형 3상에서 각 상의 전압은 크기가 같지만, 120° 위상차가 있음

2) 선간전압(V_{ab})은 a상 전압(E_a)과 b상 전압(E_b)인 두 벡터의 차이에 의해 발생된다.

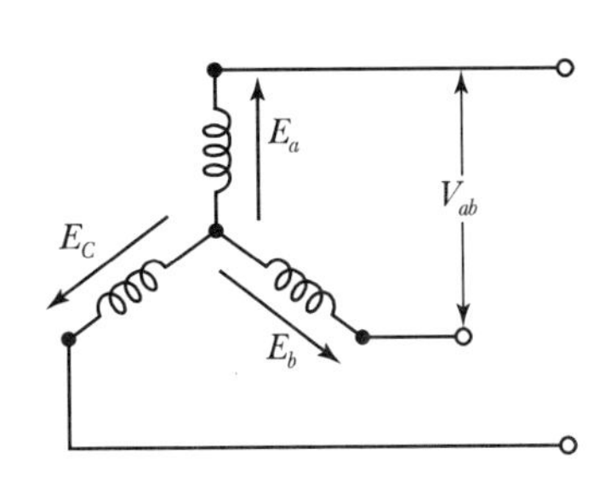

2. 극좌표 형태의 상전압

1) a상 전압 : $E\angle 0°$

2) b상 전압 : $E\angle 120°$

3. 선간전압

1) 선간전압(V_{ab})은 a상 전압(E_a)과 b상 전압(E_b)의 벡터적인 차이이므로,

$$V_{ab} = (E\angle 0°) - (E\angle 120°)$$

2) 계산

$$V_{ab} = E\angle(\cos 0° + j\sin 0°) - E\angle(\cos 120° - j\sin 120°)$$

여기서, $\cos 0° = 1$, $\sin 0° = 0$, $\cos 120° = -\dfrac{1}{2}$, $\sin 120° = \dfrac{\sqrt{3}}{2}$ 이므로

$$V_{ab} = E - E\left(-\frac{1}{2} - j\frac{\sqrt{3}}{2}\right) = E\left(\frac{3}{2} + j\frac{\sqrt{3}}{2}\right) = \frac{E}{2}(3 + j\sqrt{3})$$

3) 극좌표 형태로 변환

$$3 + j\sqrt{3} = \sqrt{3^2 + (\sqrt{3})^2}\ \angle \tan^{-1}\left(\frac{\sqrt{3}}{3}\right) = 2\sqrt{3}\ \angle 30°$$

$$V_{ab} = \frac{E}{2} \times (2\sqrt{3}\ \angle 30°) = \sqrt{3}\,E\angle 30°$$

4) 따라서 선간전압($\sqrt{3}\,E\angle 30°$)은 상전압 ($E\angle 0°$)보다 $\sqrt{3}$ 배 크다.

6 제연용 송풍기에 가변풍량 제어가 필요한 이유를 설명하시오. 또한 댐퍼제어방식과 회전수제어방식의 특징을 성능곡선으로 비교하고, 각 방식의 장 · 단점 및 적용대상에 대하여 설명하시오.

문제 6) 가변풍량 제어가 필요한 이유, 댐퍼제어방식과 회전수제어방식의 특징 비교

1. 가변풍량 제어가 필요한 이유

1) 과압방지조치의 필요성

① 급기가압 시 제연구역의 압력이 최대차압보다 높아지면 출입문 개방이 어려워진다.

② 따라서 과압이 발생되지 않도록 풍량을 조절하거나, 과풍량을 배출하여 제연구역 출입이 용이하게 해야 한다.

2) 과압방지 방법

① 송풍기 회전수 제어시스템에 의한 풍량 조절

② 복합댐퍼에 의한 풍량 조절

③ 플랩댐퍼 설치에 의해 옥내로 과압을 배출하는 방법

3) 복합댐퍼에 의한 풍량 조절

① 복합댐퍼는 댐퍼를 2개 부분으로 분리하여 하나는 수동조절에 의한 볼륨댐퍼, 다른 부분은 자동차압댐퍼로 구성

② 복합댐퍼 센서는 송풍기 설치층에서 3개층 떨어진 지점에 설치되며, 이 센서가 제연구역의 차압이 낮아지는 것을 감지하여 자동조절댐퍼 부분을 개방시킨다.

③ 복합댐퍼는 비교적 저렴하지만, 제연구역 출입문이 개방되거나 누설량이 많은 경우에는 제어기능을 상실하게 되어 과압을 방지할 수 없게 되는 단점이 있다.

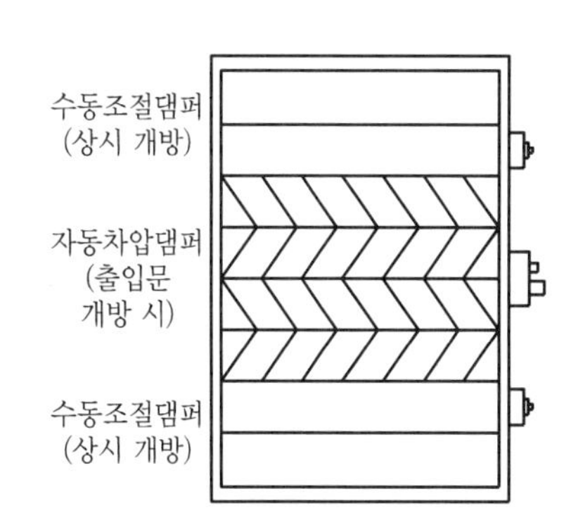

4) 플랩댐퍼에 의한 과압 배출

① 제연구역마다 플랩댐퍼를 설치하여 제연구역에 과압 발생 시 플랩댐퍼의 개방에 의해 옥내로 가압공기를 배출하여 과압을 방지하는 구조

② 플랩댐퍼는 설정압 초과 시 과압 풍량에 따라 0~90°까지 개방되는데, 300×110 mm 플랩

댐퍼의 경우 300 CMH 이상의 풍량을 배출해야 한다면 2개 이상 설치해야 한다.

③ 플랩댐퍼는 콘크리트 타설과정에서 슬리브를 미리 설치해야 하며, 작동성능을 보장하기 위해 수평으로 설치해야 하므로 현장 여건에 따라 설치가 어려울 수도 있다.

5) 가변풍량 제어시스템이 필요한 이유

위와 같이 복합댐퍼의 과압 제어 기능의 한계, 플랩댐퍼의 시공상 한계 등으로 과압방지를 위해 송풍기 회전수 제어시스템인 가변풍량 제어시스템을 적용한다.

2. 회전수 제어와 댐퍼 제어방식

1) 회전수 제어

① 인버터 제어방식이라고도 하며, 송풍기 성능곡선 자체를 변화시키는 방식

② 인버터의 제어를 통해 송풍기 크기를 변화시키는 것과 같은 효과를 얻을 수 있어 풍량조절의 폭이 가장 크고 안정적이다.

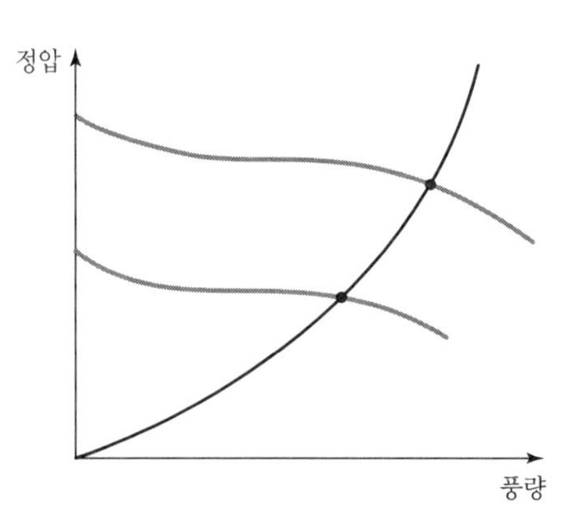

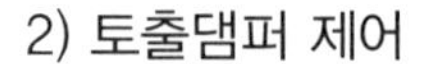

2) 토출댐퍼 제어

① 제연설비의 풍량조절 방법으로 가장 많이 이용되며, 시스템 저항곡선을 변화시켜 풍량을 조절한다.

② 비교적 공사비가 저렴하며 간단히 설치가 가능하지만, 가능한 풍량조절 범위가 작고 서징 발생 가능성이 높다.

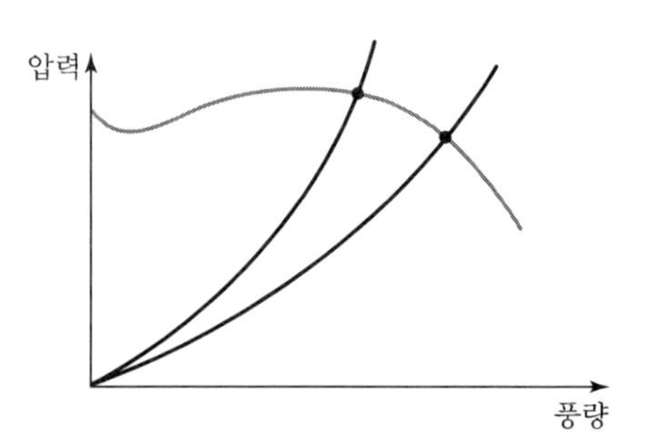

3) 흡입댐퍼 제어

① 토출댐퍼방식과 같이 공사비가 낮고 설치가 간단하며, 송풍기 성능곡선의 일부가 변화되는 방식

② 서징 발생 가능성은 낮지만 풍량의 조절 범위가 크지 않다.

③ 흡입덕트에 댐퍼를 설치해야 하므로, 팬룸에 설치공간이 확보되어야 적용 가능하다.

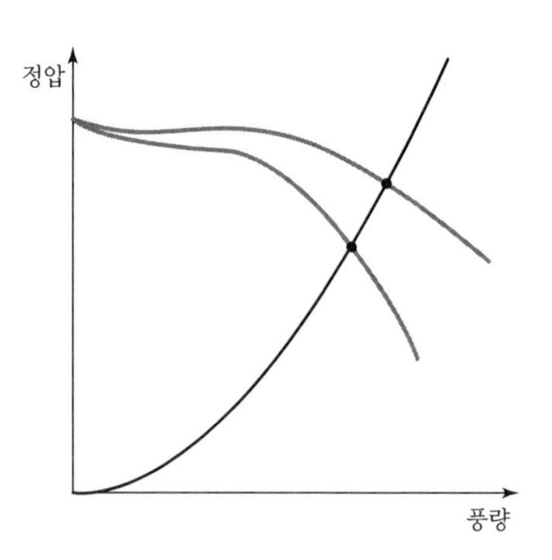

CHAPTER 02

제 115 회 기출문제 풀이

115회 기출문제 1교시

기출 분석
114회
115회-1
116회
117회
118회
119회

1 화재에 의해 발생된 불꽃의 적외선 영역 내의 파장성분과 방사량을 감지하는 방식 4가지를 설명하시오.

문제 1) 불꽃의 적외선 영역 내의 파장성분과 방사량을 감지하는 방식 4가지

1. 개요

1) 불꽃감지기 감지방식 : 자외선(UV) 및 적외선(IR) 감지

2) 적외선 영역을 감지하는 방식 : 다음과 같은 4가지

2. 적외선 감지기의 감지방식

1) CO_2 공명방사 방식

① 연소에 의해 발생되는 CO_2의 파장은 대략 4.35 μm 정도의 적외선 파장 영역에서 높은 에너지 강도를 가짐

② 이 파장 영역의 에너지를 검출하는 방식이며, 감지소자로 장파장 영역에도 검출감도를 가지는 셀렌화납(PbSe)을 이용

③ 광학필터는 3.5~5.5 μm의 적외 Band Pass Filter를 사용
→ 현재 사용 중인 적외선 감지기는 모두 이 감지방식을 이용

2) 반짝임(Flicker)식 단파장역 검출방식

① 연소하는 화염에 포함된 산란이나 반짝임 성분을 검출

② 가솔린 연소화염에는 정 방사량 중 약 6.5 %의 반짝임 성분이 포함되어 있고 그 반짝임의 주파수는 2~50 Hz

3) 2파장 검출방식

① 화염온도(1,100~1,600 K)는 조명, 태양광 온도보다 높고, 조명 등에 비해 단파장 측보다 장파장 측이 크다.

② 2개의 파장 간 에너지 비율 차이를 이용하여 화재를 검출

4) 정방사 검출방식

① 조명광의 영향을 방지하기 위해 0.72 μm 이하의 가시광선은 적외선 필터에 의해 차단
② 검출소자로 실리콘 포토 다이오드나 포토 트랜지스터 등을 이용
③ 너무 긴 파장을 차단할 수 있는 적외선 필터를 사용하기 곤란하여 밝은 장소에는 사용되지 않음

2 다음 용어에 대하여 간략히 설명하시오.
1) 도체저항 2) 접촉저항 3) 접지저항 4) 절연저항

문제 2) 전기 관련 용어 설명

1. 도체저항

1) 전기적 도체를 통해 전류가 흐를 때 발생하는 저항
2) 도체 물질 자체가 가지고 있는 고유저항에 따라 달라짐
3) 계산식

$$R = \rho \times \frac{L}{S}$$

여기서, R : 도체 저항(Ω)
ρ : 도체의 고유저항

2. 접촉저항

1) 전극이나 연결부 등 외부의 다른 물질과 접촉하여 발생하는 저항
2) 접촉 압력 증가 시 접촉저항은 감소됨
→ 감지기, 발신기 등에 전기 배선을 단단히 고정해야 함

3. 접지저항

1) 접지전극에 접지전류가 유입되어 접지전극의 전위가 주변 대지보다 높아진다면, 이때의 전위차와 접지전류의 비

2) 계산식

$R = \rho \times f$

여기서, R : 접지저항
ρ : 도체의 고유저항
f : 전극 형상과 크기에 의한 계수

3) 접지저항 저감방법
① 접지전극을 길고 크게 제작
② 접지전극을 깊게 매설

4. 절연저항

1) 절연된 두 물체 사이에 전압을 가하면 절연물의 표면과 내부에 약간의 누설전류가 흐르게 될 때, 전압과 전류의 비
2) 절연물체의 절연저항은 크게 유지되어야 함
① 감지기 및 부속 회로의 전로와 대지 사이 및 배선 상호 간 : 0.1 MΩ 이상일 것
② 비상콘센트 전원부와 외함 사이 : 20 MΩ 이상일 것

❸ 줄열에 의한 발열과 아크에 의한 발열에 대하여 각각 설명하시오.

문제 3) 줄열 및 아크에 의한 발열

1. 개요

전기화재의 직접적인 점화원은 크게 열, 아크, 스파크의 3가지로 구분된다.

2. 줄열에 의한 발열

1) 줄열
① 전압에 의해 전류가 발생할 때, 전류는 도체저항(도체 내의 원자핵, 속박전자 및 불순물 등에 의한 내부저항)에 의해 열이 발생됨
② 이러한 전류 흐름에 의해 발생되는 열을 줄열이라 함

2) 줄의 법칙

① 관계식

$$Q = I^2Rt$$

② 줄열은 흐르는 전류의 제곱에 비례하여 발생함

3. 아크에 의한 발열

1) 아크

다음과 같은 경우에 발생하는 연속적인 불꽃 방전

① 전도도체가 단선 또는 순간단락(Short)될 경우

② 절연파괴의 경우

③ 도체의 접속이나 접촉 불량의 경우

2) 아크 발열의 특징

① 매우 짧은 시간에 매우 큰 전기에너지를 갖고 있으며, 아크 발생 시 이러한 전기에너지를 열에너지로 소모함

② 아크전류가 가지는 온도는 5,000 K 이상의 고온

- 도체로 사용되는 물질인 동의 용융온도가 1,085 ℃이고, 알루미늄은 660 ℃ 정도이므로 아크에 의해 용융될 수 있음
- 아크 발열 시 피복이나 주변 가연물질의 화재사고 발생 가능성이 높아짐

> **4** 건축용 강부재의 방호방법 중 히트 싱크(Heat Sink) 방식에 대하여 설명하시오.

문제 4) 건축용 강부재의 방호방법 중 히트 싱크 방식

1. 개요

1) 화열에 노출된 건축용 강부재의 온도가 상승하면 변형률이 증가하고, 강도가 저하되어 건축물이 붕괴될 수 있다.

2) 히트 싱크 방식은 화재 시 강부재의 온도상승을 방지하는 방법 중 하나이다.

2. 히트 싱크 방식

1) 개념

① 수냉강관기둥법이라고도 함

② 상부에 설치된 저장탱크에 저장된 냉각수를 배관을 통해 물 충전기둥으로 공급

③ 화재 시 물의 증발에 의해 강관의 온도상승을 억제하며, 증발된 수증기는 상부 배출구 또는 감압밸브를 통해 배출

2) 구조 및 특징

① 물 충전기둥은 내수 용접 필요

② 15~68 m 정도로 수냉강판기둥의 높이 제한

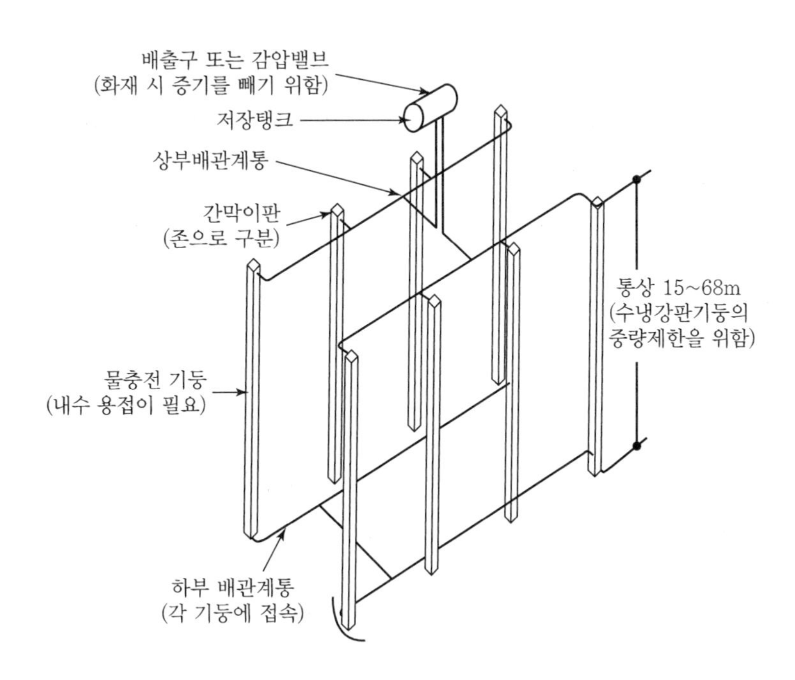

5 다음 용어를 위험물안전관리법에 근거하여 설명하시오.
1) 위험물 2) 지정수량 3) 제조소 4) 저장소 5) 취급소

문제 5) 위험물안전관리법에 근거한 용어

1. 위험물

1) 인화성 또는 발화성 등의 성질을 가지는 것으로서 대통령령으로 정하는 물품
2) 제1~6류 위험물로 분류하며, 연소 가능 또는 촉진하는 고체와 액체 위험물에 국한됨

2. 지정수량

1) 위험물의 종류별로 위험성을 고려하여 대통령령이 정하는 수량으로서, 제조소등의 설치허가 등에 있어서 최저의 기준이 되는 수량
2) 지정수량 이상의 위험물을 저장, 취급할 경우에는 위험물 안전관리법을 적용해야 함

3. 제조소

위험물을 제조할 목적으로 지정수량 이상의 위험물을 취급하기 위하여 허가를 받은 장소

4. 저장소

1) 지정수량 이상의 위험물을 저장하기 위한 대통령령이 정하는 장소로서 허가를 받은 장소
2) 옥내 · 외 저장소와 탱크저장소(옥내 · 외, 이동, 지하, 간이, 암반 탱크 저장소)로 구분

5. 취급소

1) 지정수량 이상의 위험물을 제조 외의 목적으로 취급하기 위한 대통령령이 정하는 장소로서 허가받은 장소
2) 주유취급소, 판매취급소, 이송취급소, 일반취급소

6 그레이엄(Graham)의 확산법칙을 설명하고, 표준상태에서 수소가 산소보다 몇 배 빨리 확산하는지를 구하시오.

문제 6) 그레이엄의 확산법칙

1. 그레이엄의 확산법칙

1) 기체의 분자량과 기체분자들의 평균 이동속도에 관한 법칙

2) 같은 온도와 압력에서 두 기체의 분출속도는 그들 기체의 분자량의 제곱근에 반비례한다.

$$\frac{V_A}{V_B} = \sqrt{\frac{M_B}{M_A}} = \sqrt{\frac{d_B}{d_A}}$$

여기서, M_A, M_B : 기체 A와 B의 분자량

d_A, d_B : 기체 A와 B의 밀도

2. 수소와 산소의 확산속도

1) 분자량

① 수소 : 2

② 산소 : 32

2) 확산속도

$$\frac{V_{H_2}}{V_{O_2}} = \sqrt{\frac{32}{2}} = \sqrt{\frac{16}{1}} = 4$$

$$V_{H_2} = 4\,V_{O_2}$$

→ 수소의 분출속도는 산소보다 4배 빠르다.

기출 분석

114회

115회-1

116회

117회

118회

119회

7 물이 이산화탄소보다 끓는점과 녹는점이 높은 이유를 화학결합이론으로 설명하시오.

문제 7) 물이 이산화탄소보다 끓는점과 녹는점이 높은 이유

1. 끓는점과 녹는점

1) 물(H_2O)

① 끓는점 : 100 ℃

② 녹는점 : 0 ℃

2) 이산화탄소(CO_2)

① 끓는점 : −79 ℃

② 녹는점 : 없음(승화)

3) 물질에 따라 끓는점이 다른 이유

① 물질을 이루는 분자 사이의 인력이 다르기 때문

② 분자 간 인력이 클수록 이를 이겨내고 기체로 되는 데 많은 에너지가 필요하므로 끓는점이 높다.

2. 물의 끓는점과 녹는점이 높은 이유

1) 물

극성 공유결합을 하며, 극성 분자임 + 수소결합

→ 분자 간의 결합력 크다.

2) 이산화탄소

극성 공유결합을 하지만, 무극성 분자

→ 분자 간의 결합력 작다.

3) 물이 이산화탄소보다 분자 간 결합력이 커서 분자를 분리하는 데 많은 에너지가 소비되므로, 끓는점과 녹는점이 높다.

8 피난용트랩의 설치대상과 구조를 설명하시오.

문제 8) 피난용트랩의 설치대상과 구조

1. 설치대상

구분	지하층	3층	4층 이상 10층 이하
노유자시설	○		
의료시설 등	○	○	○
4층 이하 다중이용업소			
그 밖의 것	○	○	

2. 피난용 트랩의 구조

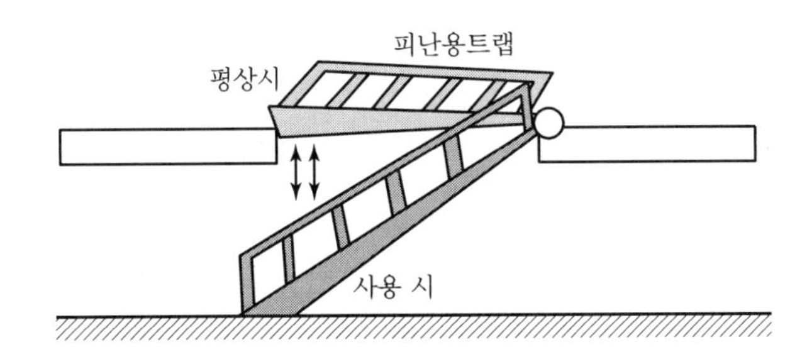

1) 발판
   ① 미끄럼방지 조치
   ② 내구성 있는 강재 또는 알루미늄 재질
   ③ 발판 치수 : 20 cm 이상

2) 난간
   ① 내구성 있는 강재 또는 알루미늄 재질
   ② 발판 양쪽에 설치
   ③ 난간 높이 70 cm 이상, 난간대 간격 18 cm 이하

9 NFPA 25에서 소방펌프 유지관리 시험 시 디젤 펌프를 최소 30분 동안 구동하는 이유에 대하여 설명하시오.

문제 9) NFPA 25에서 디젤 펌프를 최소 30분 동안 구동하는 이유

1. 개요

1) NFPA 25에서는 매주 또는 매월 주기로 소방펌프의 체절운전시험(Non-flow Test)을 수행하도록 규정
   ① 전기모터 펌프 : 10분 이상
   ② 디젤엔진 펌프 : 30분 이상

2) 정격운전 및 최대운전을 포함한 유량시험(Flow Testing)은 매 1년 주기로 수행

2. 디젤 펌프의 30분 구동 이유

1) 펌프 및 구동장치의 과열 여부 확인
   ① 30분 이상 운전해야 펌프 및 구동장치가 작동온도에 도달
   ② 이 온도에서 펌프 과열 문제가 발생되는지 여부를 확인

2) 저장탱크 내 연료의 정체 방지
   디젤 연료를 충분히 소모하여 연료의 공급배관이나 탱크 내 정체 방지

3) 불연소 배기 현상(Wet Stacking) 방지
   ① Wet Stacking : 디젤엔진 실린더 내에서 미연소된 액체연료가 섞여 배기되는 현상
   ② 불연소 배기 현상이 지속되면 엔진성능의 심각한 저하 및 연료 소비량 증가를 일으키고, 결국 엔진 고장이 발생
   ③ 구동장치가 정격온도에 도달하도록 운전하여 이러한 Wet Stacking 현상을 방지

10 스프링클러헤드의 로지먼트(Lodgement) 현상에 대하여 설명하시오.

문제 10) 로지먼트 현상

1. 스프링클러헤드에서의 로지먼트 현상

1) 화재 시 스프링클러헤드가 작동했을 때, 헤드 내부의 분해 부품이 디플렉터에 걸려 살수를 방해하는 현상

2) 원형 스프링클러

① 평상시 : 동판이 오리피스를 막고 있는 형태

② 작동 시 : 동판이 헤드 외부로 이탈되지 못하고 디플렉터에 끼어 있게 되어 살수장애 발생

3) 플러시 스프링클러

① 평상시 : 감열부 내부에 디플렉터와 프레임이 내장됨

② 작동 시 : 감열부가 녹아 디플렉터와 프레임이 스프링력에 의해 돌출되어야 하나, 결합부 강도가 낮아 디플렉터의 전부 또는 일부가 탈락하는 현상 발생

4) 유리벌브 스프링클러

① 평상시 : 유리벌브에 의해 Seat Holder가 오리피스를 막고 있는 형태

② 작동 시 : 유리벌브가 깨져 Seat Holder가 이탈되어야 하나, 디플렉터와 프레임 사이에 끼어 살수장애 발생

2. 대책

1) ISO 6182-1에서는 작동시험을 통해 로지먼트 시험을 요구하고 있으며, 국내에서는 2017년 12월 말에 걸림작동시험 기준이 신설됨

2) 걸림작동시험 기준

폐쇄형 헤드는 별도에 의한 시험장치에 설치하여 0.1, 0.4. 0.7, 1.2 MPa의 수압을 각각 가하여 작동시킬 때, 분해되는 부품이 걸리지 말아야 한다.

3) 소화시험 도입(용융 납 방식의 헤드)

① 열민감도시험

② 저성장 화재시험을 포함한 실화재시험

기 출 분 석
114회
115회-1
116회
117회
118회
119회

11 연기배출구 설계에 있어 플러그 홀링(Plug Holing) 현상에 대하여 설명하시오.

문제 11) 플러그 홀링 현상

1. 정의 및 문제점

1) 배기용량이 너무 커 Smoke layer의 연기 외에 그 하부에 있는 Clear layer의 공기까지 함께 배출하는 현상
2) 이러한 플러그 홀링이 발생되면, 배기설비에 의해 배출되는 연기의 양이 줄어들고, 이로 인해 연기층(Smoke Layer)의 깊이가 증대된다.
3) 아트리움 제연방식과 같은 축연에서 플러그 홀링 현상이 발생하면 배출량 부족으로 인해 연기가 거주층으로 확산됨

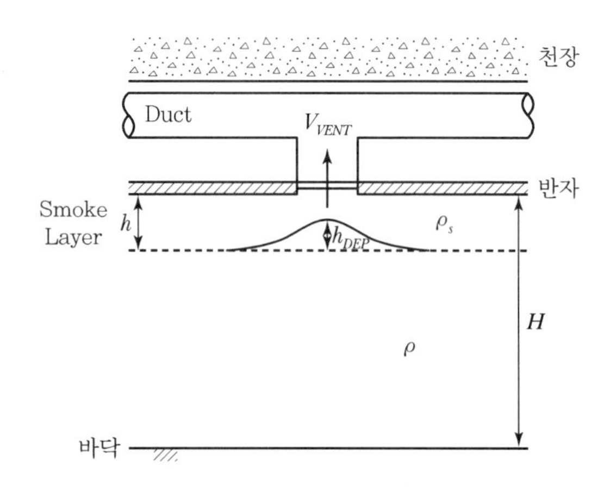

2. 발생 여부의 판정 방법

1) 그림에서의 h_{DEP}가 h 이상이 될 경우에 발생
2) 프루우드 수를 구하여 발생 여부 추정 가능함

$$Fr = \frac{V_{vent} \times A_{vent}}{\left[\left(\frac{(\rho - \rho_s)g}{\rho}\right)^{1/2} \times h^{5/2}\right]}$$

3) 산출된 Fr 수가 임계 프루우드 수(1.6) 이상이 될 경우 플러그 홀링 현상이 발생됨

3. 대책

1) 배기구 분할 → 배기구별 배출용량 제한
① 배출구 면적 제한

$$A_{vent} < 0.4 \times \frac{h^2}{\sqrt{\rho / \rho_s}}$$

② 배출구 크기 및 형태

- Smoke Layer의 깊이가 a라면, 배출구 1개의 크기는 $2a^2$ 이하
- 장변 길이가 단변의 2배를 넘는 경우, 단변의 길이는 Smoke Layer 깊이보다 길지 않아야 함

2) 아트리움 제연 시 고층부에 Air Flow를 적용함

⑫ 원자력발전소의 심층화재방어의 개념에 대하여 설명하시오.

문제 12) 원자력발전소의 심층화재방어의 개념

1. 원자력발전소의 화재방호 개념

1) 목표 : 화재 시 원자로 방호

2) 화재방호 설계 방법

① 방화구획
② 소방설비 : 심층방어
③ 방사선 안전관리 : 다중방호

2. 심층화재방어(Defense in-Depth)

1) 개념

다음 3단계로 설계목표를 달성하는 것

① 1단계(Prevention) : 화재가 발생하지 않도록 사전에 예방
② 2단계(Protection) : 화재가 발생하면 단시간 내에 화재를 감지하여 진압
③ 3단계(Mitigation) : 화재의 영향을 최소화

2) 심층방어를 위한 3가지 요구 기준

① 화재위험도분석(FHA)

- 안전 계통이 화재 시에도 기능을 수행할 수 있음을 입증하는 분석
- FHA를 통해 적절한 방호시스템 선정

② 안전정지능력 분석(SSA)

- 고온정지 : 다중방호설비 중에서 최소 1개는 화재에 영향을 받지 않아야 함
- 저온정지 : 계통 전체가 단일 화재에 손상받은 경우 72시간 이내에 수리 가능할 것

③ 확률론적 안전성 분석(PSA)

- 원전에서 발생 가능한 모든 화재사고에 대한 Risk를 평가하는 분석

⑬ 내화배선에 금속제가요전선관을 사용할 경우 2종만 허용되는 이유를 설명하시오.

문제 13) 내화배선에 금속제가요전선관을 사용할 경우 2종만 허용되는 이유

1. 개요

1) 1종 금속제가요전선관

철판을 나선 모양으로 감아 제작한 가요성이 있는 전선관

2) 2종 금속제가요전선관

테이프(Tape) 모양의 금속편과 섬유(Fiber)를 조합하여 가요성에 추가하여 내수성도 가지도록 제작한 전선관

2. 내화배선에 금속제 가요전선관으로 2종만 사용할 수 있는 이유

1) 내화배선은 내화구조의 벽 또는 바닥에 일정 깊이 이상 매설하거나, 그와 동등 이상의 내화효과가 있는 방법으로 시공해야 함

2) 1종 금속제 가요전선관은 내수성을 갖지 못하므로, 전기설비기술기준 및 내선규정에서 전개된 장소 또는 점검할 수 있는 은폐된 장소로서 건조한 장소에 한하여 사용할 수 있다.

→ 내수성이 없어 내화구조의 벽 또는 바닥에 매설 불가

3) 이에 비해 2종은 내수성을 가지고 있으므로, 내화구조의 벽 또는 바닥에 매설할 수 있다.

115회 기출문제 2교시

1 스프링클러설비와 미분무소화설비의 소화메커니즘, 소화특성, 용도 및 주된 소화효과를 비교하여 설명하시오.

문제 1) 스프링클러설비와 미분무소화설비 비교

항목	스프링클러설비	미분무소화설비
소화 메커니즘	냉각소화 (화점 부근의 1~4개의 헤드가 개방되어 다량의 물을 집중적으로 방수하여 화재를 제어)	• 표면 냉각 및 기상 냉각 • 질식 효과 • 연기 및 가스 제거 • 부유하며 재착화 방지 • 복사열 차단 • 동역학적 효과
용도	일반 사무실, 주거시설, 창고 등	선박, 지하구, 목조문화재, 발전기실 등 (해외 : 호텔, 데이터센터, 의료시설 등 다양한 분야에 확대 적용)
소화특성	• 물입자가 크고, 낙하속도가 빨라 화점에 도달하는 물의 양이 많음(표면 냉각) • 충분한 살수밀도를 확보하여 화재 표면의 열방출률의 제어	• 체적 대비 표면적이 커서 열전달 특성 우수(기상냉각) • 미세 물입자가 방호구역을 부유하며 소화(질식효과)
주된 소화효과	냉각 소화	다양(냉각, 질식, 복사열 감소, 동역학효과)
물입자 크기	2~10 mm	1,000 μm 이하(보통 200 μm 이하)
낙하속도	빠름(3 m/s)	느림(0.075~0.3 m/s)
살수밀도	높음(4~12 Lpm/m^2)	낮음(0.05~0.5 Lpm/m^2)
설계압력	저압(1~12 bar)	고압(12~100 bar)
펌프	원심식 펌프(저양정, 고유량 펌프)	피스톤, 플런저 펌프(고양정, 저유량 펌프)

항목		스프링클러설비	미분무소화설비
적응성	A급 화재	• A급 심부화재 적응성 → 큰 물입자의 침투성능으로 소화 가능	• A급 심부화재 소화 불가능 → 낙하속도가 낮아 표면을 완전히 적시지 못함
	B급 화재	• 적용 불가능 많은 양의 소화수가 유류 표면 아래로 가라앉음	• 적용 가능 – 작은 물입자가 느린 낙하속도로 강하 – 유류의 기상부 냉각 및 질식효과
	C급 화재	• 적용 불가능 전기전도성에 따른 감전, 수손피해	• 적용 가능 작은 물입자 단속성으로 전기절연성
장점		• 많은 설계 데이터가 축적됨 • 스프링클러 설계가 용이 • 저압 배관 적용	• 수손피해 적음 • 필요한 수원의 양이 적음 • 빠른 실내온도 저하(냉각) • 물의 소화효과를 극대화 • B, C급 화재에도 적용 가능
단점		• B, C급 화재에 적용 불가 • 수손피해 우려	• 실제 시험이 필요함 • 고압 배관이 필요하고, 수리계산 복잡

2 아래 조건에 따른 스포트형 연기감지기의 설치 방법에 대하여 설명하시오.

〈조건〉
- NFPA 72의 스포트형 연기감지기 설치기준을 따른다.
- 천장은 수평천장(Level Ceiling)이다.
- 연기감지기 설치 시 화재플럼(Fire Plume), 천장류(Ceiling Jet)를 고려한다.

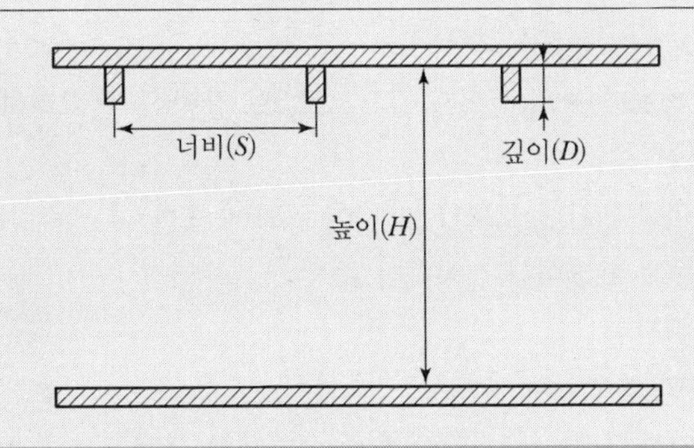

기 출 분 석
114회
115회-2
116회
117회
118회
119회

문제 2) NFPA 72에 따른 스포트형 연기감지기의 설치 방법

1. 개요

1) NFPA 72에서는 천장 형태에 따라 연기감지기의 설치기준을 구분하고 있다.

2) 선대칭 플룸의 Ceiling Jet 크기

① 두께 : 0.1H

② 폭 : 0.4H

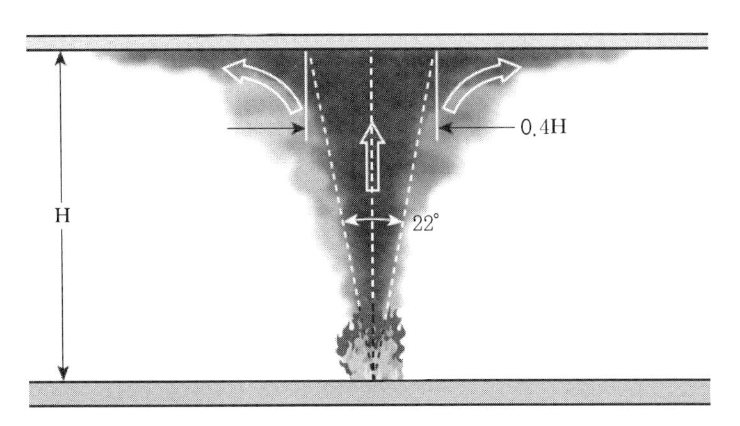

2. 스포트형 연기감지기의 설치

1) 보의 깊이(D)가 0.1H 미만인 경우

① 천장부에 설치한 연기감지기가 Ceiling Jet 내부에 위치할 수 있으므로, 평평한 천장으로 간주함

② 간격 : 9.1 m

③ 설치 위치 : 보 아래 또는 천장면 둘 다 가능

2) 보의 깊이(D)가 0.1H 이상인 경우

① Ceiling Jet 두께보다 보의 깊이가 깊으므로, 보 간격(S)을 고려하여 배치해야 함

② S가 0.4H 이상인 경우

- 화재플룸에 의한 Ceiling Jet가 보 사이 공간에 제한
- 연기감지기를 보 포켓마다 설치해야 함
- 설치 위치 : 천장면

③ S가 0.4H 미만인 경우

- 화재플룸에 의한 Ceiling Jet 범위가 2~3개의 보 포켓에 미치게 되어 보 포켓마다 설치할 필요는 없음
- 보에 직각인 방향으로 연기감지기의 간격은 9.1 m의 1/2 이내마다 배치해야 함
- 보에 평행한 방향은 보의 영향을 받지 않으므로, 9.1 m 이내의 간격으로 배치함
- 설치 위치 : 보 하단 또는 천장면 모두 가능

3 IoT 무선통신 화재감지시스템의 개념을 설명하고, 무선통신 감지기의 구현에 필요한 항목에 대하여 설명하시오.

문제 3) IoT 무선통신 화재감지시스템

1. 개념

1) IoT(사물인터넷, Internet of Things)

사물에 센서를 부착하여 인터넷을 통해 실시간으로 데이터를 주고받는 기술 또는 환경

2) IoT 화재감지시스템

소방시스템이 화재감지, 경보, 연동 성능을 발휘할 수 있도록 평상시 정상 상태를 유지하고 있는지를 원격에서 24시간 감시하고 관리하는 시스템

① 평상시 : 소방시설 정상상태 감시
② 고장신호 : 점검업체 통보
③ 화재신호 : 소방서 통보

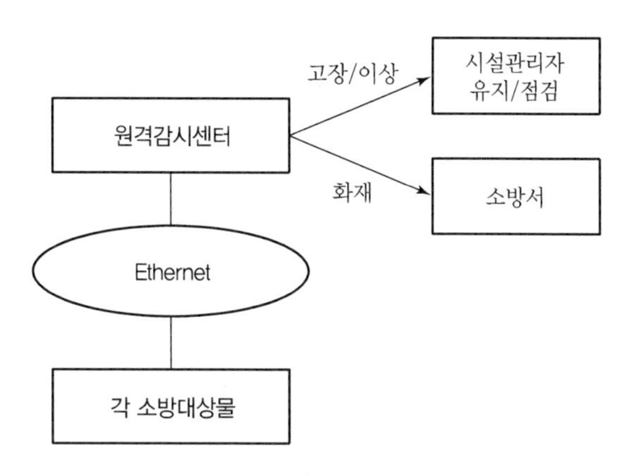

2. 무선통신 감지기의 구현에 필요한 항목

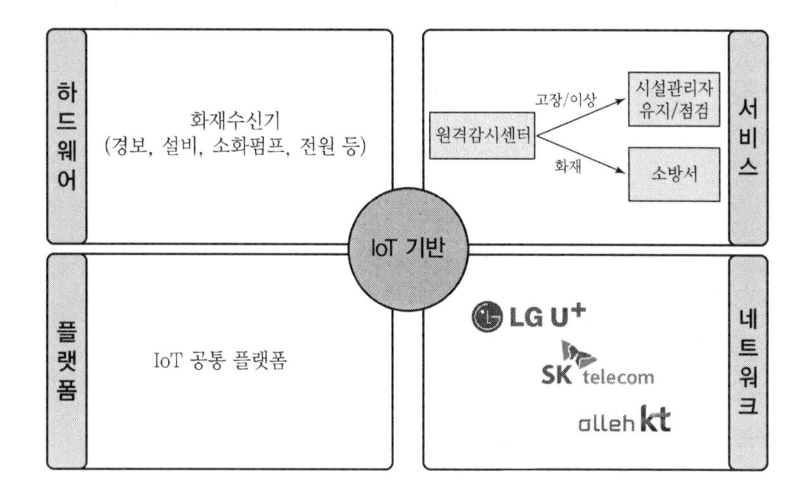

3. 기대효과

1) 사회적 안전망 구축
   ① 화재경보설비에 대한 상시 감시체계
   ② 자동으로 화재를 통보하여 대응시간을 단축
   ③ 실제적인 감시를 통해 관리기능 향상

2) 소방산업 활성화

① 비화재보 및 실보 가능성이 낮은 우수제품 개발

② 신규 고용 창출(수리 기술인력, 제조사 제품투자)

3) 소방 신뢰성 확보

① 즉각적인 수리를 통한 고장 공백 최소화

② 상시 점검으로 개선

③ 감시자, 관리자, 점검업체의 동시 대응 가능

④ 소방서 오인 출동 감소

4 **인화성 증기 또는 가스로 인한 위험요인이 생성될 수 있는 장소의 폭발위험장소 구분에 대한 규정인 한국산업표준(KS C IEC 60079 - 10 - 1)이 2017년 11월에 개정되었다. 주요 개정사항 7가지를 설명하시오.**

문제 4) KS C IEC 60079 - 10 - 1의 주요 개정사항 7가지

1. 개요

1) 인화성 증기 또는 가스의 폭발위험장소 구분에 대한 규정인 한국산업표준(폭발성 분위기 : 장소 구분 - 폭발성 가스 분위기)이 2017년 11월에 개정되었다.

2) 주요 변경사항

① 일부 기기의 적용 제외

② 폭발위험장소의 형태

③ 2차 누출등급의 누출구 단면적

④ 누출률 계산에 누출계수 적용

⑤ 액체 누출의 경우, 희석등급 결정에 누출률 대신 증발률 적용

⑥ 가상체적이 아닌 차트(누출특성과 환기속도)에 의한 희석등급 결정방법 도입

⑦ 차트(누출특성과 누출유형)에 의한 폭발위험장소 범위 결정방법 도입

2. 적용 제외 기기

1) 저압의 연료가스가 취사, 물의 가열 또는 기타 유사한 용도로 사용되는 상업용/산업용 기기 제외함

2) 저압 범위 : 0.1 MPa 미만의 압력

3. 폭발위험장소의 형태

저압의 가스/증기, 고압의 가스/증기, 액화 가스/증기, 인화성 액체 등에 따른 폭발위험장소의 형태가 추가됨

4. 2차 누설등급에서 누출구 단면적 추가

고정부의 기밀부위, 저속 구동 부품류의 기밀부위, 고속 구동 부품류의 기밀부위 등에 관한 누출구멍의 단면적이 추가됨

5. 누출계수 적용

1) 액체, 가스 등의 누출률 계산에 누출계수(C_d) 적용

① 원형 형태 : 0.99

② 모난 오리피스 : 0.5~0.75

③ 비원형 : 0.75

2) 액체의 누출률

$$W(\text{kg/s}) = C_d \times S\sqrt{2\rho\Delta p}$$

6. 액체 Pool의 증발률 적용

1) 증발률 계산의 가정

① 대기온도에서 상변화와 풀룸이 없음

② 누출 물질은 중간 정도의 부력을 가짐

③ 다량 연속 누출에는 이 분석을 적용하지 않음

④ 용기에서 흘러나오는 액체는 즉시 깊이 1 cm의 평평한 표면의 Pool을 형성하고 대기조건에서 증발함

2) 증발률 계산식

$$W_e(\text{kg/s}) = \frac{6.55\,u_w^{0.78} A_p p_v M^{0.667}}{RT}$$

7. 가상 체적이 아닌 차트(누출특성 vs 환기속도)에 의한 희석등급 결정방법 제시

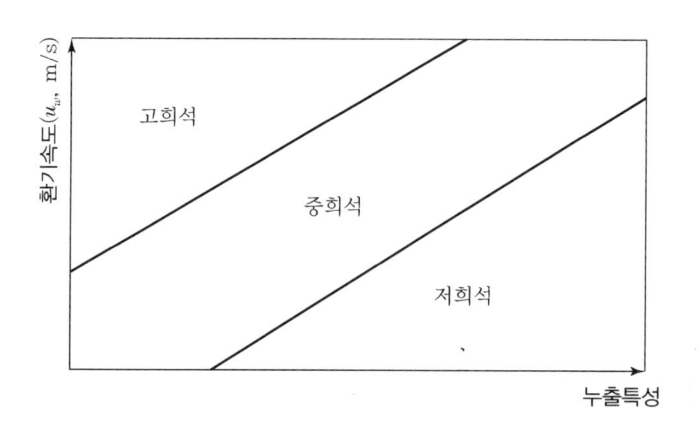

8. 차트(누출특성 vs 누출 유형)에 의한 폭발위험장소 범위 결정 방법 제시

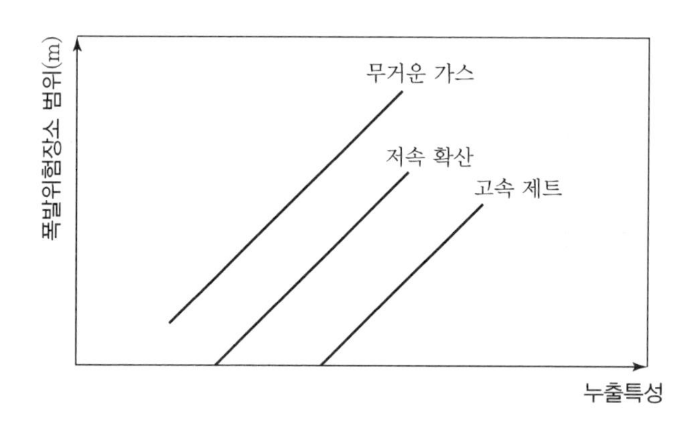

5 수소화알루미늄리튬(Lithium Aluminium Hydride)의 성상, 위험성, 저장 및 취급방법, 그리고 소화방법에 대하여 설명하시오.

문제 5) 수소화알루미늄리튬의 성상, 위험성, 저장 · 취급방법 및 소화방법

1. 개요

1) 수소화 알루미늄리튬(LAH)은 위험물안전관리법 상의 제3류 위험물(자연발화성 및 금수성 물질) 중 금속의 수소화물에 해당한다.

2) 주로 환원제와 제트 연료 첨가제 등으로 사용된다.

2. 위험물 성상

1) 화학식 : $LiAlH_4$

2) 지정수량 : 300 kg

3) NFPA 기준에 따른 위험도

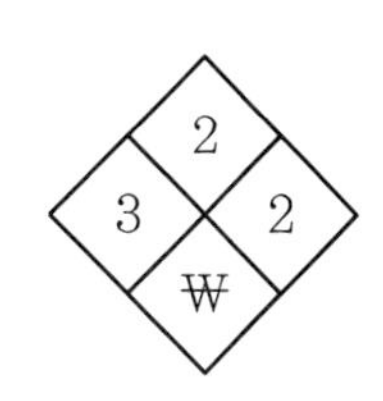

① 부식성 및 인화성 고체

② 물 반응성 물질

4) 위험물 특징

① 물과 접촉 시 수소를 발생시키고, 발화

② 125 ℃에서 분해되며, 열을 방출함

③ 연소 시 자극성 및 독성가스를 생성

④ 부식성으로 심각한 눈 또는 피부 손상을 발생시킴

⑤ 물을 포함한 매우 다양한 물질과 격렬하게 반응

3. 저장 및 취급방법

1) 저온 건조하고 배기가 잘되는 장소에 저장
2) 케톤, 알데히드, 질소 유기화합물과 접촉 금지
3) 유출 시 물과 접촉을 피하고, 적합한 건조한 용기에 삽으로 담아야 함
4) 취급 시 특수한 방호복과 호흡장치를 착용

4. 소화방법

1) 금속화재용 소화기를 적용하거나, 건조사 등으로 덮음
2) CO_2나 할로겐계 소화약제 사용 금지
3) 물은 격렬히 반응하므로 사용 금지

6 소방감리의 검토대상 중 설계도면, 설계시방서 · 내역서 및 설계계산서의 주요 검토 내용에 대하여 설명하시오.

문제 6) 설계도면, 설계시방서 · 내역서 및 설계계산서의 주요 검토 내용

1. 개요

1) 감리원은 설계 도서가 관련 법령, 기준 등에 적합한지 검토하고, 기술적 합리성에 따른 공법 개선의 여지가 있다면 이의 제안에 노력해야 함

2) 검토 항목 : 설계도면, 설치계획서, 수량산출서, 시방서, 각 설비별 계산서, 산출내역서, 공사계약서 등

2. 설계도면의 검토항목

1) 도면 작성의 날짜, 공사명, 계약번호, 도면번호 및 도면제목, 책임시공 및 기술관리 소방기술자의 서명, 개정번호 표기 등의 적정성 여부

2) 소방법령 및 화재안전기준에 적합하게 설계되었는지 여부

3) 소방시설의 성능확보 및 현장 조건에 부합되는지 여부

4) 실제 시공이 가능한지 여부

5) 타 사업이나 타 공정과의 상호 부합 여부

6) 누락, 오류 등 불명확한 부분의 존재 여부

7) 시공에 따른 예상 문제점

3. 설계시방서의 검토항목

1) 시방서가 사업주체의 지침 및 요구사항, 설계 기준 등과 일치하고 있는지 여부

2) 시방서 내용이 제반 법규 및 규정과 기준 등에 적합하게 적용되었는지 여부

3) 관련된 다른 시방서 내용과 일관성 및 일치성 여부

4) 시방서 내용 상호 조항 간에 일관성 및 일치성 적합 여부

5) 시공성, 운전성, 유지관리 편의성, 설치의 완성도 등의 적합 여부

6) 설계도면, 계산서, 공사내역서 등과 일치성 여부

7) 주요 자재 및 특수한 장비와 제작품 등의 경우 제작업체의 도면, 제품사양 및 견본품과의 일치 여부

8) 모든 정보 및 자료의 정확성, 완성도 및 일관성 여부

9) 시방서 작성의 상세 정도와 누락 또는 작성이 미흡한 부분이 있는지 여부

10) 일반 시방서, 기술 시방서, 특기 시방서 등으로 구분하여 명확하게 작성되었는지 여부
11) 철자, 오탈자, 문법 등의 적정성 여부

4. 내역서의 검토항목

1) 산출수량과 내역수량의 일치 여부
→ 발주자가 제공한 공종별 목적물의 물량내역서와 시공자가 제출한 산출내역서 수량과의 일치 여부
2) 설계도면, 시방서, 계산서의 내용에 대한 상호 일치 여부
3) 누락품목, 일위대가, 단위공량, 품목별 단가 등의 확인

5. 설계계산서의 검토항목

1) 설계도면, 시방서, 내역서의 내용에 대한 상호 일치 여부
2) 계산 방법, 입력 데이터 등의 적정성 확인

6. 문서 및 설계도서 해석의 우선순위

1) 소방 관계법령 및 유권해석
2) 성능심의 대상인 경우 조치계획 준수사항
3) 사전재난영향평가 조치계획 준수사항
4) 계약특수조건 및 일반조건
5) 특별시방서
6) 설계도면
7) 일반시방서 또는 표준시방서
8) 산출내역서
9) 승인된 시공도면
10) 감리원의 지시사항

115회 기출문제 3교시

1 **시퀀스회로를 구성하는 릴레이의 원리 및 구조와 a, b, c 접점 릴레이의 작동원리를 설명하시오.**

문제 1) 릴레이의 원리 및 구조와 a, b, c 접점 릴레이의 작동 원리

1. 개요

1) 전자계전기 : 전자석 원리를 이용해서 접점을 변경하는 장치

2) 종류 : 전자접촉기, 릴레이

2. 접점의 종류

1) a 접점

① NO(Normally Open)

② 열린 회로

③ 평상시 전기가 흐르지 못함

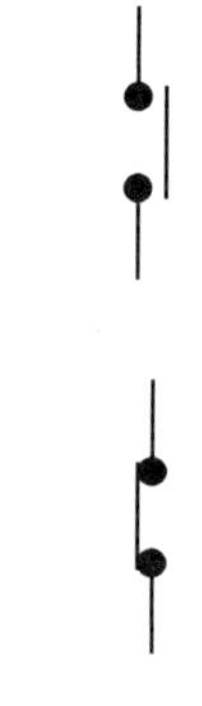

2) b 접점

① NC(Normally Closed)

② 닫힌 회로

③ 평상시 전기가 흐를 수 있음

3) c 접점

① a 접점과 b 접점을 합한 것

② 평상시 b 접점 측으로 전기가 흐르며, 작동 시 a 접점 측으로 전기가 흐르게 됨

③ 릴레이에 적용되는 방식

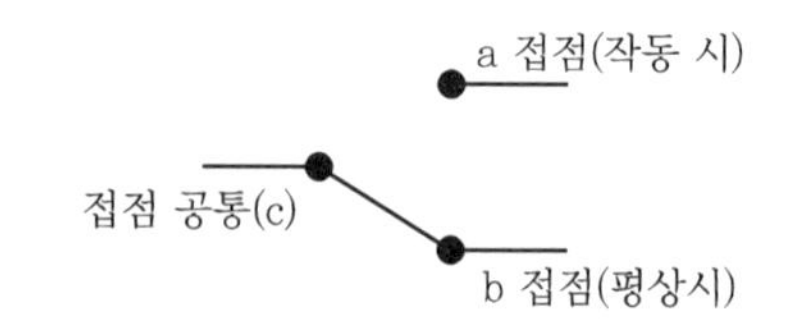

3. 릴레이의 원리 및 구조

1) 릴레이의 구조

① 릴레이 부

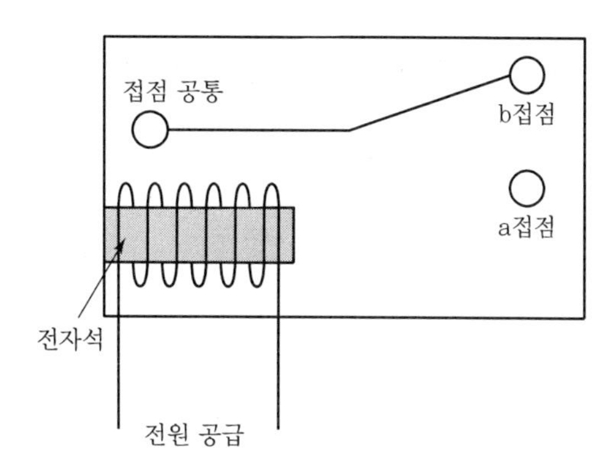

② 베이스 부의 구조

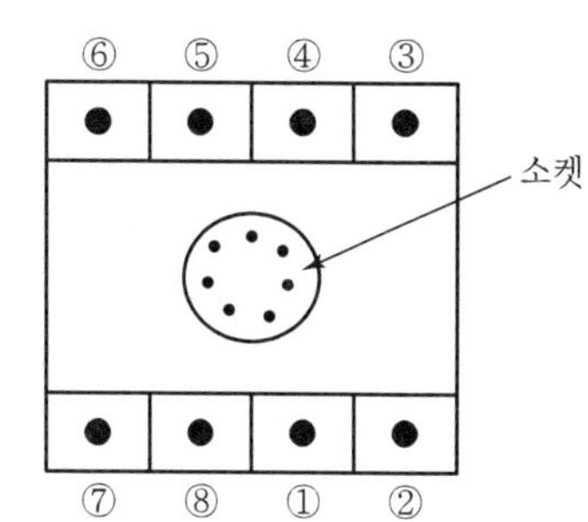

- 코일전원 : ②, ⑦
- 접점공통 : ①, ⑧
- a 접점 : ③, ⑥
- b 접점 : ④, ⑤
- 소켓 : 릴레이 접속

2) 릴레이의 원리

① 평상시 : b 접점에 연결

② 전자석으로 전원 공급 시 : a 접점으로 변경

3) 소방에서의 활용 예시

다중이용업소 화재 시 DC 24V 경종 출력을 이용하여 릴레이를 작동시킴

① 자동문 개방

② 영상차단 등

4) 종류

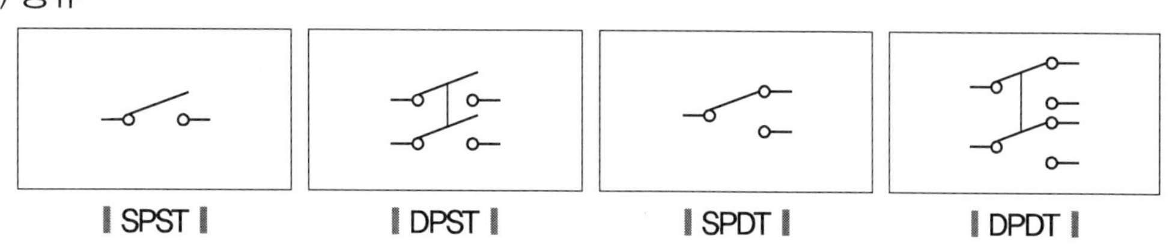

| SPST | DPST | SPDT | DPDT |

2 NFSC 203과 NFPA 72에서 발신기 설치 기준을 비교하여 설명하시오.

문제 2) NFSC 203과 NFPA 72 발신기 설치 기준 비교

1. 개요

발신기는 거주인이 화재를 발견한 경우 조작하여 화재수신기에 발신함으로써 화재 경보할 수 있는 장치이다.

2. NFSC 203의 발신기 기준

1) 조작이 쉬운 장소에 설치하고, 누름 스위치는 바닥에서 0.8~1.5 m 높이에 설치할 것
2) 소방대상물의 층마다 설치하되, 당해 소방대상물의 각 부분으로부터 하나의 발신기까지의 수평거리가 25 m 이내(터널 : 주행방향 거리 50 m 이내)가 되도록 할 것
   단, 복도 또는 별도 구획된 실로서 보행거리 40 m 이상일 경우에는 추가로 설치할 것
3) 2)의 기준을 초과하는 경우로서 기둥 또는 벽이 설치되지 않은 대형공간의 경우 발신기는 설치대상 장소의 가장 가까운 장소의 벽 또는 기둥 등에 설치할 것
4) 위치표시등
   ① 표시등은 함 상부에 적색등으로 표시
   ② 15° 이상 범위 내에서 10 m 이내의 어느 곳에서도 식별이 가능할 것

3. NFPA 72의 발신기 기준

1) 화재경보 발신목적으로만 사용될 것(소화설비 기동장치로 사용하지 않아야 함 → 별도 설치)
2) 눈에 잘 보이고, 장애물이 없는 장소에 접근 가능하게 설치할 것
3) 붉은색 사용이 금지되는 환경이 아닐 경우, 수동발신기는 적색으로 할 것
4) 각 층 비상구 출입문(Exit Doorway)에서 1.5 m 이내에 위치시킬 것
   ① 피난 시 거주자가 사용하는 보행로와 일치시킴
   ② 계단의 옥외출구는 수동발신기 설치를 요구하지 않음
5) 층마다 보행거리 61 m(200 ft) 이내마다 수동발신기를 추가하여 설치할 것
6) 수동 발신기는 폭 12.2 m(40 ft)를 초과하는 Grouped Opening의 경우 양쪽에 설치하되 그 양쪽면 1.5 m(15 ft) 내에 설치해야 한다.
   → 폭이 넓은 여러 개의 문인 경우, 발신기를 피난로 양쪽에 설치하라는 규정임
7) 단단히 고정시킬 것
8) 설치장소 배경과 대비되는 색상으로 적용할 것

9) 작동부 높이 : 바닥에서 1.0 ~ 1.2 m 사이에 위치시킬 것
10) 작동방식 : Single Action 또는 Double Action이 허용됨
11) 인증된 보호 커버를 싱글액션 또는 더블액션 수동 발신기 위에 설치하는 것이 허용됨

4. 발신기 설치 기준의 차이점

1) 비교

항목	NFSC 203	NFPA 72
용도	소화설비용과 겸용 가능	화재경보 목적 전용
설치 간격	수평거리 위주	보행거리 위주
설치 위치	별도 기준 없음	피난로 중심 배치
표시등	적색등	없음
색상	없음	적색
작동방식	버튼 누름식	싱글 또는 더블액션

2) NFPA 72 발신기 설치 기준의 특징
① 화재경보용과 소화설비 작동용 발신기를 구분하여 별도 설치하도록 규정
② 거주인의 조작성을 감안하여 보행거리 기준, 피난경로에 배치하도록 규정
③ 오조작의 가능성이 있을 경우 더블 액션 방식을 허용하고 있으며, 옥외 환경에 노출될 경우 손상 방지를 위해 인증된 보호커버를 설치할 수 있도록 규정함

3 방화댐퍼의 설치 기준, 설치 시 고려사항 및 방연시험에 대하여 설명하시오.

문제 3) 방화댐퍼의 설치 기준, 설치 시 고려사항 및 방연시험

1. 개요

1) 방화구획 벽 또는 바닥을 관통하는 제연, 공조 또는 환기 설비 등의 덕트 내부에 설치하는 설비로서, 감열체 용융방식 또는 연기 또는 불꽃에 의해 작동하는 모터구동방식이 있다.
2) 2021년 8월부터는 감열체 용융방식이 허용되지 않고, 연기 또는 불꽃을 감지하는 방식으로만 적용할 수 있게 된다.

기출분석
114회
115회-3
116회
117회
118회
119회

2. 방화댐퍼의 설치 기준

1) 설치 위치

① 환기, 냉 · 난방시설의 풍도가 방화구획을 관통하는 경우
→ 그 관통부 또는 이에 근접한 부분에 설치

② 예외 : 반도체공장 건축물
→ 관통부 풍도 주위에 스프링클러헤드를 설치하는 경우

2) 설치 기준

① 철재로서, 철판의 두께가 1.5 mm 이상일 것

② 화재 시 : 연기 발생 또는 온도 상승에 의해 자동 폐쇄

③ 닫힌 경우 : 방화에 지장이 있는 틈이 생기지 아니할 것

④ KS 규격상 : 방화댐퍼의 방연시험방법에 적합할 것

3. 방화댐퍼 설치 시 고려되어야 할 사항

1) 가스계 소화설비 설치지역

① 가스계 소화설비의 감지기 등과 연동시키는 원격자동식 댐퍼를 설치해야 한다.

② 감열체 용융방식은 댐퍼 작동이 너무 늦어 가스소화약제가 덕트를 통해 누설되므로, Retention Time을 유지하기 어렵다.

2) 제연덕트에서의 방화 댐퍼

① 공조 및 제연 겸용의 덕트에서는 댐퍼가 닫히면 제연이 불가능하고, 댐퍼가 닫히지 않으면 방화구획이 되지 못하는 문제점이 있다.

② 화재 초기에는 피난을 위한 제연이 중요하고, 어느 정도 성장된 화재에서는 연소확대 방지가 중요하다.

③ 따라서 중온도용 퓨즈(280 ℃ 이상의 작동온도)를 설치하는 것이 바람직하다.

4. 방연시험

1) 2014년 개정된 KS F 2822 기준

① 연동폐쇄작동시험을 시험설비의 부피 문제와 운용상 제약 등으로 인해 삭제함

② 연기누설시험만 수행하는 것으로 개정함

2) 연기누설시험

① 시험체를 압력상자에 기밀하게 부착하고 폐쇄상태에서 시험

② 10, 20, 30, 50 Pa의 차압으로 통기량을 측정함

③ 통기량이 20 ℃, 20 Pa의 압력으로 매분 5 m^3 이하가 되도록 할 것

5. 결론

1) 방화댐퍼의 기준이 모터구동방식(연기 또는 불꽃 감지)만 허용되고, 비차열 및 방연성능 등을 갖추도록 하는 기준이 2021년 8월부터 적용된다.
2) 이에 따라 가스계 방호구역에 대한 문제점은 해소될 수 있으나, 제연설비용 방화댐퍼의 작동시점에 대한 문제는 더욱 부각될 수 있다.
3) 관련 기준의 시행 전에 제연설비 덕트에 적용하는 방화댐퍼의 작동시점에 대한 개선방안 검토가 이루어져야 할 것이다.

4 청정소화약제소화설비의 화재안전기준(NFSC 107A)에 규정된 방사시간의 정의, 기준 및 방사시간 제한에 대하여 설명하시오.

문제 4) 청정소화약제소화설비 방사시간의 정의, 기준 및 방사시간 제한

1. 개요

1) 화재안전기준의 방사시간 규정

배관의 구경은 해당 방호구역에 할로겐화합물소화약제는 10초 이내에, 불활성기체소화약제는 A · C급 화재 2분, B급 화재 1분 이내에 방호구역 각 부분에 최소설계농도의 95 % 이상에 해당하는 약제량이 방출되도록 하여야 한다.

2) 위와 같이 방사시간이 규정되어 있으며, 이는 NFPA 2001의 기준을 준용한 것이다.

2. 방사시간의 정의

1) 방호구역 각 부분에 최소설계농도의 95 %에 해당하는 소화약제량이 방출되는 데 걸리는 시간

2) NFPA 2001의 정의

① 상온(21 ℃)에서 최소설계농도의 95 %에 도달하는 시간

② 방사시간 계산

- 방호구역 내부가 설계농도의 95 % 도달 시점을 측정하기 어려움
- 그에 따라 필요한 소화약제량이 노즐을 통해 방출되는 데 소요되는 시간으로 정의함

3. 방사시간의 기준 및 제한

1) 화재안전기준

① 할로겐화합물 소화약제 : 10초 이내

② 불활성기체 소화약제

- A · C급 화재 : 2분 이내
- B급 화재 : 1분 이내

→ 방사시간 이내에 최소설계농도의 95 %의 소화약제량이 방출될 수 있도록 배관 구경을 결정해야 함

2) 할로겐화합물 10초 제한의 이유

① 열분해 생성물의 제한

- 10초 이내에 설계농도까지 도달시켜 조기 소화하여 열분해 생성물 농도를 억제

② 화재의 직 · 간접 피해 최소화

- 조기 소화에 의한 피해 억제

③ 배관 내 균등한 유동

- 할로겐화합물 소화약제는 액상으로 저장하여 방출 시 배관 내부에서 2상계(액체+기체) 유동
- 10초 이내 방출을 위한 높은 유속으로 인해 배관 내 균등한 유동 가능

④ 방호구역 내 균등 확산 및 과압 형성 방지

- 노즐에서의 고속 방출로 방호구역 내에 소화약제가 균등하게 확산될 수 있도록 함
- 노즐 부근 등 일부분에 과압 형성 방지

⑤ 노즐의 2차적 효과

3) 불활성기체의 1분 또는 2분으로 제한하는 이유

① 질식소화를 하며, 열분해생성물을 발생시키지 않아 10초로 제한하지 않음

② 화재의 직간접 피해 최소화

- 설계농도 도달까지 시간이 지연되면 화재에 의한 피해가 증대되므로 이를 제한함

③ 산소고갈상태에서의 연소지속 방지

- 소화약제 방출로 인한 산소농도 감소로 인해 불완전연소를 지속하면 오히려 유독가스가 많이 발생
- 불완전연소 지속 방지를 위해 방사시간 제한

④ 화재성장이 빠른 B급 화재는 1분 이내, 비교적 화재성장이 느린 A, C급 화재는 2분 이내로 제한함

5 방염에서 현장처리물품의 품질 확보에 대한 문제점과 개선방안을 설명하시오.

문제 5) 현장방염처리물품의 품질 확보에 대한 문제점과 개선방안

1. 개요

1) 방염은 제조 또는 가공 시점에 처리하는 것을 원칙으로 하지만, 합판 · 목재류의 경우에는 설치 현장에서 방염처리를 할 수 있다(현장처리물품의 경우, 소방청장이 아닌 시 · 도지사에 의한 방염성능검사 대상).

2) 최근 방음과 인테리어 미관 목적으로 사용되는 타공 합판의 상당수가 방염성능 기준에 미달하는 것으로 밝혀졌다(2016년).

2. 문제점

1) 현장처리물품의 임의 변형
   ① 일반합판 형태로 방염성능시험을 통과한 제품에 임의로 타공
   ② 타공된 합판에 방염필름을 붙여 방염타공합판으로 유통
   → 이러한 제품들은 방염성능 기준에 미달하는 것으로 판명됨

2) 변형 제품에 대한 확인 어려움
   ① KFI에는 성능시험을 받은 방염제품을 다른 형태로 가공하여 공급해도 알 수 없고, 제재 권한이 없음
   ② 관할 소방서에서는 KFI 합격증지만 보고 적합 여부를 판단할 수 있으며, 본래 제품이 어떤 형상인지 또는 변형되었는지 알 수 없음

3) 타공된 MDF 합판의 두께
   ① KFI 방염성능시험을 통과한 제품은 10 mm 이하의 얇은 제품임
   ② 시중에는 12 mm, 15 mm 타공합판도 많이 유통됨

3. 개선 대책

1) KFI 성적서에 합격 물품 명시
   ① 타공합판의 경우 방염성능검사 성적서에 타공이라는 문구를 명시
   ② 감리원, 관할 소방서에서는 성적서에 타공된 형태로 방염성능시험을 받았는지 확인

2) 벌칙 규정 강화
   ① 현재 방염성능검사를 받지 않은 제품을 설치 시 벌칙 규정은 없고, 과태료 부과 규정만 있는 실정

② 미인증 제품 설치에 대한 벌칙 규정을 신설해야 함

3) 현장처리물품의 방염성능 측정기준의 개선

① 방염성능기준에 따른 현장방염처리물품의 방염성능 측정기준은 방염업자가 제출한 시료에 대하여 이루어짐

② 따라서 현장처리 시 시료를 임의 채취하여 방염성능을 측정하는 등의 기준을 도입할 필요가 있음

6 위험물 제조소의 위치 · 구조 및 설비의 기준에서 안전거리, 보유공지와 표지 및 게시판에 대하여 설명하시오.

문제 6) 위험물 제조소의 안전거리, 보유공지와 표지 및 게시판 기준

1. 안전거리 기준

1) 적용 기준

주거용	10 m 이상
학교, 병원, 영화상영관 등	30 m 이상
유형 · 지정 문화재	50 m 이상
고압가스, LNG · LPG 시설	20 m 이상
특고압가공전선(35,000 V 이하)	3 m 이상
특고압가공전선(35,000 V 초과)	5 m 이상

2) 안전거리 단축 기준

① 주거시설, 학교 등 및 문화재의 경우 불연재료로 된 방화상 유효한 담 또는 벽을 설치하면 안전거리를 단축할 수 있다.

② 방화상 유효한 담의 기준

- 담의 높이 : 2 m 이상, 4 m 이하
  → 산출된 담의 높이가 4 m를 초과하는 경우 소화설비를 추가하여 안전성을 보강함
- 담의 길이 : 안전거리에 의한 원을 그려 계산
- 담의 재질 : 위험물제조소와 담 사이의 거리에 따라 내화구조 또는 불연재료로 적용

③ 위험물제조소 벽을 높게 설치하여 방화상 유효한 담을 대체할 수 있음

2. 보유공지 기준

1) 적용 기준

지정수량의 10배 이하	3 m 이상
지정수량의 10배 초과	5 m 이상

2) 공지를 보유하지 않아도 되는 경우

① 제조소 작업에 지장이 생길 우려가 있는 경우 타 작업공정과의 사이에 방화상 유효한 격벽을 설치하면 보유공지 제외 가능

② 방화상 유효한 격벽의 설치 기준

- 방화벽 : 내화구조(제6류인 경우, 불연재료로 가능함)
- 방화벽의 출입구, 창 등의 개구부
  - 최소 크기로 할 것
  - 자동폐쇄식의 갑종방화문을 설치
  - 방화벽 양단 및 상단이 외벽, 지붕으로부터 50 cm 이상 돌출될 것

3. 표지 및 게시판 기준

1) 표지

① 위험물 제조소라는 표시

② 크기 : 0.3×0.6 m 이상인 직사각형

③ 색상 : 바탕은 백색, 문자는 흑색으로 할 것

2) 게시판

① 기재항목 : 방화에 필요한 사항을 게시

저장, 취급하는 위험물의

- 유별, 품명
- 저장 또는 취급 최대수량
- 지정수량의 배수
- 안전관리자의 성명 또는 직명

② 크기 : 0.3×0.6 m 이상인 직사각형

③ 색상 : 바탕은 백색, 문자는 흑색으로 할 것

④ 위험물별 주의사항 표시

물기엄금 (청색 바탕, 백색 문자)	제1류 알칼리금속의 과산화물, 제3류 금수성 물질
화기주의 (적색 바탕, 백색 문자)	제2류 위험물(인화성 고체 제외)
화기엄금 (적색 바탕, 백색 문자)	제2류 중 인화성 고체, 제3류 중 자연발화성 물질, 제4류 · 제5류 위험물

115회 기출문제 4교시

기출분석
114회
115회-4
116회
117회
118회
119회

1 NFSC 103에서 천장과 반자 사이의 거리 및 재료에 따른 스프링클러헤드의 설치제외 기준을 설명하고, 천장과 반자 사이 공간의 안전성 확보를 위해 확인해야 할 사항을 설명하시오.

문제 1) 반자 상부 헤드의 설치 제외 기준 및 안전성 확보를 위해 확인해야 할 사항

1. 스프링클러 헤드 제외 기준

천장과 반자 사이의 거리	재료 등의 기준
2 m 이상	• 천장과 반자 모두 불연재료 • 천장과 반자 사이의 벽 : 불연재료 • 천장과 반자 사이 : 가연물이 없음
2 m 미만	• 천장과 반자 모두 불연재료
1 m 미만	• 천장 또는 반자가 불연재료
0.5 m 미만	• 천장과 반자 모두 불연재료 외의 것

2. 확인할 사항

1) 천장의 불연재료 여부
   ① 천장부재는 일반적으로 철근 콘크리트조 등 불연재료임
   ② 다만 천장부에 단열재를 부착할 경우 단열재가 불연재료인지 여부를 확인해야 함

2) 반자의 불연재료 여부
   ① 두께 12.5 mm 이상의 방화석고보드의 경우 불연재료의 성능을 갖추었는지 시험성적서를 확인해야 함(건축법령에는 시험에 의해서만 불연재료로 인정 가능)
   ② 불연재료가 아닌 9 mm 방화석고보드를 2겹으로 적용하는 것은 불연재료로 인정되지 않으므로 주의해야 함

3) 건축법의 불연재료 인정 기준

① 콘크리트 · 석재 · 벽돌 · 기와 · 철강 · 알루미늄 · 유리 · 시멘트모르타르 및 회

② KS규격에 정하는 바에 의하여 시험한 결과 질량감소율 등이 국토교통부장관이 정하여 고시하는 불연재료의 성능 기준을 충족하는 것

- 건축재료의 불연성시험(KS F ISO 1182)
  - 20분간 가열로 내의 최고온도가 최종평형온도를 20 K 초과 상승하지 않을 것(평형에 도달하지 않을 경우 최종 1분간 평균온도를 최종평형온도로 함)
  - 가열종료 후 시험체의 질량감소율이 30 % 이하
- 가스유해성 시험을 실시하여 실험용 쥐의 평균행동정지시간이 9분 이상일 것

③ 12.5 mm 이상의 방화석고보드가 시험 없이 인정되는 것은 난연재료이므로, 불연재료로 인정되려면 반드시 시험성적서가 필요함

4) 천장과 반자 사이에 가연물 존재 여부

① 전기, 통신 케이블

② 배관, 덕트 보온재

2 위험물안전관리법령상 제2류 위험물의 품명과 지정수량, 범위 및 한계, 일반적인 성질과 소화방법에 대하여 설명하시오.

문제 2) 제2류 위험물의 품명과 지정수량, 범위 및 한계, 일반적인 성질과 소화 방법

1. 제2류 위험물의 품명과 지정수량

1) 제2류 위험물 : 가연성 고체

2) 품명 및 지정수량

위험물	지정수량	위험물	지정수량
황화린	100 kg	마그네슘	500 kg
적린	100 kg	철분	500 kg
유황	100 kg	금속분	500 kg
		인화성 고체	1,000 kg

2. 범위 및 한계

1) 가연성 고체

고체로서 화염에 의한 발화의 위험성 또는 인화의 위험성 시험에서 고시로 정하는 성질과 상태를 나타내는 것

2) 유황

순도가 60 wt.% 이상인 것(이 경우 순도 측정에 있어서 불순물은 활석 등 불연성 물질과 수분에 한함)

3) 철분

철의 분말로서 53 μm 의 표준체를 통과하는 것이 50 wt.% 미만인 것은 제외

4) 금속분

① 알칼리금속 · 알칼리토류금속 · 철 및 마그네슘 외의 금속의 분말

② 제외 : 구리분 · 니켈분 및 150 μm 의 체를 통과하는 것이 50 wt.% 미만인 것

5) 마그네슘 및 마그네슘을 함유한 것

다음에 해당하는 것은 제외함

① 2 mm의 체를 통과하지 아니하는 덩어리 상태의 것

② 직경 2 mm 이상의 막대 모양의 것

6) 인화성 고체

고형알코올 그 밖에 1기압에서 인화점이 40 ℃ 미만인 고체

7) 황화린, 적린, 유황 및 철분은 인화성고체의 성상이 있는 것으로 본다.

3. 일반적인 성질

1) 비교적 낮은 온도에서 착화하기 쉬운 고체

2) 연소속도가 매우 빠르고 연소 시 유독가스가 발생하며, 연소열이 크고 연소온도가 높다.

3) 강환원제로서 비중이 1보다 크며, 대부분 물에 잘 녹지 않는다.

4) 인화성 고체를 제외하고, 무기화합물이다.

5) 철분, 마그네슘, 금속분은 물, 산과의 접촉 시 발열한다.

6) 위험성

① 다른 가연물보다 착화온도가 낮아 저온에서 발화하기 쉽다.

② 산화성 물질과 혼합되는 경우 발화, 폭발의 위험이 있다.

③ 연소 시 다량의 유독물질이 발생하므로 소화가 곤란하다.

④ 금속의 경우 분말상태가 되면 연소위험성이 증가한다.

7) 저장, 취급 시 주의사항

① 점화원을 피하고, 가열되지 않게 한다.

② 산화성 물질 접촉을 피한다.

③ 용기를 밀봉하며, 파손 등으로 위험물이 유출되지 않도록 한다.

④ 금속분은 물이나 산과의 접촉을 피한다.

⑤ 폐기 시에는 소량씩 소각 처리한다.

4. 소화방법

1) 주수에 의한 냉각소화

2) 철분, 금속분, 마그네슘의 경우 건조사 등에 의한 피복소화

3 무정전전원설비의 다음 사항에 대하여 설명하시오.

1) 동작방식별 기본 구성도

2) 각각의 장 · 단점

3) 선정 시 고려사항

문제 3) 무정전 전원설비

1. 개요

무정전 전원설비는 동작방식에 따라 On-line 방식, Off-line 방식 및 Line-interactive 방식으로 구분할 수 있다.

2. 동작방식별 기본 구성도

1) Off-line UPS

① 상용전원이 정상일 때에는 인버터를 경유하지 않고 그대로 출력되는 방식

② 정전 시에만 배터리로부터 직류전원을 공급받아 인버터를 통해 비상전원을 부하에 공급

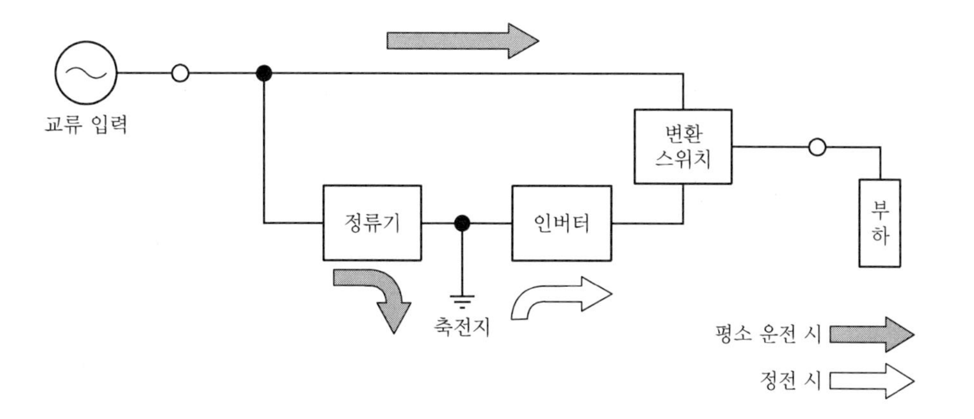

2) On-line 방식(Double Conversion)

① 상용전원이 정상일 때에도 항상 인버터를 통해 전원을 부하에 공급

② 정전 시에는 배터리로부터 직류전원을 공급받아 인버터를 통해 비상전원을 부하에 공급

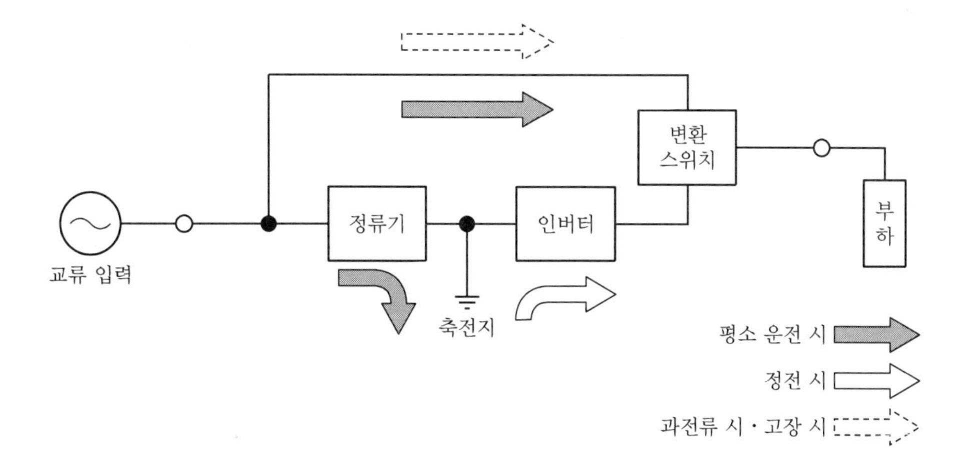

3) Line-interactive 방식

① Off-line과 On-line 방식의 장점을 취합한 장치

② 평상시 교류 입력을 전력 인터페이스에서 변환 스위치를 통해 부하로 전력 공급하고, 양방향 컨버터를 정류기로 운전하여 축전지를 충전

③ 정전 시 양방향 컨버터는 인버터로 작동하고, 축전지의 직류를 교류 전력으로 변환해 변환 스위치를 통해 부하로 전력을 공급

④ 과부하 또는 양방향 컨버터 고장 시 변환스위치를 교류 입력 측으로 바꾸고 부하에 계속 전력을 공급

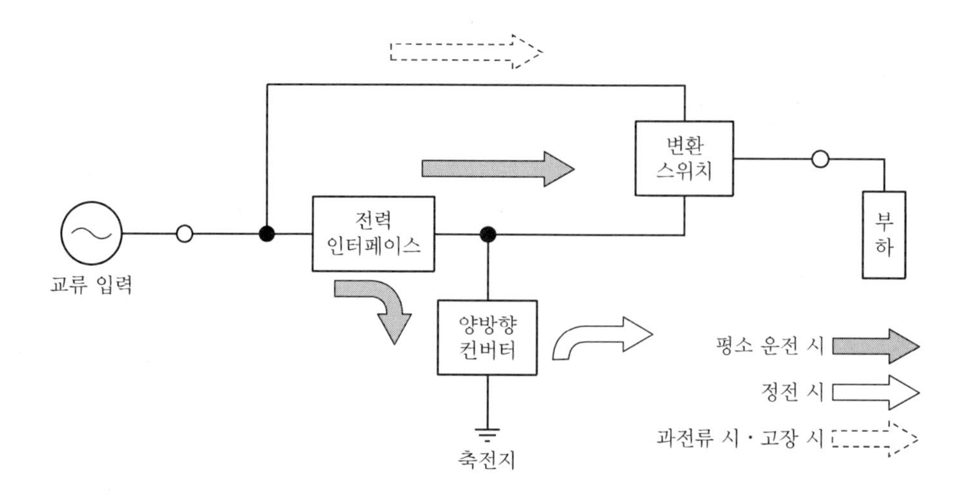

3. 각각의 장단점

종류	장점	단점
Off – line	• 전력손실 적음(효율 90% 이상) • 저렴한 가격 • 소형화 가능	• 입력에 따라 출력 변화 • 순간정전에 약함 • 정류부하 접속 시 교류 입력 측으로 고조파 유출 우려
On – line	• 이중변환에 의해 교류 입력 변동, 노이지, 서지에도 안정된 전력 공급 • 정전 시 무순단	• 전력손실 큼(효율 70~90%) • 복잡한 회로 구성 • 높은 가격
Line – interactive	• On–line방식보다 저렴 • 전력손실 적음	• 과충전 우려 • 충전부 용량 제한

4. 선정 시 고려사항

1) 설치공간

On–line > Line–interactive > Off–line

2) 노이즈 영향

On–line 방식은 노이즈 필터 있음

3) 고조파 전류 제거

On–line 방식은 고조파를 5 % 이하로 저감

4) 순단시간 허용 여부

Off–line 방식은 정전 검출시간과 변환스위치의 변환시간이 부하의 순단시간이므로 전원 변동에 대해 민감한 부하에 영향

4 청정소화약제소화설비에서 다음 항목에 대한 설계 · 시공상의 문제점을 설명하시오.

1) 방호공간의 기밀도
2) 방호대상공간의 압력배출구
3) 가스집합관의 안전밸브
4) 가스배관의 접합
5) PRD 시스템

문제 4) 청정소화약제소화설비에서 설계 · 시공상의 문제점

1. 방호공간의 기밀도

1) 소화농도 유지의 필요성

① A급 화재 : 불꽃을 제거한 뒤에도 훈소상태가 지속

② B급 화재 : 액체 표면이 냉각 시까지 재착화 가능성

③ 따라서 가스계 소화약제 방출 후 재착화 위험이 소멸될 때까지 일정시간 동안 소화농도를 유지해야 함

→ NFPA 2001에서는 설계농도의 85 % 이상의 농도를 10분 이상 유지하도록 규정

2) 도어팬 테스트 수행

① 소화농도 유지 : 방호구역 외벽의 기밀도가 중요

→ 도어팬 테스트 수행이 필요함

② 도어팬 테스트

→ 설계 시 도어팬 테스트를 내역서에 포함시켜야 함

2. 방호대상공간의 압력배출구

1) 소화약제 방출 시의 과압

① 불활성가스 : 방출 초기부터 실내압력 상승

② 할로겐화합물 : 누설이 적은 장소에서는 과압 위험(지하층 등)

③ 과압 발생 시 약한 부분(유리창, 출입문 또는 패널 접합부 등)이 파손될 수 있으며, 파손된 부분을 통해 소화약제가 누설되어 소화에 실패

2) 압력배출구 설치

① 방호구역의 구조적 강도를 감안하여 제조사 또는 공인 프로그램에 의해 과압배출구 크기를 산정해야 함

② 방호구역의 높은 위치에 적용하되, 방화구획 관통 시에는 필요한 내화성능을 갖춘 배출구를 적용해야 함

③ 인접실 배출방식은 방호구역보다 인접공간이 매우 큰 경우에만 적용하고, 그렇지 않은 경우에는 덕트 등을 이용하여 옥외까지 직접 연결하여 배출해야 함

3. 가스집합관(Header)의 안전밸브

1) 안전판의 문제점

① 집합관에서의 과압에 대비하여 대부분의 경우 소구경의 안전판을 적용함

② 안전판은 과압을 충분히 배출할 수 없고, 저장용기실에 소화약제를 배출하게 되어 위험

2) 안전밸브 적용

① 집합관에 고압가스 안전관리법에 따라 안전밸브를 설치

② 소화약제가 안전한 장소에 배출되도록 안전밸브는 옥외에 설치하고, 집합관에서 안전밸브까지 배관을 연장 설치해야 함

4. 가스배관의 접합

1) 시공상 문제점

① 불활성가스 배관 : Sch.40 또는 80의 고압용 배관 적용

② 이러한 고압배관에 대한 용접을 전문 용접사가 아닌 작업자가 수행

③ 맞대기 용접을 적용하여 접합부 강도 저하

2) 개선 대책

① 배관 공사 내역에 플랜트 전문 용접공으로 반영

② 용접방식은 가급적 소켓용접방식을 적용

→ 맞대기 용접 시 : Sch. No.를 한 단계 높여서 적용

5. PRD 시스템

1) 문제점 : 관통부에 피스톤릴리즈 댐퍼(PRD) 적용

① 수시 작동시험 불가능

② 가스 도압관의 체결상태 적정성 확인 어려움

③ 검증된 설계기준 부재

- 가스관의 인출 위치
- 가스관의 최대 길이
- 1개 PRD로 작동시킬 수 있는 댐퍼의 크기, 형태

2) 개선대책

감지기와 연동하여 작동되는 모터 댐퍼(Motorized Control Damper)를 적용

5 드라이비트(외단열미장마감공법)의 화재확산에 영향을 미치는 시공 상의 문제점을 설명하시오.

문제 5) 드라이비트의 화재확산에 영향을 미치는 시공상 문제점

1. 드라이비트

1) 특징

① 외벽에 단열재를 부착하고 그 위에 직접 미장 마감하는 공법

② 외 단열재를 벽체에 접착제를 이용하여 부착

③ 외 단열재 위에 철망을 씌우고 모르타르로 미장 마감

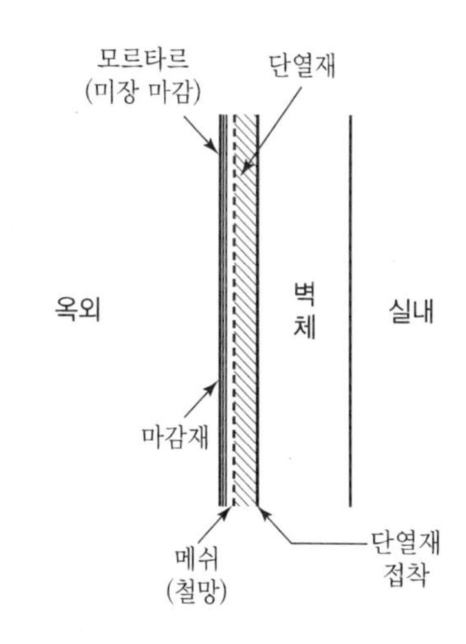

2) 연소 확대

① 가연성 단열재를 주로 사용하므로 화염확산 위험이 존재한다.

② 단열재 접착 불량이나 미장 부실로 인해 단열재가 화염에 노출될 경우 급속한 화재 확산이 발생하게 된다.

2. 화재확산에 영향을 미치는 시공상의 문제점

1) 단열재 접착방식 불량

① Ribbon & Dab 방식

- 단열재의 테두리와 중앙 부위를 접착하는 방식
- 배면 연돌효과를 방지하기 위해 외단열재 부착 시 반드시 적용해야 함

② Dot & Dab 방식

- 단열재 중앙 부분에 접착제를 점(Dot) 형태로 소량 도포하는 방식

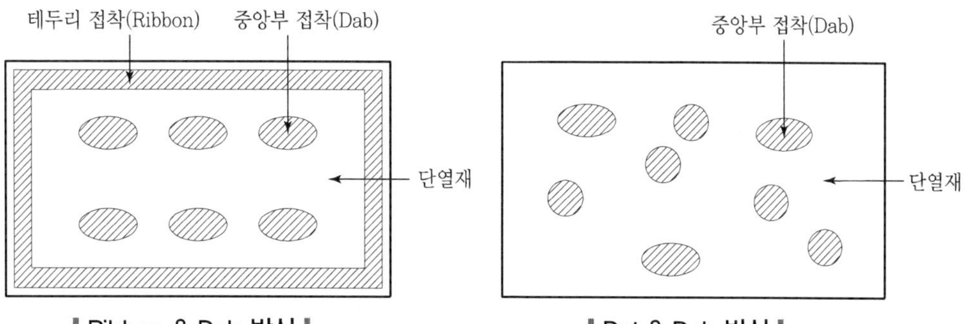

‖ Ribbon & Dab 방식 ‖　　‖ Dot & Dab 방식 ‖

③ 배면 연돌효과

- Dot & Dab 방식으로 단열재를 접착 시 건물 벽체와 단열재 사이에 틈새가 생겨 공기층을 형성
- 화재 시 이러한 공기층을 통해 고온의 상승기류가 단열재의 배면을 타고 상승
- 가연성인 단열재와 접착제가 공기층에 노출된 단열재의 배면을 통해 화염이 급속하게 확산
- 이러한 상승기류 속도는 매우 빠르기 때문에 건물 최상부까지 급속하게 화염이 확산되며, 단열재가 부풀어 오른 형태를 보이며 녹게 됨

2) 미장 시공 부실

① 드라이비트 방식은 단열재 외부면에 메쉬와 모르타르로 미장 면을 형성하게 된다.

② 메쉬는 모르타르 속에 충분히 묻혀 적절한 모르타르 피복 두께를 유지해야 떨어지지 않고 그 성능을 유지 가능

③ 따라서 바탕 모르타르를 바르고 약 3~4시간 내에 메쉬를 설치하고, 다시 모르타르를 바르는 작업을 함

④ 실제 현장에서는 단열재 위에 메쉬를 대고 1회 모르타르 작업만 수행하는 경우가 많음

⑤ 이로 인해 화재 시 단열재가 녹을 경우 모르타르가 탈락하며 연소 중인 단열재를 외기에 노출시켜 연소가 촉진됨

3. 대책

1) 드라이비트 시공 방법 개선

① 단열재 접착 및 미장 방법의 표준화

② 관련 시공방식에 대한 법제화 및 시방서 명기

2) 가연성 단열재 사용 지양

가연성 단열재인 우레탄폼, 스티로폼 등을 대신하여 미네랄울, 글라스울 등의 불연재를 적용해야 함

6 휴대전화, 노트북 등에 사용되는 리튬이온 배터리의 화재위험성과 대책을 설명하시오.

문제 6) 리튬이온 배터리의 화재위험성과 대책

1. 개요

1) 리튬이온 배터리는 휴대용 IT 기기(스마트폰, 노트북, 전동킥보드 등)에 적용되고 있으며, 고에너지 밀도로 소형이고 자유로운 형태로 제조 가능하므로 활용 범위가 넓다.
2) 이에 반해 제조상의 결함, 사용상 부주의, 미인증 제품 사용 등으로 인한 화재와 폭발 위험이 있어 주의가 필요하다.

2. 화재위험성

1) 열적 위험
① 내부 소재인 전해질과 전해질 첨가제는 약 60 ℃ 부근에서 분해되기 시작
② 약 100 ℃까지 상승하면 배터리의 탄소 음극 표면에 생성된 SEI 막이 분해되며 내부에서 발열이 시작됨
③ 이로 인해 분리막(PE : 125 ℃, PP 재질 : 155 ℃)이 용융되어 배터리 내부의 단락이 발생될 수 있음
④ 내부 단락으로 인해 급격한 전자의 이동이 일어나면서 전기저항에 의한 줄열과 화학반응에 의한 발열이 발생한다.
⑤ 이것이 촉매제 역할을 하게 되어 폭발적인 발열반응이 발생함

2) 과충전
① 배터리의 정상 전압 이상으로 충전되는 현상으로 충전기 또는 보호회로의 오동작으로 인해 발생
② 과충전 상태가 되면 양극의 전위가 상승하여 발열을 동반한 전해질의 산화 발열반응이 증가하게 됨
③ 또한 과충전 시 양극에서 리튬이온이 과도 석출되어 전해질의 리튬이온 농도가 증가하며 수지상의 석출물이 생성됨
④ 이러한 석출물이 분리막을 찢고 배터리 내부단락 발생

3) 과방전
① 방전 : 음극인 흑연에서 리튬이온이 빠져나가는 현상
② 흑연 속에서 리튬이 모두 빠져나간 후에도 계속 방전이 이루어지면 동박(Copper Foil)이 산

화하며 구리이온이 전해액으로 나오게 됨

③ 전해액에 녹은 구리이온은 배터리 분리막을 찢고 내부단락을 발생시킴

4) 고전류 방전

① 방전 : 음극에서 빠져나온 리튬이온이 양극으로 삽입되는 화학반응

② 이러한 화학반응은 발열반응이므로 배터리 내부에 열이 발생되며, 단위시간당 많은 전하량이 방전될 경우 배터리 각 셀의 방열보다 발열이 증가하여 열적 위험이 발생함

5) 물리적 손상

찍힘, 꺾임, 과도한 압력 등에 의한 배터리 내부 단락 발생

6) 제조과정 중 위험

제조공정 중 이물질이 배터리 내부로 침투하거나, 비정상적인 수지상 석출물을 발생시켜 내부단락 발생

3. 대책

1) 열적 안정

리튬이온배터리를 여름철 차량 내부, 전기장판 상부 등 60 ℃ 이상의 고온으로 유지되는 장소에 보관하거나 방치하지 않음

2) 충전과 방전

① 충전 시 과도하게 충전되지 않도록 함

② 약 2.5 V 이하의 전압이 되지 않도록 과도한 방전을 피함

③ 배터리 형태가 부풀어 오를 경우 즉시 충 · 방전을 중단

3) 물리적 손상 방지

배터리에 별도의 보호커버 적용

4) 연소 확대 방지

생산된 리튬이온 배터리를 내화구조로 구획된 장소 또는 타 시설과 이격된 별도 장소에 보관

CHAPTER 03

제 116 회
기출문제 풀이

PROFESSIONAL ENGINEER FIRE PROTECTION

116회 기출문제 1교시

기출분석
114회
115회
116회-1
117회
118회
119회

1 연소확대와 관련하여 Pork through 현상에 대하여 설명하시오.

문제 1) 연소확대와 관련한 Poke through 현상

1. 개요

1) 건물 둘레 부분에서 발생하는 연소확대 방식
  ① Leapfrog Effect
  ② Chimney Effect
  ③ Poke through Effect

2) Poke through Effect의 정의
  ① 화염과 고온가스가 내화구조의 벽, 바닥 또는 천장 틈새를 관통하여 다른 반대쪽 면에 있는 가연물을 발화시키는 효과
  ② 내화부재상의 구멍을 통해 화염이 확산되는 현상

2. Poke through 효과의 문제점 및 대책

1) 방화구획의 기능 상실
  ① 방화구획의 기능 : 차염성, 차열성 유지를 통한 연소확대 방지
  ② 기능상실 원인
    • 큰 개구부 발생(Large Poke－throughs)
      – 구획부 붕괴, 출입문 또는 대형 유리창 개방
      – 단시간 내 인접공간 전면연소 발생
    • 국부적 구획기능 상실(Small Poke－throughs)
      – 작은 구멍이나 소형 유리창 관통
      – 인접공간의 가연물을 착화시킬 수 있는 고온부 발생
      – 가장 일반적인 층간 화재 확대의 원인

2) 대책

① 구획부의 구획기능 유지

② 출입문의 자동폐쇄장치

③ 대형 유리창에 방화셔터 및 윈도우 스프링클러 적용

④ 구획부 관통부에 대한 철저한 내화충전 시공

2 이중결합을 가지고 있는 지방족 탄화수소화합물의 명칭과 일반식을 쓰고 고분자(polymer)형성 과정에 대하여 설명하시오.

문제 2) 이중결합을 가진 지방족 탄화수소 및 고분자 형성과정

1. 이중결합을 가진 지방족 탄화수소

1) 명칭 : 알켄

2) 일반식 : C_nH_{2n}

2. 중합체 형성과정(에틸렌 → 폴리에틸렌)

1) 개시반응

① 자유라디칼을 형성하는 과정

② 에틸렌(C_2H_4) 분자는 탄소원자 사이가 이중 공유결합

③ 에틸렌 분자의 두 탄소원자 사이의 이중결합이 열려서 활성화되는 과정

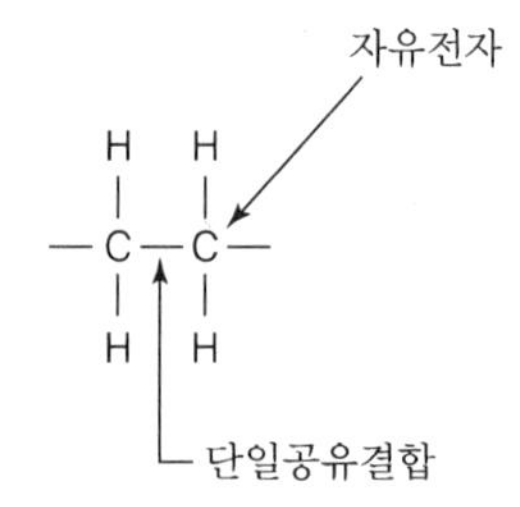

2) 전파반응

① 연속적인 단량체 단위의 부가로 중합체 사슬이 확장하는 과정

② 많은 에틸렌 단량체가 서로 공유결합하여 중합체를 형성

3) 종결반응

① 자유라디칼의 첨가나 두 사슬 간의 결합에 의해 전파반응이 종결됨

② 미량의 불순물이 중합체 사슬을 종결시킬 가능성도 있음

③ 두 사슬의 결합에 의한 종결은 다음 반응과 같이 표시함

④ 에틸렌의 중합에 의해 생성된 중합체가 폴리에틸렌임

Polyethylene
m.p.:110~137℃

3 산불화재에서 Crown fire와 화학공정에서 Blow down에 대하여 설명하시오.

문제 3) Crown Fire와 Blow Down

1. Crown Fire

1) 산림의 울창한 상부층(Crown)에서 발생하는 화재로서, 산불을 매우 격렬하게 발달시키게 됨

2) 발생조건
지면화재의 HRR이 상부층 연료를 예열, 가열시킬 수 있을 정도로 충분한 경우 발생

3) 상부층의 화재 확산은 상부층 가연물의 밀도와 화재 확산 속도에 영향을 받음

4) 바람 방향에 따라 V자 형태로 확산됨(폭 : 20~40 m)

5) 중심부 온도 약 1,175 ℃, 이동속도 2~4 km/h 정도이며, 비화(Spot Fire)를 발생시킴

6) 종류
① 수동적 Crown Fire : 지면화재의 열에너지에 의한 전파
② 능동적 Crown Fire : 지면으로 귀환열을 발생시킴
③ 독립적 Crown Fire : 상부층 자체에서 화재 전파

2. Blow Down

1) 각 공정에서 발생하는 배출가스와 탄화수소 액체를 일괄적으로 모으는 장치
① 배출가스 : 플래어 스택으로 보내어 태움
② 액체응축물 : 드럼에 모아 펌프로 Closed Drain Header로 보냄

2) 이러한 미연소된 가연물을 폭발하지 않도록 안전하게 회수하여 처리하는 시스템

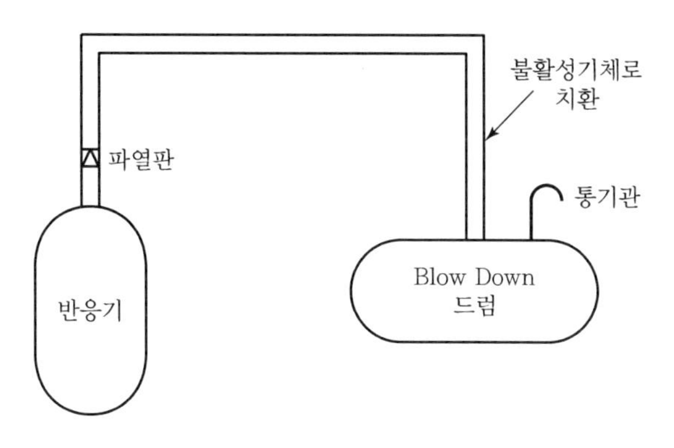

기출분석
114회
115회
116회-1
117회
118회
119회

4 **외단열 미장마감에서 단열재를 스티로폼으로 시공 시 화재확산과 관련하여 닷 앤 댑(Dot & Dab)방식과 리본 앤 댑(Ribbon & Dab)방식에 대하여 설명하시오.**

문제 4) 외단열 미장마감에서의 닷 앤 댑 방식과 리본 앤 댑 방식

1. 드라이비트

1) 외벽에 단열재를 부착하고 그 위에 직접 미장 마감하는 공법

2) 단열재는 접착제를 이용해 부착

모르타르
(미장 마감)
단열재
옥외
벽체
실내
마감재
메쉬
(철망)
단열재
접착

2. 단열재 접착방식

1) Ribbon & Dab 방식

① 단열재의 테두리와 중앙 부위를 접착하는 방식

② 배면 연돌효과를 방지하기 위해 외단열재 부착 시 반드시 적용해야 함

2) Dot & Dab 방식

① 단열재 중앙 부분에 접착제를 점(Dot) 형태로 소량 도포하는 방식

② 단열재 접착이 불량하여 벽체와 단열재가 떨어져 배면 연돌효과를 발생시킬 수 있음

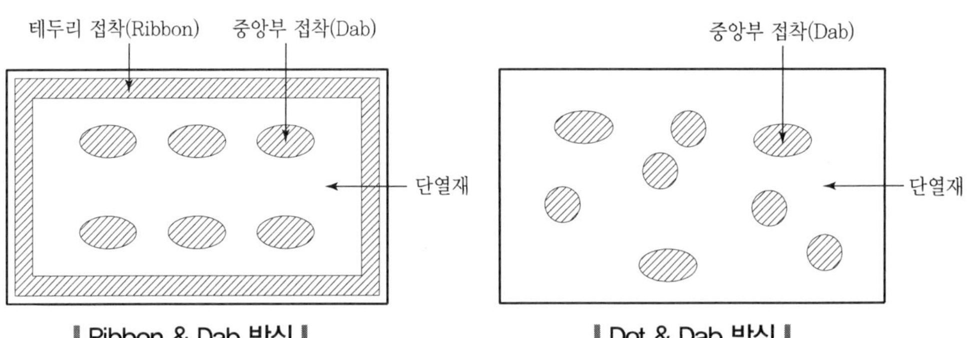

▌Ribbon & Dab 방식▐ ▌Dot & Dab 방식▐

3. 결론

외단열 미장마감 공법으로 시공할 경우, Ribbon & Dab 방식으로 단열재를 접착해야 상층 연소 확대를 예방할 수 있다.

❺ 방화구조 설치대상 및 구조기준에 대하여 설명하시오.

문제 5) 방화구조 설치대상 및 구조기준

1. 개요

1) 정의 : 화염의 확산을 막을 수 있는 성능을 가진 구조

2) 방화구조의 설치목적 : 인접 지역으로의 연소확대 방지

2. 방화구조의 설치대상

1) 연면적 1,000 m^2 이상인 목조건축물은 그 구조를 방화구조로 하거나, 불연재료로 설치할 것
   ① 외벽 및 처마 밑의 연소할 우려가 있는 부분 : 방화구조
   ② 지붕 : 불연재료

2) 내화구조의 예외
   연면적 50 m^2 이하인 단층 부속건축물로서, 외벽 및 처마 밑면을 방화구조로 한 것

3. 방화구조의 기준

1) 철망모르타르로서 그 바름 두께가 2 cm 이상인 것
2) 석고판 위에 시멘트모르타르 또는 회반죽을 바른 것으로서 그 두께의 합계가 2.5 cm 이상인 것
3) 시멘트모르타르 위에 타일을 붙인 것 : 그 두께의 합계가 2.5 cm 이상인 것
4) 심벽에 흙으로 맞벽치기한 것
5) KS규격에 의한 시험결과, 방화 2급 이상에 해당하는 것

4. 방화구조의 특징

1) 인접건물이나 지역으로의 연소확대 방지 용도
2) 화재 진화 이후, 재사용이 불가능함
3) 초기 화재에서의 용도임
4) 화재에 대한 내력은 없음

6 자동방화댐퍼의 설치기준과 점검시에 발생하는 외관상 문제점에 대하여 설명하시오.

문제 6) 자동방화댐퍼의 설치기준과 점검 시 발생하는 외관상 문제점

1. 자동방화댐퍼의 설치기준

1) 설치 위치

① 환기, 냉 · 난방 시설의 풍도가 방화구획을 관통하는 경우

→ 그 관통부 또는 이에 근접한 부분에 설치

② 예외 : 반도체공장 건축물

→ 관통부 풍도 주위에 스프링클러 헤드를 설치하는 경우

2) 설치기준

① 철재로서, 철판의 두께가 1.5 mm 이상일 것

② 화재 시 : 연기 발생 또는 온도상승에 의해 자동 폐쇄

③ 닫힌 경우 : 방화에 지장이 있는 틈이 생기지 아니할 것

④ KS규격상 : 방화댐퍼의 방연시험방법에 적합할 것(통기량 : 20 ℃, 20 Pa의 압력으로 매분 5 m^3 이하)

2. 점검 시 발생하는 외관상 문제점

1) 방화댐퍼 미시공 또는 KS제품 미사용

2) 덕트관통부의 내화충전재 시공 불량

3) 관통부에 슬리브 미설치 및 마감 불량

4) 방화댐퍼 인근에 점검구 미설치

5) 방화댐퍼를 구획 벽체에서 이격하여 설치

7 건축물의 화재확산 방지구조 및 재료에 대하여 설명하시오.

문제 7) 화재확산 방지구조 및 재료

1. 화재확산방지구조

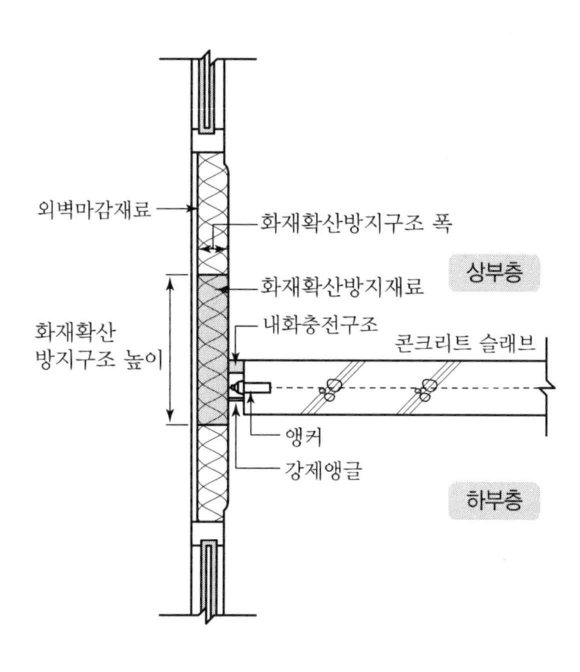

2. 재료

수직 화재확산 방지를 위해 외벽마감재와 지지구조 사이의 공간을 다음에 해당하는 재료로 매 층마다 최소 높이 400 mm 이상 밀실하게 채운 것

1) KS규격에서 정하는 12.5 mm 이상의 방화 석고보드
2) KS규격에서 정하는 6 mm 이상의 석고 시멘트판 또는 섬유강화 평형 시멘트판
3) KS규격에서 정하는 미네랄울 보온판 2호 이상인 것
4) KS규격에서 정하는 수직 비내력 구획부재의 내화성능 시험한 결과, 15분의 차염성능 및 이면 온도가 120 K 이상 상승하지 않는 재료

8 화학적 폭발의 종류와 개별특성에 대하여 설명하시오.

문제 8) 화학적 폭발의 종류와 개별특성

1. 정의

물질의 화학반응에 의하여 온도가 상승, 과열되어 단시간 내에 급격한 압력 상승이 발생하여 압력이 급격히 방출되면서 발생하는 폭발

2. 화학적 폭발의 종류 및 특성

1) 산화폭발

① 연소라는 산화반응에 의한 폭발

② 가연성 가스, 증기, 분진 또는 액적 등이 공기와 산화 반응하여 발생

③ 가연성 가스의 누출, 인화성 액체 탱크 내부로의 공기 유입, 분진운 형성 등과 같은 폭발성 혼합기체가 형성된 상태에서 점화원에 의해 착화, 폭발하는 것

2) 분해폭발

① 분해반응이 발열반응인 분해폭발성 가스(아세틸렌, 에틸렌 등)가 압축 등 어떠한 원인에 의해 분해되어 발열, 착화, 압력 상승되어 폭발하는 것

② 아세틸렌의 분해반응

$$C_2H_2 \rightarrow 2C + H_2 + 54\ \text{kcal/mol}$$

3) 중합폭발

① 염화비닐, 초산비닐 등과 같은 중합물질 모노머가 폭발적으로 중합되어 발열하고 압력이 상승되어 폭발하는 것

② 분출되는 모노머가 가연성 증기운을 형성하여 VCE를 발생시키기도 한다.

③ 중합 반응은 적절한 냉각설비를 반응장치에 적용하여 이상반응을 방지시켜야 함

9 나트륨(Na)에 관한 다음 질문에 답하시오.
1) 물과의 반응식
2) 보호액의 종류와 보호액 사용 이유
3) 다음 중 사용 할 수 없는 소화약제를 모두 골라 쓰시오.

이산화탄소, Halon 1301, 팽창질석, 팽창진주암, 강화액 소화약제

문제 9) 나트륨의 반응식, 보호액 및 소화약제

1. 물과의 반응식

1) 반응식

$2Na + 2H_2O \rightarrow 2NaOH + H_2 + Q(kcal)$

2) 물과 반응하여 가연성 가스인 수소, 부식성 가스인 NaOH를 생성하며 발열

2. 보호액의 종류와 보호액 사용 이유

1) 보호액의 종류
석유, 경유 등의 산소가 없는 보호액 속에 밀봉 저장함

2) 보호액 사용 이유
공기접촉 방지(Na은 공기 중에서 산소와 반응하며, 부식성이 있음)

3. 사용할 수 없는 소화약제

1) 이산화탄소
① CO_2와 격렬히 반응하여 폭발 위험
② $4Na + CO_2 \rightarrow 2Na_2O + C$

2) Halon 1301
① 할로겐 원소와도 격렬히 반응
② $Na + CF_3Br \rightarrow NaBr + CF_3$

3) 강화액 소화약제
① 강화액($K_2CO_3 + H_2SO_4$)과 반응하면 물을 발생시키므로, 연쇄적으로 물과 나트륨의 반응을 유발할 수 있다.
② 또한 황산과 나트륨은 반응하여 수소를 발생시키므로 폭발의 위험이 있다.

⑩ B급 화재위험성이 있는 특정소방대상물에 미분무소화설비를 적용하고자 할 때 고려되어야 할 변수들을 2차원과 3차원 화재로 각각 분류하여 기술하시오.

문제 10) B급 화재위험성에 미분무 소화설비 적용 시 고려하여야 할 변수

1. 개요

1) 미세물분무 소화설비는 가스계 소화설비와 달리, 인명에 대한 독성이나 환경유해성이 거의 없고 스프링클러 소화설비에 비해서는 입자가 작아 B급, C급 화재에 적용 가능하다는 장점을 가지고 있다.

2) 이러한 미세물분무 소화설비는 화재나 구획실에 따른 많은 변수에 영향을 받으므로 실제 방출에 따른 시험이 필요하다.

3) 실제 방출시험은 실제현장에서의 화재 및 미분무 성능과 유사하도록 여러 가지 변수를 고려해야 한다.

2. 고려해야 할 변수

1) 2차원 화재 → Pool Fire

① 가연물의 하중과 형상

② 가연물의 인화점

③ 예비연소시간의 액면 및 유출의 크기

2) 3차원 화재 → Spill Fire, Jet Fire

① 가연물의 하중과 형상

② 가연물의 인화점

③ 예비연소시간

④ 흘러가는 가연물 화재

⑤ 연료 유량

⑥ 화재 형상

⑦ 절연유의 압력

⑧ 분무화재

⑨ 연료의 분무 각도

⑩ 연료 분무 방위

⑪ 재발화원

⑪ 건식스프링클러설비의 건식밸브(dry valve) 작동 · 복구 시 초기주입수 (priming water)의 주입 목적에 대하여 설명하시오.

문제 11) 건식밸브의 초기주입수의 주입 목적

1. 개요

건식 밸브에서는 1차 측 배관에 가압수, 2차 측에는 압축 공기를 채워두고 있으며, Clapper 이후의 건식 밸브 2차 측 몸체에 Priming Water를 채워 둔다.

2. Priming Water의 역할

1) Clapper 1 · 2차 측의 압력 균형 유지

① Priming Water를 채워 파스칼의 원리를 이용해 2차 측 공기압력이 Clapper에 수직으로 작용하게 만든다.

② 공기압, Clapper의 무게, Priming Water 무게, 넓은 2차 측 접촉면적 등을 이용하여 2차 측의 낮은 공기압으로도 균형을 유지한다.

2) Clapper의 완전 폐쇄 여부 확인

Clapper에 틈새가 생겨 누수가 발생하면 밸브의 Drain에서 물방울이 떨어지게 되므로, 기밀 확보 여부를 쉽게 알 수 있다.

⑫ 물분무소화설비(water spray system)의 작동 · 분무 시 물입자의 동(動)적 특성 및 소화 메커니즘(mechanism)에 대하여 설명하시오.

문제 12) 물분무소화설비의 물입자 동적 특성 및 소화 메커니즘

1. 개요

물분무 소화설비는 스프링클러설비에서의 물방울보다 작은 물입자에 운동량(Momentum)을 주어 화원에 침투시켜 소화하거나, 방호대상물의 상부뿐만 아니라 측면 · 하부면에도 물을 분사하여 그 표면을 보호하는 설비이다.

2. 물입자의 동적 특성

1) 비수용성 액체의 유화층 형성

① 운동량을 가진 물입자가 비수용성 액체와 혼합되어 유화층을 형성

② 유화층 : 서로 섞일 수 없는 물과 기름이 혼합된 상태

③ 유화층의 혼합액체가 증발 시, 가연성 증기 농도 저하

2) 수용성 액체 표면의 희석

① 운동량을 가진 물입자가 수용성 액체에 녹아 희석

② 비교적 저압으로 방사해야 표면부만 희석시킬 수 있음

3) 유출유의 이송

변압기 절연유 유출 등과 같은 경우, 운동량을 가진 소화수가 절연유를 안전한 장소로 이송함

3. 소화 메커니즘

1) 물분무 소화설비 작동

2) 가연물 표면에 도달하여 냉각(고체 또는 고인화점 액체)

3) 액체 표면에서 유화층을 형성하거나, 희석시켜 가연성 증기발생량을 억제

4) 화열에 의해 증발하면서 발생한 수증기가 산소공급을 차단

5) 밀도가 물보다 큰 액체 표면에 수막을 형성하고, 유기과산화물의 분해 온도 미만으로 신속하게 냉각

13 연돌효과를 고려한 계단실 급기가압 제연설비 설계 시 최소 설계차압 적용 위치(층)와 보충량 계산을 위한 문 개방 조건 적용 위치(층)에 대하여 설명하시오.

문제 13) 연돌효과를 고려한 최소 설계차압 및 보충량 산정용 문 개방 조건 적용 위치

1. 연돌효과에 따른 차압분포

1) 연돌효과에 의한 차압 계산식

$$\Delta p = 3460\left(\frac{1}{T_o} - \frac{1}{T_i}\right)h$$

2) 혹한기 Normal Stack Effect에 따른 차압 분포

① 그림에서와 같이 고층부에서는 샤프트 내부 압력이 외부 압력보다 높기 때문에 샤프트에서 거실 방향으로의 기류가 형성된다.

② 저층부에서는 샤프트 내부 압력이 낮아 샤프트 내부를 향한 기류가 형성되어 연기 유입 가능성이 높다.

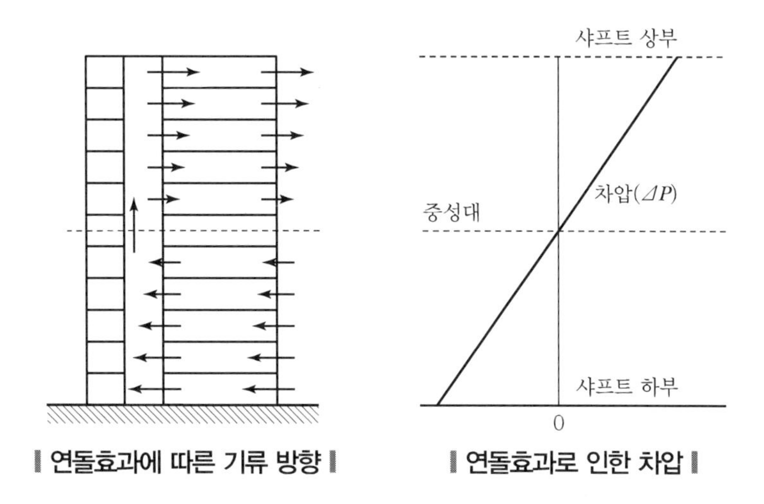

▌연돌효과에 따른 기류 방향▐ ▌연돌효과로 인한 차압▐

2. 최소 설계차압 및 문 개방 적용 층 선정

1) 최소 설계차압 적용 위치(층)

① 저층부에서는 샤프트 측으로의 기류가 형성되며 샤프트 내부의 압력이 낮다.

② 따라서 차압 적용 위치는 샤프트에 연결된 최저층으로 선정해야 한다.

③ 최상층의 경우에는 최대 차압을 초과하는지 여부를 고려해야 한다.

2) 보충량 계산을 위한 문 개방 적용 층

① 송풍기 정압이 보수적으로 계산될 수 있도록 송풍기에서 가장 먼 위치의 층을 화재층(출입문 개방)으로 적용하는 것이 바람직하다.

② 또한 피난층은 화재 시에는 자주 개방될 것이므로 문 개방층으로 간주해야 한다.

3. 결론

1) 최소 설계차압 적용 : 최저층

2) 문 개방 적용 : 피난층 및 최상층(화재층)

116회 기출문제 2교시

1 고층건축물(30층 이상) 공사현장에서 공정별 화재위험요인을 설명하시오.
(공정 : 기초 및 지하 골조공사, Core Wall공사, 철골 · Deck · 슬라브공사, 커튼월공사, 소방설비공사, 마감 및 실내장식공사, 시운전 및 준공 시)

문제 1) 고층건축물 공사현장에서 공정별 화재위험요인

구분	화재위험요소
기초공 및 지하골조공	• 용접/절단 작업 시 불티 발생 • 목재 거푸집 및 가설재 관리 미흡 • 부유분진 발생 • 현장 내 전선관리 미흡 • 복공설치 시 조도확보 미흡(피난에 어려움) • 집수정, 기계실 등 폐쇄공간 발생 • 지장물(가스, 전력 등) 관리 미흡
Core Wall	• 철근 설치 및 기타 작업 간 용접/절단 불티 발생 • 작업공간 협소/작업자 부주의 • 전기배선 관리 미흡 • 작업자 출입/피난로 확보 어려움 • 습식 환경에서의 전기 사용
지상 골조공	• 철골작업 중 용접/절단 불티 발생 • 동시작업으로 작업구간 확대 • 부유분진 발생 • 자재 적치 불량 • 위험물(LPG, 산소, 유류 등) 관리 미흡 • 화재 발생 시 계단, 엘리베이터 실로 연기 확대 우려

구분	화재위험요소
커튼월	• 커튼월 설치로 인한 내부 차단 • 고정철물 설치 중 용접/절단 불티 • 층간 방화구획 불량, 내화구조 확보 어려움 • 가연성 포장재 사용 • 화재 발생 시 계단, 엘리베이터 실로 연기 확대 우려
설비공사 (소방 포함)	• 용접/그라인더/절단작업 불티 발생 • 임시 발전기 사용/전선관리 미흡 • 엘리베이터 설치 전 샤프트 관리 미흡 • 다공종 동시 작업 진행 • 소방시설 조기설치 불가 • 수신기/소화펌프/제연팬 완공시점 설치
마감 및 인테리어 공사	• 우레탄폼 등 단열재 설치 공정 중 폭발, 화재 위험 증가 • 대량 가연성 자재(도배지, 가구, 접착제 등)의 반입 및 사용 • 지상 타공종 진행 및 조경공 진행으로 인한 지하공간 자재 적치 • 대량의 분진 발생 • 소방시설 및 방재시스템 미비
시운전 및 준공	• 소방시설 및 방재시스템 가동 중 조작 미숙/오작동 발생 • 형식적인 준공검사/완성검사 관행 • 시설 및 시스템 인수인계 지체 • 하자보수 및 일부 미설치 마감 작업 중 부주의에 의한 실화 위험

2 건축물에 설치하는 피난용승강기와 비상용승강기의 설치대상, 설치대수 산정기준, 승강장 및 승강로 구조에 대하여 설명하시오.

문제 2) 피난용 및 비상용 승강기의 설치대상, 설치대수 산정, 승강장 및 승강로 구조

1. 설치대상

1) 피난용 승강기 : 고층건축물(승용승강기 중 1대 이상)

2) 비상용 승강기

① 높이 31 m를 초과하는 건축물(승용승강기 겸용 가능)

② 10층 이상의 공동주택(승용승강기 겸용 가능)

③ 예외

- 높이 31 m를 넘는 각 층을 거실 외 용도로 쓰는 건축물
- 높이 31 m를 넘는 각 층 바닥면적의 합계가 500 m^2 이하인 건축물
- 높이 31 m를 넘는 층수가 4개 층 이하로서, 당해 각 층 바닥면적의 합계 200 m^2(벽 및 반자의 실내마감을 불연재료로 한 경우 500 m^2) 이내마다 방화구획한 건축물

2. 설치대수 산정기준

1) 피난용 승강기 : 1대 이상(비상용 승강기 겸용 불가)

2) 비상용 승강기

① 일반건축물 : 높이 31 m를 넘는 각 층의 바닥면적 중 최대 바닥면적이

- 1,500 m^2 이하 : 1대 이상
- 1,500 m^2 초과 : 1대+1,500 m^2를 넘는 3,000 m^2마다 1대씩 가산

② 공동주택

- 계단실형 공동주택 : 계단실마다 1대 이상
- 복도형 공동주택
  - 100세대 이하 : 1대 이상
  - 100세대 초과 : 100세대마다 1대 이상 추가

3) 위 기준을 적용할 경우, 공동주택에는 비상용 승강기(승용 승강기 겸용) 및 피난용 승강기를 각각 1대씩 설치해야 함

3. 승강장 구조

항목	피난용 승강기	비상용 승강기
구획	• 대상 : 승강장의 출입구를 제외한 부분 • 방법 : 해당 건축물의 다른 부분과 내화구조의 바닥 및 벽으로 구획	• 대상 : 승강장의 창문 · 출입구 기타 개구부를 제외한 부분 • 방법 : 해당 건축물의 다른 부분과 내화구조의 바닥 및 벽으로 구획할 것 • 예외 : 승강장과 특피 부속실 겸용 가능(공동주택)
층 연결 (방화문)	• 승강장은 각 층의 내부와 연결 • 승강장 출입구에는 갑종방화문을 설치할 것(방화문은 언제나 닫힌 상태를 유지할 수 있는 구조)	• 승강장은 각 층의 내부와 연결 • 승강장 출입구(승강로 출입구 제외)에는 갑종방화문을 설치할 것 • 피난층에는 갑종방화문 설치 제외 가능

항목	피난용 승강기	비상용 승강기
내부마감	실내에 접하는 부분(바닥 및 반자 등 실내에 면한 모든 부분)의 마감(마감을 위한 바탕을 포함)은 불연재료로 할 것	벽 및 반자가 실내에 접하는 부분의 마감재료(마감을 위한 바탕을 포함)는 불연재료로 할 것
조명	예비전원 조명설비를 설치	채광이 되는 창문 또는 예비전원 조명설비를 설치
면적	승강장의 바닥면적은 피난용 승강기 1대에 대하여 6 m^2 이상으로 할 것	승강장의 바닥면적은 비상용 승강기 1대에 대하여 6 m^2 이상으로 할 것. 다만, 옥외에 승강장을 설치하는 경우에는 그러하지 아니하다.
표지	승강장의 출입구 부근에는 피난용 승강기임을 알리는 표지를 설치할 것	승강장 출입구 부근의 잘 보이는 곳에 당해 승강기가 비상용 승강기임을 알 수 있는 표지를 할 것
연기배출	• 건축물의 설비기준 등에 관한 규칙에 따른 배연설비를 설치할 것 • 소방법령에 따른 제연설비를 설치한 경우에는 배연설비를 설치하지 아니할 수 있다.	노대 또는 외부를 향하여 열 수 있는 창문 또는 배연설비를 설치할 것
도로까지 거리	없음	피난층이 있는 승강장의 출입구로부터 도로 또는 공지에 이르는 거리가 30m 이하일 것

4. 승강로 구조

항목	피난용 승강기	비상용 승강기
구획	승강로는 해당 건축물의 다른 부분과 내화 구조로 구획할 것	승강로는 당해 건축물의 다른 부분과 내화 구조로 구획할 것
구조	각 층으로부터 피난층까지 이르는 승강로를 단일구조로 연결하여 설치할 것	각 층으로부터 피난층까지 이르는 승강로를 단일구조로 연결하여 설치할 것
연기배출	승강로 상부에 「건축물의 설비기준 등에 관한 규칙」 제14조에 따른 배연설비를 설치할 것	없음

5. 결론

1) 최근 건축법령 강화로 공동주택에도 비상용 승강기 외에 별도의 피난용 승강기를 설치해야 한다.
2) 가급적 겸 부속실이 없게 설계함이 바람직하며, 겸 부속실 설치가 불가피한 경우 CONTAM 수행 등을 통해 제연설비 성능에 영향이 없도록 해야 한다.

❸ 건축물 내부에 설치하는 피난계단과 특별피난계단의 설치대상 · 설치예외조건, 계단의 구조에 대하여 설명하시오.

문제 3) 피난계단과 특별피난계단의 설치대상, 설치예외조건, 계단의 구조

1. 설치대상 및 설치예외조건

피난계단	특별피난계단
• 5층 이상 또는 지하 2층 이하의 층에 설치하는 직통계단	• 건축물의 11층 이상의 층(공동주택은 16층 이상) 또는 지하 3층 이하인 층으로부터 피난층 또는 지상으로 통하는 직통계단 • 판매시설의 용도로 사용되는 층으로부터의 직통계단 중 1개소 이상
(예외) 건축물의 주요구조부가 내화구조 또는 불연재료로 된 경우로서, 5층 이상의 층의 바닥면적 합계 : 200 m^2 이하 또는 5층 이상의 층의 바닥면적 200 m^2 이내마다 방화 구획된 경우	(예외) • 갓복도식 공동주택 : 각 층의 계단실 및 승강기에서 각 세대로 통하는 복도의 한쪽 면이 외기에 개방된 구조의 공동주택 • 바닥면적 400 m^2 미만인 층

(강화기준)

• 적용대상

① 5층 이상의 층으로서,

② 전시장, 동식물원, 판매시설, 운수시설(여객용 시설만 해당), 운동시설, 위락시설, 관광휴게시설(다중이용시설만 해당), 생활권수련시설 용도로 쓰이는 바닥면적이 2,000 m^2를 넘는 층

• 적용방법

직통계단 외에 추가적으로

→ 매 2,000 m^2마다 1개소의 피난계단 또는 특별피난계단을 설치할 것(4층 이하의 층에는 쓰지 않는 계단)

2. 계단의 구조

항목	피난계단	특별피난계단
실내마감	• 계단실 : 불연재료	• 계단실 및 부속실 : 불연재료
벽 구획	• 계단실 : 내화구조의 벽으로 구획 (창문등 제외)	• 계단실, 노대 및 부속실은 내화구조의 벽으로 각각 구획(창문등 제외)
채광	• 계단실 : 예비전원 조명설비	
옥내로의 개구부	• 계단실 ↔ 건축물 내부 : 1 m^2 이하의 망입유리 붙박이창 적용가능	• 계단실 ↔ 건축물 내부 : 창문등 적용 불가 • 전실 ↔ 건축물 내부 : 창문등 적용 불가 • 계단실 ↔ 전실 : 1 m^2 이하의 망입유리 붙박이창
옥외로의 개구부	• 계단실에 설치하는 옥외 측 창문등 : 건축물 다른 부분에 설치하는 창문등과 2 m 이상 이격(1m^2 이하의 망입유리 붙박이창은 근접 설치 가능)	• 계단실, 전실에 설치하는 옥외 측 창문등 : 건축물의 다른 부분에 설치하는 창문등과 2 m 이상 이격(1 m^2 이하의 망입유리 붙박이창은 근접 설치 가능)
계단의 구조	• 내화구조 • 피난층 또는 지상까지 직접 연결	
출입구 너비	• 유효너비 : 0.9 m 이상	
출입구 구조	• 갑종방화문	• 전실 ↔ 건축물 내부 : 갑종방화문 • 계단실 ↔ 전실 : 갑종 또는 을종 방화문
출입구 개방	• 피난 방향으로 개방 • 언제나 닫힌 상태를 유지 또는 화재로 인한 연기, 온도, 불꽃 등을 가장 신속하게 감지하여 자동적으로 닫히는 구조	
전실	• 규정 없음	• 건축물 내부와 계단은 노대 또는 부속실을 통해 연결될 것 • 부속실 구조 ① 1 m^2 이상의 창문 ② 또는 배연설비 설치

4 **폭발에 관한 다음 질문에 답하시오.**

1) 폭발의 정의
2) 폭연과 폭굉의 차이점
3) 폭굉 유도거리
4) 폭굉 유도거리가 짧아질 수 있는 조건
5) 폭발 방지대책

문제 4) 폭발 관련 항목

1. 폭발의 정의

1) 폭발의 정의

고압의 가스를 주위환경으로 급속하게 방출하여 발생되는 파열 또는 연소 현상

2) 화재와의 차이점

에너지 방출속도로 구분되며, 폭발은 높은 에너지방출속도를 가지고 큰 음향을 동반하면서 기계적 일(파열)을 생성함

3) 폭연과 폭굉

① 폭연이나 폭굉 자체는 폭발이 아니며, 폭발이라는 결과를 초래하는 하나의 메커니즘

② 폭연이나 폭굉으로 용기가 파열되었다면 폭발이라 할 수 있지만, 용기 파열이 일어나지 않았다면 외부에 대한 기계적 일을 생성하지 않았으므로 폭발이라고 할 수 없다.

→ 폭발이란, 고압의 가스를 주위에 높은 속도로 방출하며 발생되는 현상으로서 큰 음향을 동반하면서 외부에 기계적인 일(파열)을 하는 것

2. 폭연과 폭굉의 차이점

항목	폭연	폭굉
예열방법	열전달(전도, 대류, 복사)	충격파
화염전파속도	음속 이하(0.1~10 m/s)	음속 이상(1,000~3,500 m/s)
압력상승	• 수 atm • $\frac{P_m}{P_0} = \frac{n_2 T_2}{n_1 T_1} = \frac{M_2 T_2}{M_1 T_1}$	• 16~20 atm • $P_{cj} = 2P_m$
대응방법	• UV감지기와 폭연진압 시스템으로 능동적 진압 가능	• 능동적 진압 불가능 • 발생 예방 또는 폭굉압력에 견딜 수 있는 구조로 설계

3. 폭굉 유도거리

1) Deflagration–to–Detonation Length로 폭연에서 폭굉으로 전이되는 데 필요한 거리

2) 폭연 → 폭굉으로의 과정

① 폭연상태에서 압축파가 가속되며 중첩되어 충격파 형성

② 이러한 충격파는 미연소가스 영역을 압축시키고, 가속되어 오는 충격파로부터 에너지를 받아 지속적으로 강화

③ 갑자기 열전달이 아닌 충격파에 의해 가스가 점화되어 충격파와 연소영역이 고속으로 전파되는 폭굉으로 전이

3) 폭굉 유도거리가 짧을수록 폭굉이 일어나기 쉽다.

4. 폭굉 유도거리가 짧아질 수 있는 조건

1) 혼합물의 반응성이 클수록 짧아짐
2) 배관 내면의 거칠기가 크고, 장애물이 많을수록 짧아짐
3) 배관의 직경이 클수록 짧아짐
4) 초기 압력과 온도가 높을수록 짧아짐
5) 난류성이 크고, 초기 가스의 속도가 빠를수록 짧아짐

5. 폭발 방지대책

1) 개념

폭발위험성＝위험분위기×점화원 존재 및 접촉

→ 폭발위험성을 0으로 하는 것

2) 대책

① 위험성 분위기의 생성 방지

- 가연성 가스의 농도 제어
- 불활성화

② 점화원의 제거 또는 격리

- 점화원 관리
- 전기설비의 방폭구조화

5 도로터널에 화재위험성평가를 적용하는 경우 이벤트 트리(event tree)와 F-N곡선에 대하여 설명하시오.

문제 5) 도로터널의 화재위험성평가

1. 개요

1) 터널의 위험성 평가

Risk = 빈도 × 심도

2) 사고 빈도

① 터널을 운행하는 차량의 수와 운행거리에 비례하여 증가

- 차량 수 : 차선 수 및 예상 통행량에 의해 결정
- 운행 거리 : 터널의 길이에 영향

② 터널의 기울기가 클수록 엔진 과열, 브레이크 계통 파손을 일으킬 수 있음

3) 사고 심도

① 운행하는 차량의 종류와 차량의 적재물에 따른 화재 크기

② 터널의 단면적과 높이에 따른 연기 유동

- 터널 단면적 : 클수록 연기강하 시간이 지연됨
- 터널 높이 : 연기발생량에 영향

2. 이벤트 트리(Event Tree)

1) 개념

① 위험도를 평가하기 위해 사고의 발생과 전개에 대한 Event Tree가 작성되어야 함

② Event Tree에는 가능한 사고의 종류와 이와 관련된 제연 및 소화 설비의 작동상황이 고려되어야 함

③ 제연 또는 소화 설비의 작동에는 시스템 고장 확률도 고려되어야 함

2) 사고

① 일반적인 사고와 화재사고로 분류

② 화재사고의 유형을 소형차, 버스, 화물차량으로 구분

③ 제연설비 및 소화설비의 작동상황을 고려

④ 각 분기점에는 적용되는 확률을 표시하고, 각 사건에는 사고 발생 확률을 명시함

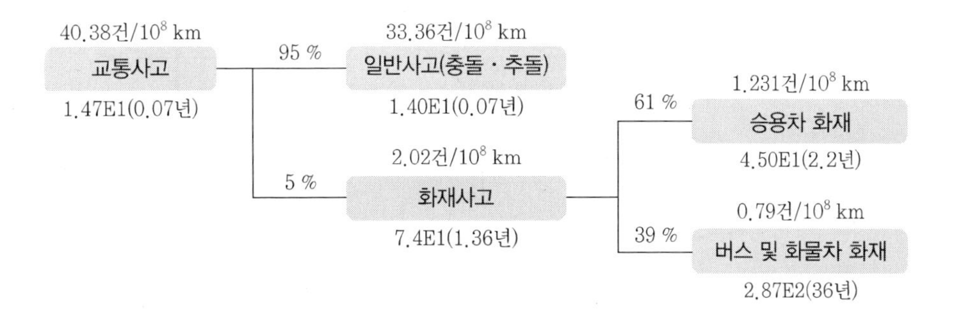

3) 터널화재 시나리오 작성 시 고려사항

① 교통상황

정상 소통과 정체로 구분하여 터널 내의 차량 수 및 피난자 수를 결정하고 제연방식을 선정

② 교통량

연평균 일일 교통량이 크면 화재사고가 발생하는 터널을 통과하는 차량도 증가함

③ 차량 종류와 분포

승용차, 버스, 트럭 및 위험물 탱크로리의 분포는 화재 크기 및 탑승인원에 영향을 줌

④ 터널 내 풍속 분포

정지, 역풍, 순풍, 임계풍속 운전은 화재, 연기 전파 및 피난에 큰 영향을 줌

⑤ 사고 빈도

차종별 주행거리계를 통해 산출하는 사고 비율로서, 보통 차량이 1억 km를 운행하는 경우에 발생하는 사고의 빈도를 적용

3. F-N 곡선

1) 개념

① 위험성 평가는 사고 시나리오가 발생할 확률과 사망자 수가 몇 명인지 F-N 곡선으로 표현할 수 있음

② F는 사망사고 확률(Fatality), N은 사망자 수(Number)를 의미함

③ 여기서 확률은 누적된 확률로 1인 이상이 사망할 여러 개의 사건의 확률들을 모두 합한 것임

④ F-N 곡선은 사회적 위험도에 대한 기준을 토대로 하여 다음과 같은 영역으로 구분함

- 수용 가능한 영역(Acceptable Region)
- ALARP(As Low As Reasonably Practical) 영역
- 수용 불가능한 영역(Unacceptable Region)

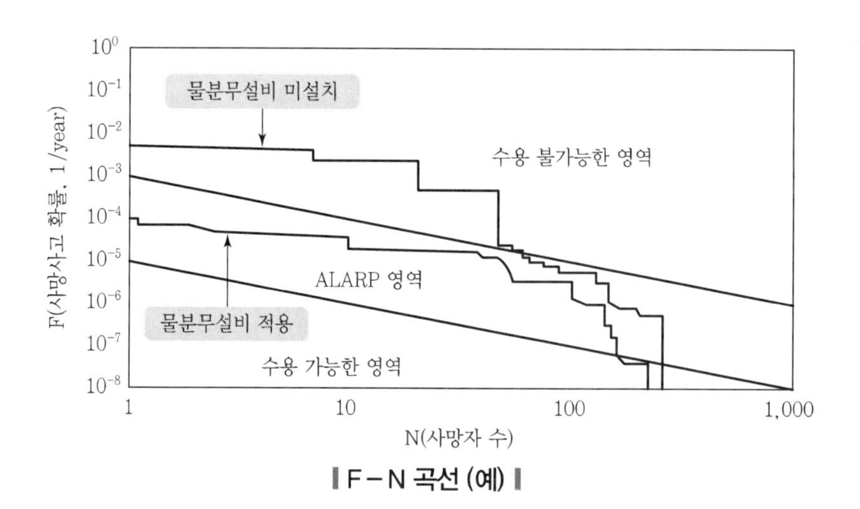

┃F－N 곡선 (예)┃

> **6** 소방펌프실의 펌프 고장으로 액체연료인 윤활유가 바닥면에 1cm 두께, 면적 4 m^2로 누유된 후 점화원에 의해 화재가 발생하였다. 이때 열방출률($\dot{Q}$), Heskestad의 화염길이(L), 화재지속시간(Δt)을 계산하시오.(단, 용기화재의 단위면적당 연소율 계산식은 $\dot{m}'' = \dot{m}''_\infty(1-\exp^{-\kappa\beta D})$이고, 이때 윤활유의 $\dot{m}''_\infty = 0.039\ kg/m^2s$, $\kappa\beta = 0.7\ m^{-1}$, 밀도 $\rho = 760\ kg/m^3$, 완전연소열 $\triangle H_c = 46.4\ MJ/kg$, 연소효율 $i\chi = 0.7$이다.)

문제 6) 열방출률, 화염길이 및 화재지속시간 계산

1. 열방출률($\dot{Q}$)

1) 직경

$$A_f = \frac{\pi}{4}D^2\text{에서, } D = \sqrt{\frac{4A_f}{\pi}} = \sqrt{\frac{4(4\ m^2)}{\pi}} = 2.26\ m$$

2) 열방출률

$$\dot{Q} = \chi \dot{m}'' A_f \triangle H_c = \chi \dot{m}''_\infty (1-\exp^{-\kappa\beta D}) A_f \triangle H_c$$
$$= 0.7 \times (0.039)(1-e^{-0.7\times 2.26}) \times (4)(46.4\times 10^3)$$
$$= 4{,}025\ kW$$

2. Heskestad의 화염길이(L)

$$H_f = 0.23\,\dot{Q}^{2/5} - 1.02\,D = 0.23 \times (4{,}025)^{2/5} - 1.02\,(2.26) = 4.06\ \text{m}$$

3. 화재지속시간($\triangle t$)

1) 증발속도(regression rate, $\gamma[\text{m/s}]$)

$$\gamma = \frac{\dot{m}''}{\rho} = \frac{\dot{m}''_{\infty}\,(1 - \exp^{-k\beta D})}{\rho} = \frac{(0.039)(1 - e^{-0.7 \times 2.26})}{760} = 4.08 \times 10^{-5}\ \text{m/s}$$

2) 화재지속시간

$$\triangle t = \frac{h}{\gamma} = \frac{0.01\,\text{m}}{4.08 \times 10^{-5}\ \text{m/s}} = 245\ 초$$

116회 기출문제 3교시

1 국내 전력구에 설치되고 있는 강화액 자동식소화설비에 관하여 아래의 사항에 대하여 설명하시오.
1) 강화액 소화설비의 작동원리
2) 강화액 소화설비의 구성과 소화효과
3) 기존 소화설비(수계, 가스계)와 성능 비교

문제 1) 전력구의 강화액 소화설비

1. 작동원리

1) 화재 감지

전력구에는 정온식 감지선형 감지기를 작동온도 70 ℃, 90 ℃의 2가지를 함께 설치함

① 70 ℃ : 경보 발령

② 90 ℃ : 강화액 소화설비 작동

2) 전용 감시제어반 작동

감지기의 화재신호를 수신한 자탐설비 수신기의 신호에 따라 강화액 소화설비 감시제어반이 연동한다.

3) 솔레노이드 밸브 개방

90 ℃ 정온식 감지선형 감지기의 작동신호에 따라 강화액 소화설비의 방호구역에 대한 솔레노이드 밸브가 개방된다.

4) 소화약제 방출

전용 배관을 통해 강화액 소화약제가 4분 이상 방출된다.

2. 구성 및 소화효과

1) 강화액 소화약제 저장용기

① 소화약제 저장용기의 재질 및 용기

재질	내용적(L)	직경(mm)	높이(mm)	사용압력 (MPa)	허용압력 (MPa)
STS 304	50	267	1,005	0.1	0.35

② 저장용기는 저압용기로서, 산업안전보건법 규정에 따르며, 소화약제 방사 후 재충전이 가능할 것

③ 작동밸브는 니들밸브에 의해 풀림과 잠금이 이루어져야 하며 압력 급상승 시 안전 봉판이 20 kg_f에서 파괴되는 구조일 것

④ 솔레노이드 밸브는 감시제어반과 연동될 것

2) 방출노즐

① 방출노즐은 소화기의 형식승인 및 제품검사의 기술기준에 적합할 것

재질	입자 크기(μm)	사용 압력 (MPa)
황동 또는 스테인리스	1,000	0.1

② 방출노즐은 전력구 내부의 상부 또는 측면에 부착하며, 설치수량은 제조사 기준에 따라 결정

③ 방출노즐은 개방형을 적용

3) 강화액 소화약제

알칼리 금속염류(K_2CO_3 등)를 주성분으로 하는 수용액

항목	규격
어는점	−20 ℃ 이하일 것(동파 우려가 낮음)
표면장력	0.033 N/m 이하일 것(표면장력이 낮아 화재에 빠르게 침투)
화재 적응성	B급 화재에 적응성 있음
시야 확보	분말 형대가 아니어서 시야 확보에 영향이 없음
부식성	부식성이 낮아 저장용기의 손상이 없음

4) 감시제어반 (수신부)

형식	사용 전압	설치 형태
P형 1급 또는 R형	AC 220 V DC 24 V	자립형 또는 벽부형

5) 기타 장치

① 정온식 감지선형 감지기

② 소화배관 : 스테인리스강관

6) 소화효과

① 전력구 케이블 화재에 적용 시, 강화액의 침투성능으로 심부화재에 효과적이다.

② 소화원리는 물의 증발에 의한 질식, 냉각소화 효과와 강화액 성분에 의한 부촉매 효과이다.

4. 기존 소화설비(수계, 가스계)와 성능 비교

1) 전력구 화재 특성

① 밀폐된 장소에서 발생

② 케이블 화재의 특성 → A급 심부화재 및 C급 화재 특성

2) 일반 수계 소화설비

높은 표면장력으로 인해 침투성능이 낮아 심부화재에 장시간 방수가 필요

3) 가스계 소화설비

① 단순히 불꽃을 제거하고 냉각될 때까지 설계농도를 유지하는 방식 : 대부분 A급 심부화재에 적응성이 없음

② CO_2 소화설비의 경우, 전력구에서는 20분 이상의 설계농도 유지시간을 지속할 수 있는 밀폐도 유지 어려움

4) 강화액 소화설비는 기존 수계 및 가스계 소화설비에 비해 적응성이 우수하다고 볼 수 있다.

2 재난 및 안전관리기본법령상에 의거한 재난현장에 설치하는 긴급구조통제단의 기능과 조직(자치구 또는 시 · 군 기준)에 대하여 설명하시오.

문제 2) 긴급구조통제단의 기능과 조직

1. 개요

긴급구조통제단은 중앙긴급구조통제단(소방청)과 지역긴급구조통제단(자치구 또는 시 · 군에 설치)으로 구분

2. 긴급구조통제단의 기능

1) 지역별 긴급구조에 관한 사항의 총괄 · 조정, 해당 지역에 소재하는 긴급구조기관 및 긴급구조지원기관 간의 역할분담과 재난현장에서의 지휘 · 통제를 위함

2) 주요 기능

① 해당 시 · 군 · 구 긴급구조대책의 총괄 · 조정

② 긴급구조활동의 지휘 · 통제(긴급구조활동에 필요한 긴급구조기관의 인력과 장비 등의 동원을 포함)

③ 긴급구조지원기관 간의 역할분담 등 긴급구조를 위한 현장활동계획의 수립

④ 긴급구조대응계획의 집행

⑤ 그 밖에 지역통제단장이 필요하다고 인정하는 사항

3. 긴급구조통제단의 조직

1) 시 · 도의 소방본부

시 · 도긴급구조통제단을 두고, 시 · 군 · 구의 소방서에 시 · 군 · 구긴급구조통제단을 설치

2) 조직도

① 아래의 조직도와 같이 구성하되, 지역실정에 따라 구성 · 운영을 달리할 수 있음

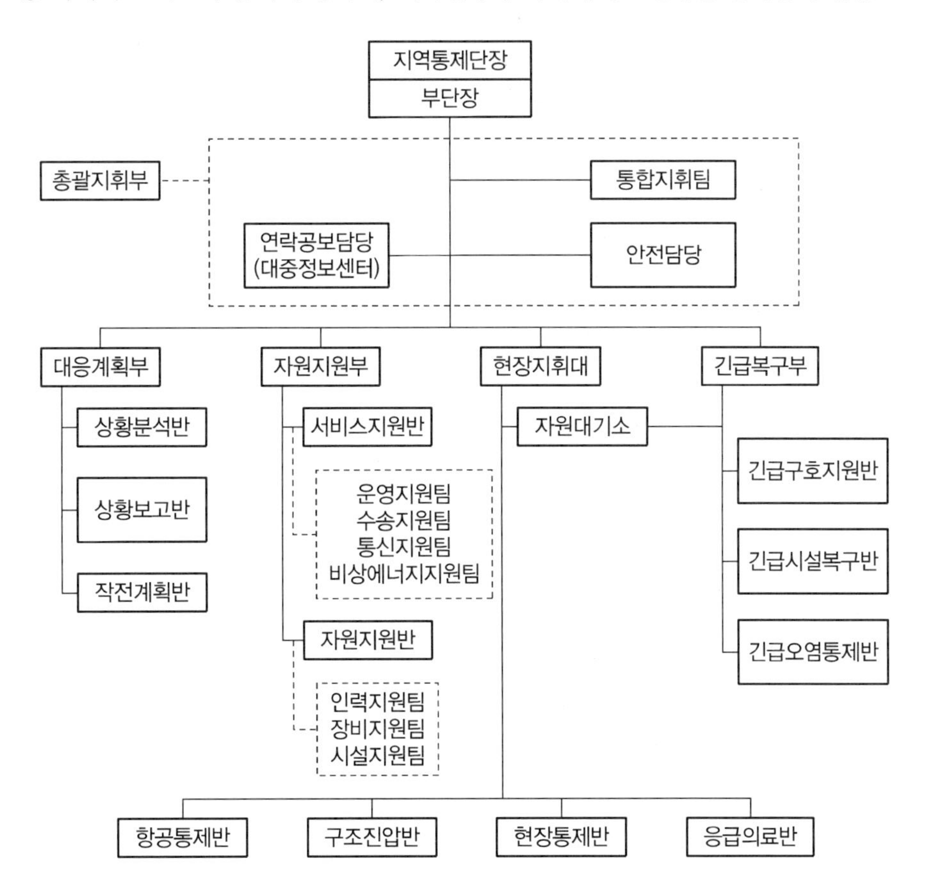

② 다음의 기관, 단체는 지역통제단장의 파견요청이 있는 경우에는 지역통제단의 통합지휘팀에 연락관을 파견해야 함

- 군부대
- 지방경찰청 및 경찰서(해양경찰서를 포함)
- 보건소, 권역응급의료센터, 지역응급의료센터 중 지역통제단장이 지정하는 기관 또는 센터
- 그 밖에 지역통제단장이 지정하는 기관 및 단체

3 초고층 및 지하연계 복합 건축물에 설치하는 종합방재실의 설치 위치, 면적, 구조, 설비에 대하여 설명하시오.

문제 3) 종합방재실의 설치 위치, 면적, 구조, 설비

1. 종합방재실의 설치 위치

1) 개수 : 1개

2) 종합방재실의 위치

① 1층 또는 피난층

[예외]

- 초고층 건축물 등에 특별피난계단이 설치되어 있고, 특별피난계단 출입구로부터 5 m 이내에 종합방재실을 설치하려는 경우에는 2층 또는 지하 1층에 설치 가능
- 공동주택의 경우 관리사무소 내에 설치할 가능

② 비상용 승강장, 피난 전용 승강장 및 특별피난계단으로 이동하기 쉬운 곳

③ 재난정보 수집 및 제공, 방재 활동의 거점 역할을 할 수 있는 곳

④ 소방대가 쉽게 도달할 수 있는 곳

⑤ 화재 및 침수 등으로 인하여 피해를 입을 우려가 적은 곳

2. 종합방재실의 면적

1) 20 m^2 이상

2) 인력의 대기 및 휴식 등을 위하여 종합방재실과 방화구획된 부속실을 설치할 것

3) 필요한 시설 · 장비의 설치와 근무 인력의 활동 및 소방대의 지휘활동에 지장이 없도록 설치할 것

4) 출입문에는 출입제한 및 통제장치를 갖출 것
5) 다른 부분과 방화구획으로 설치할 것
[예외]
다른 제어실 등의 감시를 위하여 두께 7 mm 이상의 망유리(두께 16.3 mm 이상의 접합유리 또는 두께 28 mm 이상의 복층유리를 포함)로 된 4 m^2 미만의 붙박이창은 설치 가능

3. 종합방재실의 설비

1) 조명설비(예비전원을 포함한다) 및 급수 · 배수설비
2) 상용전원과 예비전원의 공급을 자동 또는 수동으로 전환하는 설비
3) 급 · 배기설비 및 냉 · 난방설비
4) 전력공급상황 확인 시스템
5) 공기조화 · 냉난방 · 소방 · 승강기 설비의 감시 및 제어시스템
6) 자료 저장 시스템
7) 지진계 및 풍향 · 풍속계
8) 소화 장비 보관함 및 무정전 전원공급장치
9) 피난안전구역, 피난용 승강기 승강장 및 테러 등의 감시와 방범 · 보안을 위한 폐쇄회로 텔레비전(CCTV)

기 출 분 석
114회
115회
116회-3
117회
118회
119회

4 요오드가 160인 동식물유류 500,000 ℓ를 옥외저장소에 저장하고 있다. 다음 질문에 답하시오.

1) 위험물안전관리법령 상 지정수량 및 위험등급, 주의사항을 표시하는 게시판의 내용을 쓰시오.
2) 동식물유류를 요오드가에 따라 분류하고, 해당품목을 각각 2개씩 쓰시오.
3) 위험물안전관리법령 상 옥외저장소에 저장 가능한 4류 위험물의 품명을 쓰시오.
4) 상기 위험물이 자연발화가 발생하기 쉬운 이유를 설명하시오.
5) 인화점이 200 ℃인 경우 위험물안전관리법령 상 경계표시 주위에 보유하여야 하는 공지의 너비를 쓰시오.

문제 4) 동식물유류 저장한 옥외저장소

1. 지정수량 및 위험등급, 주의사항을 표시하는 게시판의 내용

1) 지정수량 : 10,000 L

2) 위험등급 : III

3) 주의사항을 표시하는 게시판의 내용

① 위험물 옥외저장소라는 표지(백색바탕에 흑색문자)

② 방화에 관하여 필요한 사항을 게시한 게시판

- 저장 위험물의 유별, 품명 및 저장최대수량, 지정수량의 배수 및 안전관리자의 직명(백색 바탕에 흑색 문자)
- 화기엄금(적색 바탕에 백색 문자)

2. 요오드가에 따른 동식물유류 분류

구분	요오드가	종류
건성유	130 이상	아마인유, 들기름
반건성유	100~130	면실유, 옥수수기름, 참기름
불건성유	100 이하	올리브유, 피마자유

3. 옥외저장소에 저장 가능한 4류 위험물의 품명

1) 제1석유류(인화점 0 ℃ 이상인 것), 알코올류, 제2석유류, 제3석유류, 제4석유류 및 동식물유류

2) 제1석유류 및 알코올류의 특례 규정

다음 설비를 추가하여 옥외저장소에 저장 가능

① 살수설비 등

당해 위험물을 적당한 온도로 유지하기 위한 목적

② 배수구 및 집유설비

제1석유류 또는 알코올류를 저장 또는 취급하는 장소의 주위에 설치

③ 유분리장치

- 비수용성 제1석유류 저장 · 취급장소의 집유설비
- 비수용성 : 온도 20 ℃의 물 100 g에 용해되는 양이 1 g 미만인 것

4. 상기 위험물이 자연발화가 발생하기 쉬운 이유

1) 요오드가 값이 큰 동식물유류의 경우 산화되기 쉽고, 피막이 있어 자체 반응에 의해 발생한 열이 방출되지 않고 축적되어 자연발화가 발생되기 쉽다.

2) 일반적인 자연발화과정

① 동식물 유지가 기름걸레 등으로 침투

- 동식물 유지를 닦거나 접촉한 넝마조각, 걸레, 종이뭉치, 우레탄폼, 장갑, 톱밥 등을 방치함
- 불포화유가 많은 식물유를 이용한 튀김찌꺼기, 부스러기 등이 가열된 상태로 회수되어 방치됨

② 이에 따라 공기와의 접촉 면적이 증대되어 산화반응이 이루어져 발열량이 증대된다.

③ 주위 환경조건(고온다습 등)에 의해 방열조건이 불량하여 열이 축적된다.

④ 열축적에 의해 자연발화점 이상으로 온도가 상승하여 자연 발화된다.

5. 보유공지의 너비

1) 고인화점 위험물(인화점 100 ℃ 이상인 제4류위험물)의 특례 기준 적용

저장, 취급하는 위험물 최대수량	공지의 너비
지정수량의 50배 이하	3m 이상
지정수량의 50배 초과 200배 이하	6m 이상
지정수량의 200배 초과	10m 이상

2) 보유공지의 너비

① 저장량

500,000 / 10,000 = 50 → 지정수량의 50배

② 보유공지 너비 : 3 m 이상

5 아래 소방대상물의 설치장소별 적응성 있는 피난기구를 모두 기입하시오.

층별 / 설치장소별	지하층	1층	2층	3층	4층 이상 10층 이하
노유자 시설					
다중이용업소의 안전관리에 관한 특별법 시행령 제2조에 따른 다중이용업소로서 영업장의 위치가 4층 이하인 "다중이용업소"					

문제 5) 설치장소별 적응성 피난기구

설치장소	지하층	2층	3층	4~10층
노유자시설	피난용 트랩	미끄럼대, 구조대, 피난교 다수인피난장비, 승강식피난기		피난교 다수인피난장비 승강식피난기
영업장 위치가 4층 이하인 다중이용업소	-	미끄럼대, 피난사다리, 구조대 완강기, 다수인피난장비, 승강식피난기		

6 단일 구획에 설치된 스프링클러소화설비의 헤드 열적 반응과 살수 냉각 효과를 조사하기 위하여 Zone 모델(FAST) 화재프로그램을 사용하여 아래와 같이 5가지 화재시나리오에 대하여 화재시뮬레이션을 각각 수행할 경우 화재시뮬레이션 결과의 열방출률 – 시간 곡선의 그림을 도시하고 헤드의 소화성능을 반응시간지수(RTI) 값과 살수밀도 ρ 값을 고려하여 비교 · 설명하시오. (단, 구획 크기는 4 m×4 m×3 m, 화재성장계수 α = medium (= 0.012 kW/s²), 최대 열방출률 $\dot{Q}_{max}$ = 1,055 kW이고, 쇠퇴기는 성장기와 같다. 화재시뮬레이션 결과 시나리오 2(S2)의 경우 헤드작동시간 t_a = 135 s, 화재진압시간 t = 700 s이다.)

시나리오	반응시간지수 RTI [(m · s)$^{1/2}$]	살수밀도 ρ [m³/s · m²]	헤드작동온도 T_a [℃]
S1	No sprinkler	No sprinkler	No sprinkler
S2	100	0.0001017	74
S3	260	0.0001017	74
S4	50	0.0002033	74
S5	100	0.0002033	74

문제 6) 화재 시나리오별 화재 시뮬레이션 결과의 비교

1. 시나리오별 열방출률 – 시간곡선

1) 시나리오 S1

① 문제조건에서,

$$\alpha = 0.012 \text{ kW/s}^2, \ \text{HRR}_{pk} = 1{,}055 \text{ kW}$$

② 성장기 시간

$\dot{Q} = \alpha t^2$ 로부터

$$t = \sqrt{\frac{\dot{Q}}{\alpha}} = \sqrt{\frac{1{,}055}{0.012}} = 300\text{초}$$

③ 열방출률 – 시간곡선(S1)

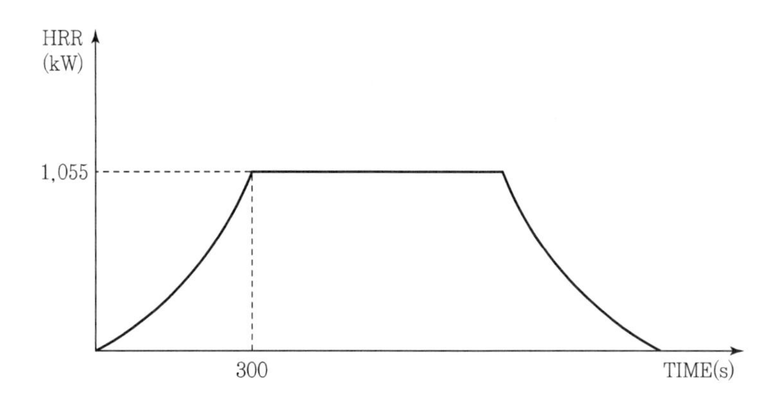

2) 시나리오 S2

① 헤드작동시간

$t_a = 135$초

② 헤드작동시점의 HRR

$\dot{Q} = \alpha t^2 = 0.012 \times 135^2 = 219 \text{ kW}$

③ 700초 후, 스프링클러 방수에 따른 HRR

- 살수밀도(ρ)=0.1017 mm/s
- $\tau = 3\rho^{-1.8} = 3 \times (0.1017)^{-1.8} = 183.6$
- $\dot{Q}_t = \dot{Q}_{t-act} \times e^{-\frac{t-t_a}{\tau}} = (219) \times e^{-\frac{700-135}{183.6}} = 10.1 \text{ kW}$

④ 열방출률 – 시간곡선(S2)

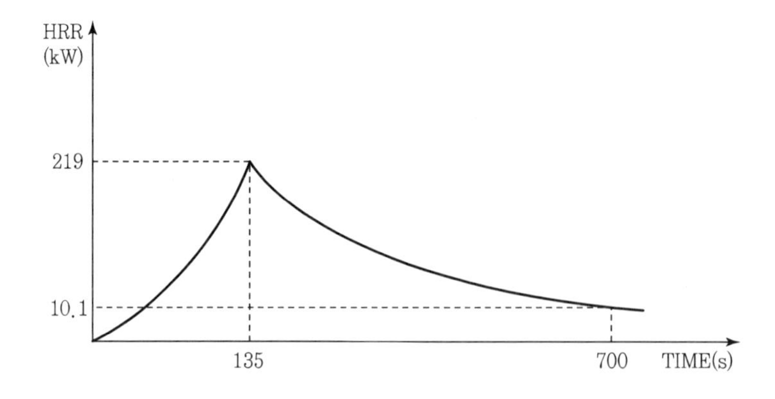

3) 시나리오 S3

① 헤드작동시간

시나리오 S2에 비하여 RTI가 100 → 260으로 증가

$$t_a = 135 \times \frac{260}{100} = 351\text{초}$$

② 헤드작동시점의 HRR

$$\dot{Q} = \alpha t^2 = 0.012 \times 351^2 = 1,478\ \text{kW}$$

→ 1,055 kW(지속기 유지)

③ 700초 후, 스프링클러 방수에 따른 HRR

- 살수밀도(ρ)=0.1017 mm/s
- $\tau = 3\rho^{-1.8} = 3 \times (0.1017)^{-1.8} = 183.6$
- $\dot{Q}_t = \dot{Q}_{t-act} \times e^{-\frac{t-t_a}{\tau}} = (1055) \times e^{-\frac{700-351}{183.6}} = 157.7\ \text{kW}$

④ 열방출률 – 시간곡선(S3)

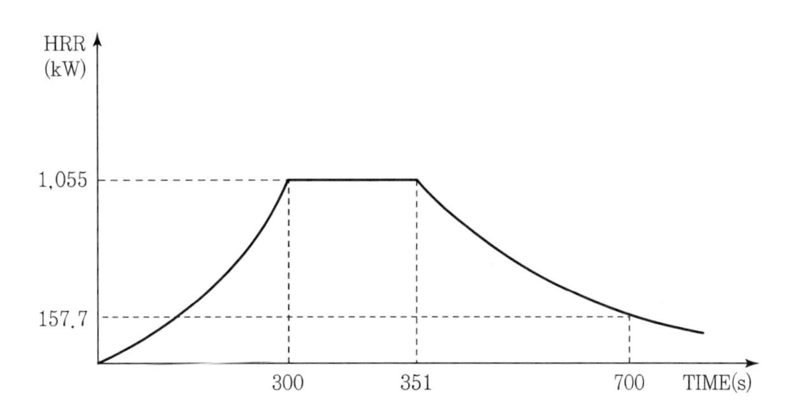

4) 시나리오 S4

① 헤드작동시간

시나리오 S2에 비하여 RTI가 100 → 50으로 감소

$$t_a = 135 \times \frac{50}{100} = 67.5\text{초}$$

② 헤드작동시점의 HRR

$$\dot{Q} = \alpha t^2 = 0.012 \times 67.5^2 = 54.7\ \text{kW}$$

③ 700초 후, 스프링클러 방수에 따른 HRR

- 살수밀도(ρ)=0.2033 mm/s
- $\tau = 3\rho^{-1.8} = 3 \times (0.2033)^{-1.8} = 52.8$
- $\dot{Q}_t = \dot{Q}_{t-act} \times e^{-\frac{t-t_a}{\tau}} = (54.7) \times e^{-\frac{700-67.5}{52.8}} = 3.4 \times 10^{-4}$ kW

④ 열방출률 – 시간곡선(S4)

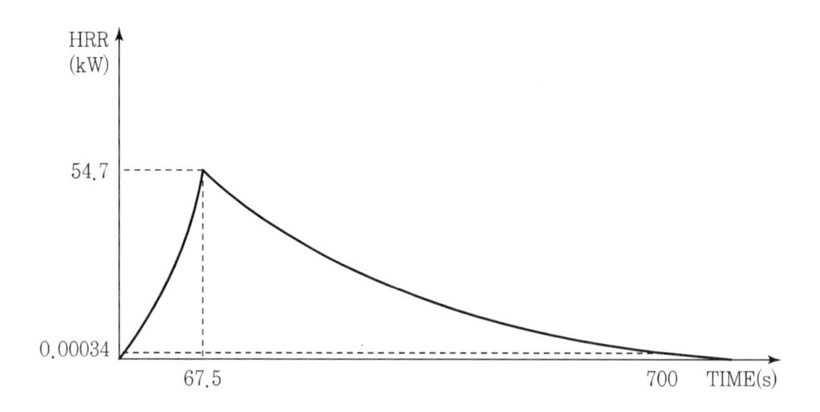

5) 시나리오 S5

① 헤드작동시간

시나리오 S2와 RTI가 동일 → $t_a = 135$초

② 헤드작동시점의 HRR

$$\dot{Q} = \alpha t^2 = 0.012 \times 135^2 = 219 \text{ kW}$$

③ 700초 후, 스프링클러 방수에 따른 HRR

- 살수밀도(ρ)=0.2033 mm/s
- $\tau = 3\rho^{-1.8} = 3 \times (0.2033)^{-1.8} = 52.8$
- $\dot{Q}_t = \dot{Q}_{t-act} \times e^{-\frac{t-t_a}{\tau}} = (219) \times e^{-\frac{700-135}{52.8}} = 0.005$ kW

④ 열방출률 – 시간곡선(S5)

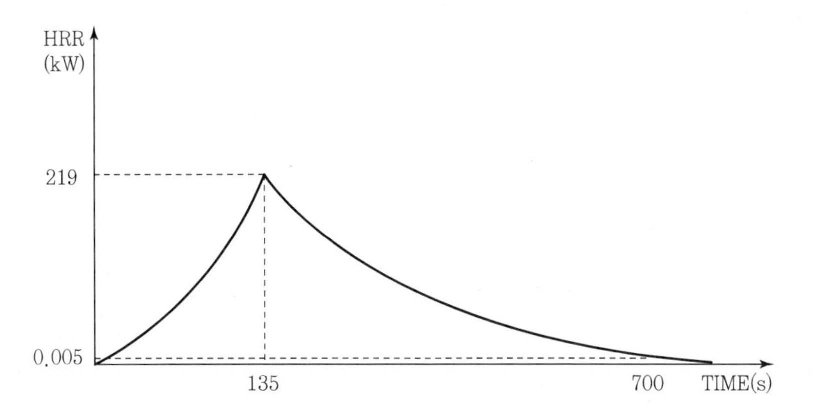

2. 반응시간지수와 살수밀도에 따른 헤드의 소화성능 비교

1) 반응시간지수(RTI)

① RTI가 낮을수록 헤드작동시간이 빨라 최대 도달하는 HRR이 낮고, 그에 따라 화재진압이 빠르다.

② 시나리오 S4가 RTI를 제외한 모든 조건이 동일한 S5에 비해 최대 HRR이 낮고, HRR이 현저하게 낮아진다.

③ 시나리오 S3는 S2에 비해 헤드의 RTI가 높은데, 작동이 지연되어 성장기에서의 화재 제어에 실패하게 된다.

2) 살수밀도

시나리오 S2와 S5를 비교하면, 동일조건에서 살수밀도를 2배로 높이면 화재를 진압할 수 있음을 알 수 있다.

116회 기출문제 4교시

1 소방펌프에 사용되는 농형 유도전동기에서 저항 R [ohm] 3개를 Y로 접속한 회로에 200 [V]의 3상 교류전압을 인가 시 선전류가 10 [A]라면 이 3개의 저항을 △로 접속하고 동일 전원을 인가 시 선전류는 몇 [A]인지 구하시오.

문제 1) 선전류 계산

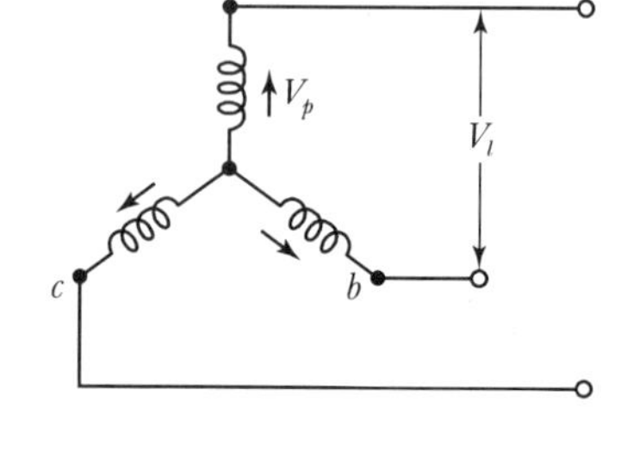

1. 개요

1) Y 결선에서의 관계

$$I_l = I_p\,,\ \ V_l = \sqrt{3}\,V_p$$

여기서, V_l : 선간전압 V_p : 상전압

I_l : 선전류 I_p : 상전류

2) △ 결선에서의 관계

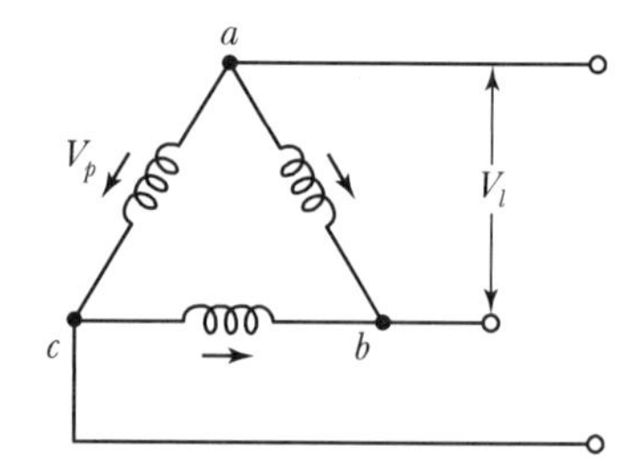

$$I_l = \sqrt{3}\,I_p\,,\ \ V_l = V_p$$

2. △ 결선의 선전류 계산

1) Y결선 기동

① 기동전압 : 직입 기동에 비해 $1/\sqrt{3}$ 배 감소

② 기동전류 : 직입 기동에 비해 1/3배 감소

③ 문제조건 : $I_l = 10\,\mathrm{A}$, $V_l = 200\,\mathrm{V}$

$$V_p = \frac{V_l}{\sqrt{3}} = \frac{200}{\sqrt{3}}$$

$$I_l = I_p = \frac{V_p}{Z} = \frac{200}{\sqrt{3}\,Z} = 10\,\mathrm{A}$$

2) △ 결선 운전 시의 선전류

$$I_l = \sqrt{3}\, I_p = \sqrt{3} \times \frac{V_p}{Z} = \sqrt{3} \times \left[\frac{200}{\left(\frac{200}{10\sqrt{3}} \right)} \right]$$

$$= \sqrt{3} \times (10\sqrt{3}) = 30\,\text{A}$$

기출 분석
114회
115회
116회-4
117회
118회
119회

❷ 도로터널 방재시설 설치 및 관리지침에서 규정하는 1, 2등급 터널에 설치하는 무정전전원(UPS)설비 설치기준에 대하여 설명하시오.

문제 2) 도로터널의 무정전전원설비 설치기준

1. 개요

1) 도로터널의 비상전원은 무정전전원설비나 비상발전설비에 의해 공급함

2) 무정전 전원설비는 정전 직후부터 전원공급이 재개되는 시간 동안 비상조명등, 유도등 등 방재시설의 기능을 유지하기 위한 비상전원설비이다.

3) 무정전전원설비

① UPS(Uninterruptible Power Supply System)

② 상용전원의 정전 등에 대비하여 안정된 전원을 부하에 공급하기 위한 장치

③ 컨버터, 인버터, 축전지, 전환스위치 등으로 구성

2. 설치기준

1) UPS의 동작방식

① On-Line 방식일 것

② 인버터 + 컨버터 : IGBT 반도체 채용

2) 축전지

① UPS용 축전지 : 2 V 또는 12 V의 무보수 밀폐형을 사용

② 큐비클 내부에 내장하여 설치할 수 있을 것

3) 설치지침

① 터널연장이 200 m 이상인 터널에 방재시설이 설치되는 경우 비상전원 공급용으로 UPS를 설치할 것

② 비상조명 및 유도등 등 방재설비에 전원을 공급할 수 있는 적정한 용량으로 선정할 것
③ 옥내 설치를 원칙으로 하며, 옥외 설치 시에는 단열 및 냉난방 시설을 갖춘 큐비클 내부에 설치할 것
④ 도로터널은 일반적으로 소방서와 원거리에 위치한다는 점에서 접근성 등을 고려하여 60분 이상 비상전원을 공급할 수 있도록 시설할 것

3 건축물 배연창의 설치대상, 배연창의 설치기준, 배연창 유효면적 산정기준(미서기창, Pivot 종축창 및 횡축창, 들창)에 대하여 설명하시오.

문제 3) 배연창의 설치대상, 설치기준 및 유효면적 산정기준

1. 설치대상

1) 다음 용도로 쓰이는 6층 이상의 건축물
① 다중생활시설 및 300 m^2 이상의 공연장, 종교집회장, PC방
② 문화 및 집회시설, 종교시설, 판매시설, 운수시설, 의료시설, 운동시설, 업무시설, 숙박시설, 위락시설 등

2) 다음 용도로 쓰이는 건축물(층수 무관)
① 요양병원 및 정신병원
② 노인요양시설, 장애인 거주시설 및 장애인 의료재활시설

2. 설치기준

1) 배연창의 위치
① 건축물에 방화구획이 설치된 경우 그 구획마다 1개소 이상의 배연창을 설치
② 설치 높이
- 배연창 상변과 천장 또는 반자로부터 수직거리가 0.9 m 이내일 것
- 반자높이가 3 m 이상인 경우 배연창의 하변이 바닥으로부터 2.1 m 이상의 위치에 놓이도록 설치할 것

2) 배연창의 유효면적
① 배연창 면적이 1 m^2 이상으로서 그 면적의 합계가 당해 건축물 바닥면적의 1/100 이상일 것(방화구획이 설치된 경우, 구획부분의 바닥면적)

② 바닥면적 산정 시에는 거실 바닥면적의 1/20 이상으로서 환기창을 설치한 거실면적은 제외함

3. 배연창의 유효면적 산정 기준

1) 미서기창

$H \times l$

여기서, l : 미서기창의 유효 폭
H : 창의 유효 높이
W : 창문의 폭

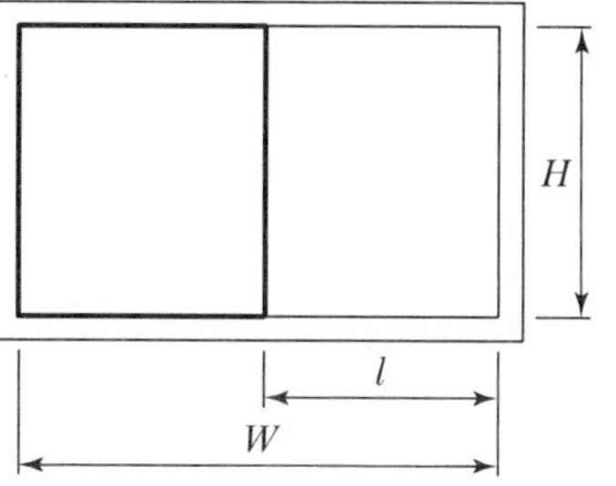

2) Pivot 종축창

$H \times \frac{l}{2} \times 2$

여기서, H : 창의 유효 높이
l : 90° 회전 시 창호와 직각 방향으로 개방된 수평거리
l' : 90° 미만 0° 초과 시 창호와 직각 방향으로 개방된 수평거리

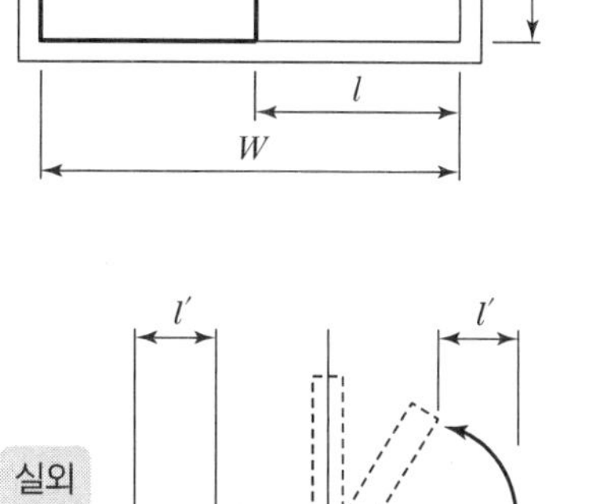

3) Pivot 횡축창

$(W \times l_1) + (W \times l_2)$

여기서, W : 창문의 폭
l_1 : 실내 측으로 열린 상부 창호의 길이 방향으로 평행하게 개방된 순거리
l_2 : 실외 측으로 열린 하부 창호로서 창틀과 평행하게 개방된 수평투영거리

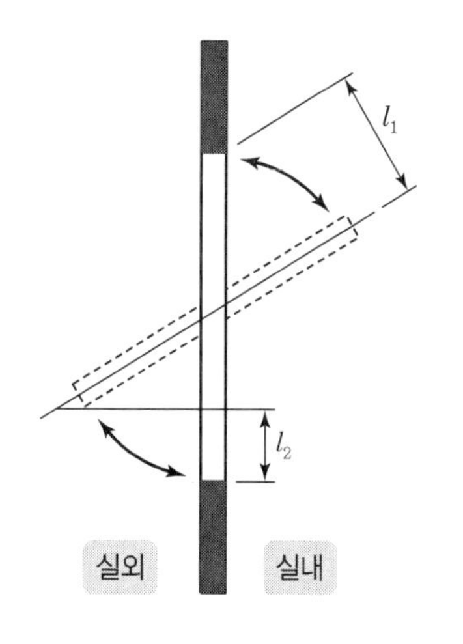

4) 들창

$W \times l_2$

여기서, W : 창문의 폭

l_2 : 창틀과 평행하게 개방된 순수 수평투영면적

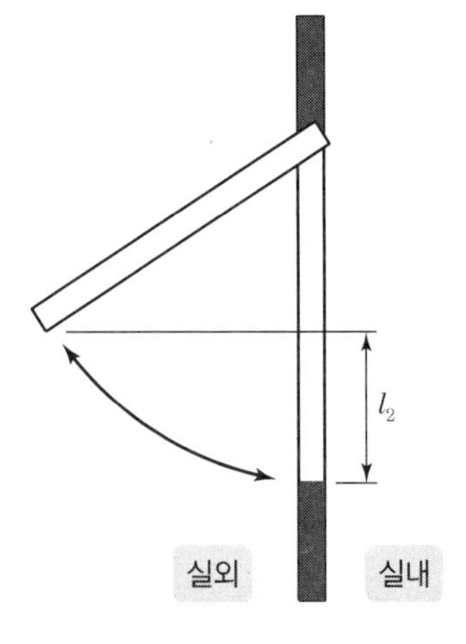

4 반도체 제조과정에서 사용되는 가스/케미컬 중 실란(Silane)에 대하여 다음 물음에 답하시오.

1) 분자식
2) 위험성
3) 허용농도
4) 안전 확보를 위한 이송체계
5) 소화방법
6) GMS(Gas Monitoring System)

문제 4) 반도체 제조과정에 사용되는 실란의 특성

1. 분자식 : SiH_4

2. 위험성

1) NFPA 기준에 의한 위험도

① 유독성 : 노출 시 작은 상해

② 가연성 : 대기압, 상온에서 연소 용이

③ 반응성 : 강한 기폭력 존재 시 폭발적 분해 및 폭굉 발생

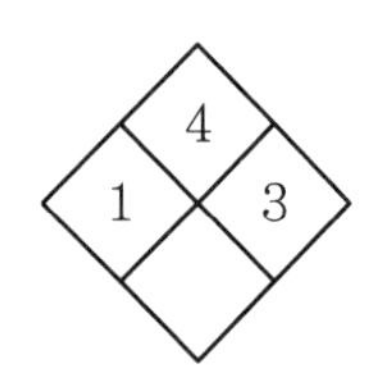

2) 화재 · 폭발 위험성

① 유출 시 자연발화

② 인화성 가스

• 400 ℃에서 분해되며서 실리콘 가스와 수소 방출

• 가열 시 밀폐용기를 파열시킬 수 있음

③ 분해폭발성 가스

④ 연소 범위 : 1.4 ~ 96 %

⑤ 화재 시에는 폭발적인 분해 발생 가능

3. 허용농도 : 5 ppm

4. 안전 확보를 위한 이송체계

1) 저장 방법

① 저온 건조하며 환기가 잘되는 장소에 저장

② 알칼리, 산화성, 할로겐 물질 및 공기와 격리시켜야 함

③ 반도체 공장 외부의 별도 창고에 저장하는 것을 권장함(실린더나 탱크에 저장)

2) 누출 시 대응

① 누출 시 공급 차단

② 물분무를 이용해서 냉각하며 증기를 확산시킴

3) 이송 방법

① 이중 배관

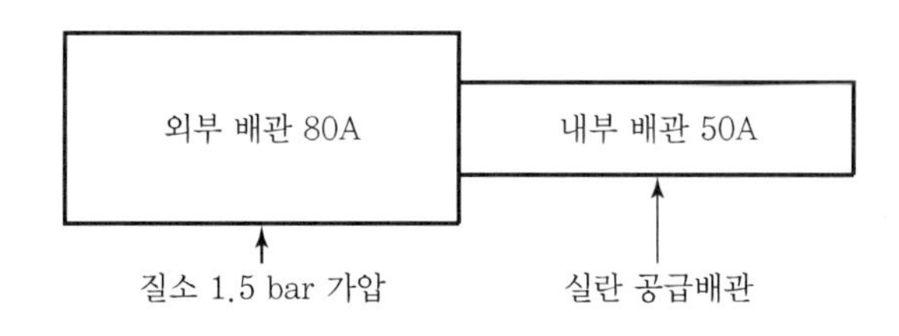

② 질소 압력이 저하 또는 상승(±0.35 bar)할 경우 경보 및 실란 공급 차단

5. 소화방법

1) 열흡수 및 가스 확산 방지에 의해 화재를 제어

2) 물분무 또는 미분무 소화설비를 적용

① 탱크 표면 전체에 방수

② 12.2 Lpm/m^2, 2시간 이상

③ 불꽃감지기와 연동하여 실란의 화염 징후가 감지되면 자동으로 방수

3) 할로겐 물질과는 발화 시 폭발 가능하므로, 적용할 수 없음

4) 가능한 한 먼 위치에서 소화활동

6. GMS(Gas Monitoring System)

1) 가스 및 화학물질을 안전하게 구획된 별도의 공간에서 중앙 공급하는 시스템

2) GMS에서 통제 및 모니터링 → 공급량을 조절하며, 누설을 감시하고 공급 차단함

3) 실란을 옥외에 저장하며, 이중배관을 통해 공급하고 GMS로 가스 공급을 모니터링함

5 지진발생 시 화재로 전이되는 메카니즘과 화재의 주요원인, 지진화재에 대한 방지대책에 대하여 설명하시오.

문제 5) 지진발생 시 화재로 전이되는 메카니즘, 주요 화재원인 및 방지대책

1. 개요

1) 지진화재 : 지진에 수반된 화재

2) 국내에서도 최근 소규모의 지진이 자주 발생

3) 이러한 지진화재에 대한 대책을 수립해야 하므로 소방시설의 내진설계가 적용되고 있음

2. 지진화재의 메커니즘

1) 지진의 발생

① 지진 발생에 따른 내화구조 및 방화구획 기능 상실

② 소화배관이나 화재경보설비 등도 손상되어 기능 상실

2) 화재 발생

① 지진에 의해 가스배관 등의 손상 및 위험물 누출 발생

② 전선의 탈락이나 단락, 나화 발생 등과 같은 점화원에 의한 화재 발생

③ 점화원 노출에 따른 일반 가연물 착화

3) 화재의 확산

① 내화구조, 방화구획의 기능 상실 및 소방시설의 파손으로 인해 화재가 초기에 제어되지 못하고 급격히 확산

• 내화구조, 방화구획 등의 벽체, 바닥 파손
• 소화배관의 파손
• 소방전기배선의 단선, 지락, 단락

② 도로 붕괴로 인해 소방대의 진입이 불가능하고, 동시다발적인 화재 발생으로 적절한 소화 활동도 불가능해짐

3. 지진화재의 주요 원인

1) 전기 및 관련 설비의 파손으로 인한 화재
2) LNG 등과 같은 가연성 가스의 누출로 인한 화재
3) 휘발유 등과 같은 가연성 액체의 누출로 인한 화재
4) 지진 발생 시의 정전기로 인한 화재
5) 자연발화
6) 방화
7) 지진에 따른 연쇄작용(이 과정은 분석이 매우 어려움)

4. 지진화재에 대한 방재대책

1) 지진 조기경보시스템에 의한 인명의 사전 대피

2) 지진화재의 예방

① 건축물의 내진성능 향상
• 신축 건축물에 내진설계 적용
• 기존 건축물에 대한 지진 보완조치

② 전기시설, 가스시설 등에 대한 내진성능 향상
• 전기시설의 공진 방지
• 가요성 전선관 사용 및 전선 길이에 여유 시공
• 주요 장치(변압기, 보일러 등)에 대한 내진 적용

③ 지진화재 시에 대응하기 위한 비상대응계획의 수립

3) 소방시설의 내진설계

① 소화수조 : 슬로싱 현상을 방지하기 위한 방파판 설치

② 가압송수장치 : 앵커볼트로 고정하여 진동되지 않도록 조치

③ 소화배관
• 유연성 부여 : 지진분리이음 또는 지진분리장치 설치
• 벽, 바닥 관통부에 대한 틈새
• 배관 고정 : 횡방향, 종방향 및 4방향 버팀대
• 움직임 제한 : 가지배관의 흔들림 제한(버팀대 또는 와이어 고정)

• 행거 및 지지대 : 배관의 상하 방향 움직임 방지

④ 제어반 : 고정용 볼트로 벽에 또는 앵커볼트로 바닥에 고정

⑤ 가스계 소화설비 저장용기 : 지진하중에 의해 전도되지 않도록 설치할 것

6 계단실의 상 · 하부 개구부 면적이 각각 $A_a = 0.4\ \text{m}^2$과 $A_b = 0.2\ \text{m}^2$, 유량계수 $C = 0.7$, 높이(상 · 하부 개구부 중심간 거리) $H = 60\ \text{m}$, 계단실 내부 및 외기 온도가 각각 $T_s = 20\ ℃$와 $T_o = -10\ ℃$인 경우 아래 사항에 대하여 답하시오.

1) 중성대 높이 계산식 유도 및 중성대 높이 계산
2) 상 · 하부 개구부 중심 위치에서의 차압 계산
3) 각 개구부의 질량유량 계산
4) 수직높이에 대한 차압 분포 그림 도시
5) 개구부의 면적 변화에 대한 중성대의 위치 변화 설명

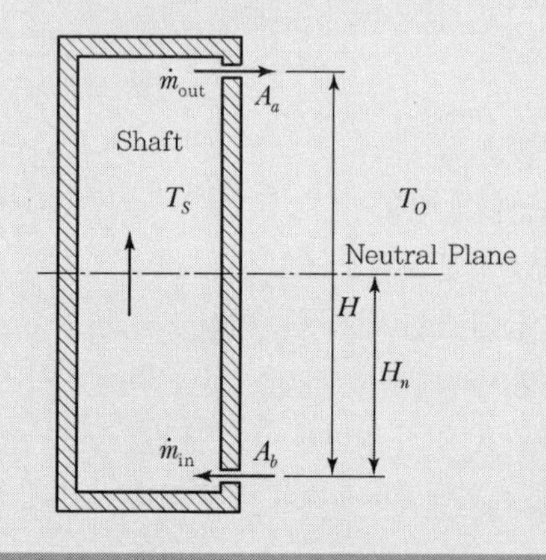

문제 6) 연돌효과에 따른 중성대 계산

1. 중성대 높이

1) 계산식 유도

① 유출량(샤프트 → 외부)

$$\dot{m}_{out} = C \times \rho A V = C \times \rho_i A_a \times \sqrt{\frac{(\rho_o - \rho_i)}{\rho_i} 2g(H - H_n)} \quad \cdots\cdots\cdots\cdots\cdots\cdots\cdots\cdots \text{①식}$$

② 유입량(외부 → 샤프트)

$$\dot{m}_{in} = C \times \rho A V = C \times \rho_o A_b \times \sqrt{\frac{(\rho_o - \rho_i)}{\rho_o} 2g H_n} \quad \cdots\cdots \text{②식}$$

③ 중성대 위치

• 중성대에서는 ①식=②식이므로,

$$\rho_i A_a \times \sqrt{\frac{(H - H_n)}{\rho_i}} = \rho_o A_b \times \sqrt{\frac{H_n}{\rho_o}}$$

• 양변을 제곱하여 H_n에 관한 식으로 정리하면,

$$\frac{H - H_n}{H_n} = \left(\frac{A_b}{A_a}\right)^2 \times \frac{\rho_o}{\rho_i}$$

• 밀도와 절대온도는 반비례하므로,

$$H_n = \frac{H}{1 + (T_s / T_o)(A_b / A_a)^2}$$

2) 중성대 높이 계산

$$H_n = \frac{H}{1 + \left(\frac{T_s}{T_o}\right)\left(\frac{A_b}{A_a}\right)^2} = \frac{60}{1 + \left(\frac{293}{263}\right)\left(\frac{0.2}{0.4}\right)^2} = 46.93 \text{ m}$$

2. 상 · 하부 개구부 중심 위치에서의 차압

1) 상부 개구부에서의 차압

$$\triangle p = 3460\left(\frac{1}{263} - \frac{1}{293}\right) \times (60 - 46.93) = 17.61 \text{ Pa}$$

2) 하부 개구부에서의 차압

$$\triangle p = 3460\left(\frac{1}{263} - \frac{1}{293}\right) \times (-46.93) = -63.21 \text{ Pa}$$

3. 각 개구부의 질량유량

1) 샤프트 내 · 외부 공기의 밀도

$$\rho_i = \frac{353}{T_i} = \frac{353}{273 + 20} = 1.205 \text{ kg/m}^3$$

기출 분석 | 114회 | 115회 | 116회-4 | 117회 | 118회 | 119회

$$\rho_o = \frac{353}{T_o} = \frac{353}{273-10} = 1.342\ \text{kg/m}^3$$

2) 상부 개구부에서의 질량유량

$$\dot{m}_{out} = C \times \rho A V = C \times \rho_i A_a \sqrt{\frac{2\Delta p}{\rho_i}}$$

$$= 0.7 \times (1.205) \times (0.4) \times \sqrt{\frac{2 \times 17.61}{1.205}} = 1.82\ \text{kg/s}$$

3) 하부 개구부에서의 질량유량

$$\dot{m}_{in} = C \times \rho A V = C \times \rho_o A_b \sqrt{\frac{2\Delta p}{\rho_o}}$$

$$= 0.7 \times (1.342) \times (0.2) \times \sqrt{\frac{2 \times 63.21}{1.324}} = 1.84\ \text{kg/s}$$

4) 상 · 하부 개구부에서 유입, 유출되는 질량유량은 같다.

4. 수직높이에 대한 차압 분포

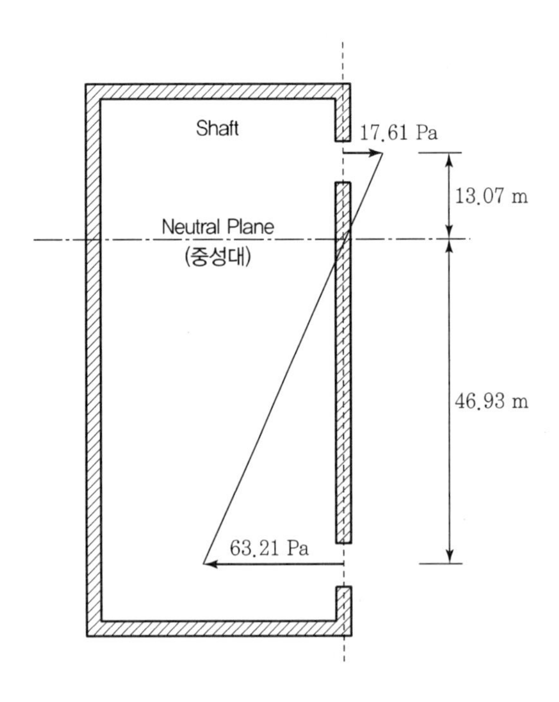

5. 개구부의 면적 변화에 대한 중성대의 위치 변화

1) 중성대 위치 계산식

$$H_n = \frac{H}{1 + (T_s / T_o)(A_b / A_a)^2}$$

2) 개구부 면적에 따른 중성대 위치 변화

① 상부 개구부 면적이 클수록 중성대 위치는 높아짐

② 하부 개구부 면적이 클수록 중성대 위치는 낮아짐

→ 중성대 위치가 낮아지면 연돌효과가 증대됨

CHAPTER 04

제 117 회 기출문제 풀이

117회 기출문제 1교시

1 원소주기율표상 1족 원소인 K, Na의 소화특성을 설명하시오.

문제 1) 1족 원소인 K, Na의 소화특성

1. 개요

1) 1족 원소인 Na, K은 분말소화약제의 주성분으로 화염에 적용하면 열분해되어 억제소화를 할 수 있다.
2) K이 반응성이 커서 BC급 화재에 대한 소화효과가 더 크다.

2. Na의 소화특성

1) 제1종 분말 : 탄산수소나트륨($NaHCO_3$)

$$2NaHCO_3 \rightarrow Na_2CO_3 + CO_2 + H_2O - 30.3\,kcal\ (270\,℃)$$

$$2NaHCO_3 \rightarrow Na_2O + 2CO_2 + H_2O - 104.4\,kcal\ (850\,℃)$$

2) Na의 소화특성

① 억제소화

$$Na_2O + 2H^+ \rightarrow 2Na^+ + H_2O$$

$$Na^+ + OH^- \rightarrow NaOH$$

$$NaOH + H^+ \rightarrow Na^+ + 2H_2O$$

② 식용유화재(K급 화재)에서의 Na^+이온에 의한 비누화 효과
③ CO_2, H_2O의 질식소화
④ 흡열과정인 열분해반응에 의한 냉각소화

3. K의 소화특성

1) 제2종 분말 : 탄산수소칼륨($KHCO_3$)

$$2KHCO_3 \rightarrow K_2CO_3 + CO_2 + H_2O - 30\,kcal \quad (190\,℃)$$
$$2KHCO_3 \rightarrow K_2O + 2CO_2 + H_2O - 127\,kcal \quad (891\,℃)$$

2) K의 소화특성

① 억제소화

$$K_2O + 2H^+ \rightarrow 2K^+ + H_2O$$
$$K^+ + OH^- \rightarrow KOH$$
$$KOH + H^+ \rightarrow K^+ + 2H_2O$$

② 비누화 효과는 없음

③ CO_2, H_2O의 질식소화

④ 흡열과정인 열분해반응에 의한 냉각소화

2 옥외저장탱크 유분리장치의 설치목적 및 구조에 대하여 설명하시오.

문제 2) 옥외저장탱크 유분리장치의 설치목적 및 구조

1. 대상 및 설치목적

1) 대상

비수용성(온도 20 ℃의 물 100 g에 용해되는 양이 1 g 미만인 것)인 제4류 위험물을 취급하는 펌프설비

2) 설치목적

당해 위험물이 직접 배수구에 유입되지 않도록 하기 위하여 집유설비에 유분리장치를 설치

2. 유분리장치의 구조

1) 유분리조

① 400×400×900인 콘크리트 또는 강철판 재질(모르타르 마감)

② 3~4단의 유분리조를 통해 기름과 물을 분리함

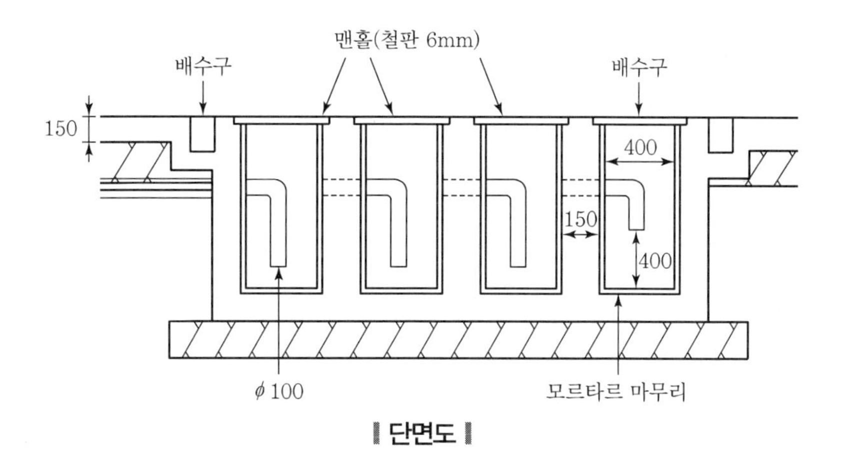

‖ 단면도 ‖

2) 배수관(엘보관)

① 100 mm 이상 내식성, 내유성이 있는 재질

② 유분리조로 유입된 혼합액 중에서 무거운 액체들은 엘보관을 통해 다음 단계 유분리조로 배수

3 Newton의 운동법칙과 점성법칙에 대하여 설명하시오.

문제 3) Newton의 운동법칙과 점성법칙

1. Newton의 운동법칙

1) 제1법칙 : 관성의 법칙

알짜힘이 작용하지 않으면

① 정지해 있는 물체는 계속해서 정지해 있고

② 운동하는 물체는 직선으로 등속력 운동을 한다.

2) 제2법칙 : 가속도의 법칙($F = ma$)

① 물체의 가속도는 물체에 작용하는 알짜힘(ΣF)에 비례하고

② 가속도의 방향은 힘의 방향과 같고 물체의 질량에 반비례한다.

3) 제3법칙 : 작용 – 반작용의 법칙

① 첫 번째 물체가 두 번째 물체에 힘을 작용하면 두 번째 물체 역시 첫 번째 물체에 크기가 같고 방향이 반대인 힘을 작용한다.

② 모든 작용에는 항상 같은 크기의 반작용이 있다.

2. Newton의 점성법칙

1) 경계층 내부에서 유체의 전단력 F

① 접촉면적에 비례하고

② 흐름 방향에 수직인 속도변화율에 비례한다.

2) 계산식

$$\tau = \mu \frac{du}{dy}$$

여기서, τ : 전단응력　　μ : 점성계수　　$\frac{du}{dy}$: 속도변화율

4 흑연화 현상과 트래킹(Tracking) 현상에 대하여 비교 설명하시오.

문제 4) 흑연화 현상과 트래킹(Tracking) 현상의 비교

1. 흑연화 현상 (=가네하라 · 그래파이트 현상)

목재에 전기스파크 등의 고열 → 흑연화 → 도전로 형성 → 화재 발생

2. 트래킹 현상

절연물 표면에 도체 부착 → 표면 간 방전 → 도전로 형성 → 탄화 → 누설전류 흐름 → 건조대 형성 → 도전로 분단 → 도전로 간 전위차의한 방전 → 도전로 확대 → 단락 절연 파괴 → 줄열 발생 → 화재 발생

3. 비교

1) 차이점 → 원인

① 트래킹 : 표면 간의 방전

② 흑연화 : 전기 스파크

2) 공통점

유기절연물의 탄소가 흑연화되는 것

기출분석
114회
115회
116회
117회-1
118회
119회

5 열역학법칙에 대하여 설명하시오.

문제 5) 열역학법칙

1. 열역학 제0법칙

1) 물체 A와 B가 다른 물체 C와 각각 열평형을 이루고 있다면, A와 B도 열평형 상태

2) 열평형상태는 온도가 같다는 것을 의미

$$(T_A = T_C) + (T_B = T_C) \Rightarrow T_A = T_B$$

2. 열역학 제1법칙

1) 개념

에너지가 일과 열로 전달되는 열역학의 에너지 보존법칙

일정시간 동안 시스템 내에 포함된 에너지량의 변화	=	일정시간 동안 시스템 경계를 지나 열전달에 의해 유입되는 순에너지량	−	일정시간 동안 시스템 경계를 지나 일에 의해 유출되는 순에너지량

2) 수식

$$\triangle U = Q - W$$

3. 열역학 제2법칙

1) 클라시우스 서술

① 완전한 냉동기관은 불가능

② 저온 → 고온으로는 절대 스스로 열이 흐르지 않음

2) 켈빈 – 플랑크 서술

① 완전한 열기관(영구기관)은 불가능

② 모든 에너지를 일로 바꿀 수 있는 열기관은 존재 불가능

3) 엔트로피 서술

모든 계는 점점 더 무질서한 상태로 변한다는 법칙

어떤 시간 동안 시스템 내의 엔트로피 변화량	=	그 시간 동안 시스템 경계 내로 들어가는 엔트로피의 양	+	그 시간 동안 시스템 안에서 생성되는 엔트로피의 양

4. 열역학 제3법칙

1) 0 K(절대 0도)에서의 엔트로피에 관한 법칙

2) 절대온도(T)가 0도에 가까워지면 엔트로피의 변화(ΔS)는 일정한 값을 가지고 시스템은 가장 낮은 상태의 에너지를 가지게 된다는 법칙

3) 다만 자연계에서는 절대영도는 존재할 수 없고, 0으로 수렴

6 다음 조건을 고려하여 화재조기진압용 스프링클러설비 수원의 양을 구하시오.

〈조건〉
- 랙(Rack)창고의 높이는 12 m이며 최상단 물품높이는 10 m이다.
- ESFR 헤드의 K-factor는 320이고 하향식으로 천장에 60개가 설치되어 있다.
- 옥상수조의 양 및 제시되지 않은 조건은 무시한다.

문제 6) 화재조기진압용 스프링클러설비 수원의 양 계산

1. 계산식

$$Q = 12 \times 60 \times K\sqrt{10p}$$

2. 수원의 양 계산

1) K : 320(문제 조건)

2) p : 0.28 MPa(문제 조건)

3) 수원의 양

$$Q = 12 \times 60 \times \left(320 \times \sqrt{10 \times 0.28}\right) = 385{,}533\text{ L} = 386\text{ m}^3$$

7 스프링클러설비 건식밸브의 Water Columning 현상에 대하여 설명하시오.

문제 7) 건식밸브의 Water Columning 현상

1. 개념 및 문제점

1) 정의

2차 측 배관 내에 잔류하는 응축수로 인하여 건식 밸브 클래퍼 상부에 Water Column(물기둥)이 생기는 현상

2) 문제점

Water Column의 수압으로 인한 건식 밸브 개방 지연 또는 개방 불가능

2. 대책

1) 고수위 경보장치

① NFPA 13에 제시된 대책

② 2차 측 배관 내 수위가 상승할 경우 자동적으로 경보

2) 국내의 일반적인 대책

① 저차압식 건식 밸브

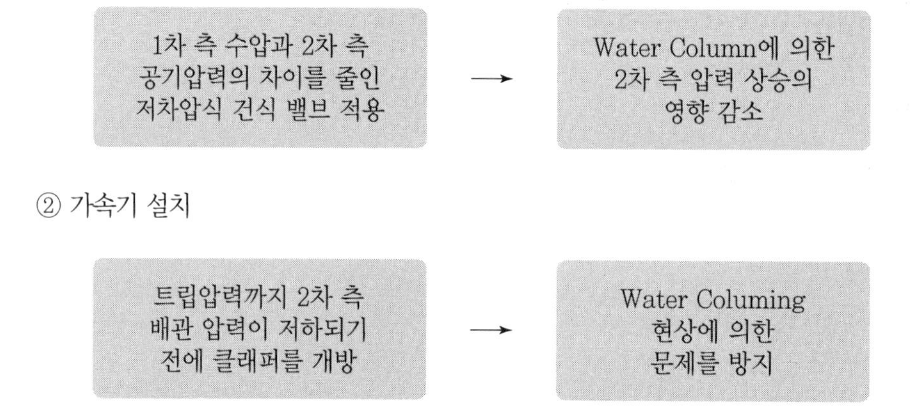

② 가속기 설치

3) 송수구 연결

① NFPA 13에서와 같이 송수구를 건식 밸브 1차 측과 개폐밸브 사이에 연결

② 이는 송수구 급수를 통한 Water Column 형성으로 인한 건식 밸브 미개방 방지를 위한 것임

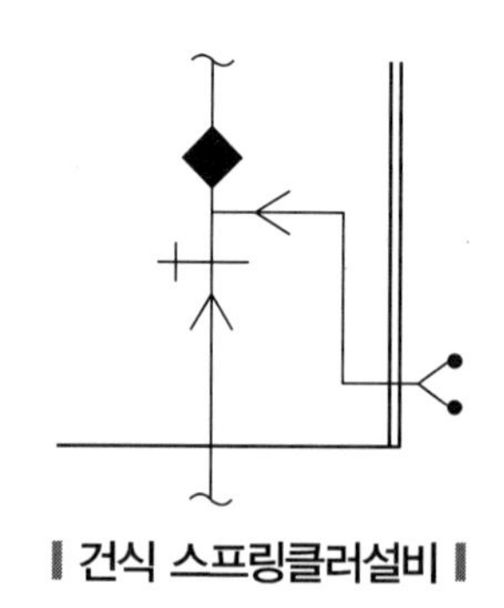

▮ 건식 스프링클러설비 ▮

8 MIE 분산법칙과 이를 응용한 감지기에 대하여 설명하시오.

문제 8) MIE 분산법칙과 이를 응용한 감지기

1. MIE 분산법칙

1) 빛의 반사조건 : 미립자 직경 ≧ 빛의 파장 길이

2) 감도

① 입자 크기 = 파장 길이 → 감도 최대

② 입자 크기 > 파장 길이 → 감도 약간 저하(파장 흡수)

③ 입자 크기 < 파장 길이 → 감도 저하(파장 통과)

3) 광선별 파장의 길이

① 적색광 : 장파장

② 청색광 : 단파장

③ 일반적인 광전식 감지기의 광원
적색광(장파장) → 입자 크기에 따른 감도 영향이 큼

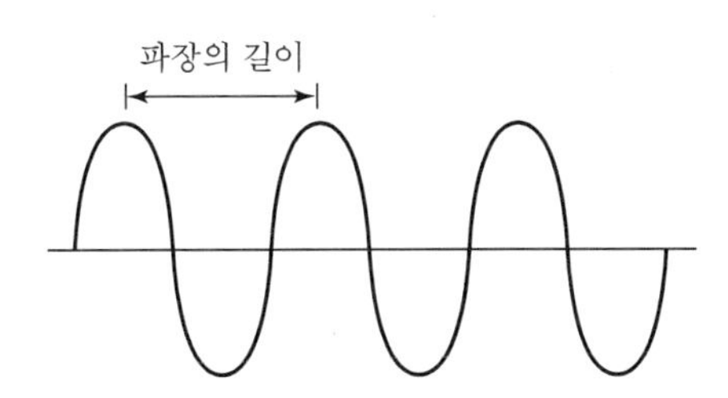

2. MIE 분산법칙을 이용한 감지기

1) 광전식 스포트형 감지기(산란광 방식)

2) 광케이블 선형 감지기(유리격자에 의한 산란)

3) 공기흡입형 감지기(Laser Beam 방식)

9 열전현상인 Seebeck effect, Peltier effect, Thomson effect에 대하여 설명하시오.

문제 9) 열전현상인 Seebeck Effect, Peltier Effect, Thomson Effect

1. 열전 현상

1) 열과 전기의 상관 현상

2) 제벡효과, 펠티에효과 및 톰슨효과가 있음

2. 제벡효과

1) 개념

2종류의 금속 접합 (열전대) → 열전대 가열 → 2금속 간 열용량 차이로 온도 차 발생 → 열기전력 발생 → 전류 흐름

2) 활용 : 열전대식 차동식 분포형 감지기

3. 펠티에효과

1) 개념

2종류의 금속 접합 (열전대) → 전류 흘림 → 접합부에서 발열 또는 흡열 발생

2) 활용 : 냉동기 또는 항온조 제작

4. 톰슨효과

1) 개념

동일한 금속 → 금속 내 온도 차 → 전류 흘림 → 전류 방향에 따라 발열 또는 흡열

2) 종류

① 부(−) 톰슨효과 : 저온에서 고온부로 전류 흐름 → 흡열

② 정(+) 톰슨효과 : 고온에서 저온부로 전류 흐름 → 발열

⑩ 감광(소멸)계수가 0.3 m^{-1}일 때 자극성 연기에서 유도등의 가시거리를 구하시오.(단, 이때 적용하는 비례상수 K는 8을 적용한다.)

문제 10) 자극성 연기에서 유도등의 가시거리

1. 계산식

1) 일반적인 가시거리 계산식

$$S = \frac{K}{C_s}$$

여기서, S : 가시거리(m), C_s : 감광계수(m^{-1}), K : 비례상수

2) 자극성 연기 중에서의 가시거리

$$S = \frac{K}{C_s}(0.133 - 1.47\log C_s)$$

① 많은 자극성 연기 중에서 피난자는 피난 중 오래 눈을 뜨고 있기 어려워져 가시도가 더 저하되고, 눈을 더 많이 깜빡거리게 되어 피난속도도 느려짐
② 자극성 연기는 주로 불꽃연소보다 훈소 가연물에서 더 많이 발생

2. 가시거리 계산

1) 문제의 조건에서

$$C_s = 0.3\ \mathrm{m}^{-1},\ K = 8$$

2) 가시거리

$$S = \frac{K}{C_s}(0.133 - 1.47\log C_s) = \frac{8}{0.3}(0.133 - 1.47\log 0.3) = 24.04\ \mathrm{m}$$

3. 결론

1) 동일 조건에서 자극성 가스가 많이 함유된 연기 중에서 가시도 저하가 더 크다.
2) 따라서 성능위주설계 수행 시 피난 모델링에서는 자극성 가스에 따른 가시도 저하를 고려할 필요가 있다.

11 건축물 방화계획의 작성 원칙에 대해 설명하시오.

문제 11) 건축물 방화계획의 작성 원칙

1. 건축물 방화계획

1) 건축물의 기획 · 설계 단계에서 작성
2) 고층건축물 또는 특수건축물의 초기 계획 단계에서 건축물 방화에 필요한 사항들을 고려하기 위함

2. 방화계획의 필요성

1) 소방 안전에 대한 체계적 · 종합적 계획 수립
2) 건축물의 특성을 화재 역학적으로 검토 · 분석
3) 설계 단계에서의 안전계획은 시공 단계에 올바르게 전달

3. 작성 원칙

1) 원리성 : 법 기준보다 방화의 실제 목적 · 원리에 입각할 것
2) 선행성 : 기획 · 설계의 초기부터 방화를 고려할 것
3) 고유성 : 건축물 고유 조건에 입각하여 계획할 것
4) 종합성 : 각 단계를 유기적 · 종합적으로 고려하여 방화성능을 향상시킬 것
   ① 건축 행위의 각 단계별 방화대책의 종합
      → 설계 · 시공 · 유지관리까지 방화대책의 일관성 유지
   ② 구성요소의 종합화
   ③ 화재단계별 방화대책 종합
      → 출화 예방, 연소확대 방지, 피난 등 단계별 대책의 종합

12 NFPA 12에서 정하는 이산화탄소소화설비의 적응성, 비적응성 및 나트륨(Na)과 CO_2의 반응식을 설명하시오.

문제 12) 이산화탄소소화설비의 적응성, 비적응성 및 Na과 반응식

1. CO_2 소화설비의 적응성

1) 인화성 액체 물질
2) 전기적 위험(변압기, 스위치, 회로 차단기, 회전기기 및 전자기기 등)
3) 가솔린 등 인화성 액체 연료를 사용하는 엔진
4) 일반 가연물(종이, 나무, 섬유류 등)
5) 유해한 고체물질(Hazardous Solids)

2. CO_2 소화설비의 비적응성

1) 산소를 포함한 화학물질(니트로셀룰로스 등)
2) 반응성 금속물질(나트륨, 칼륨, 마그네슘, 티타늄 등)
3) 금속 수소화물(실란 등과 같은 대부분 자연발화성 가스)

3. Na과의 반응식

1) $4Na + CO_2 \rightarrow 2Na_2O + C$
2) CO_2를 반응성 금속인 나트륨화재에 방출 시 반응하며 탄소를 배출하여 화재를 확대할 수 있음

13 스프링클러소화설비에서 탬퍼스위치(Tamper Switch)의 설치목적 및 설치기준, 설치위치에 대하여 설명하시오.

문제 13) 탬퍼스위치의 설치목적, 설치기준 및 설치위치

1. 설치목적

급수배관의 밸브 개폐상태에 대한 원격 감시

2. 설치기준

1) 급수 개폐밸브 폐쇄 시 탬퍼 스위치 동작으로 인해 감시제어반 · 수신기에 표시되고, 경보음을 발할 것
2) 탬퍼 스위치는 감시 제어반에서 동작 유무 확인, 동작시험, 도통시험을 할 수 있을 것
3) 급수 개폐밸브의 작동표시 스위치에 사용되는 전기 배선은 내화 또는 내열전선으로 설치할 것

3. 스프링클러설비에서의 설치위치

급수배관에 설치되어 급수를 차단할 수 있는 개폐밸브

1) 수조와 펌프 흡입 측 배관 사이의 개폐밸브
2) 펌프 흡입 측 개폐밸브
3) 펌프 토출 측 개폐밸브
4) 송수구배관의 개폐밸브
5) 유수검지장치 및 일제개방밸브의 1 · 2차 측 개폐밸브
6) 고가수조와 스프링클러 입상관에 접속부의 개폐밸브

4. 결론

1) 옥외 매설배관에 설치되는 배관의 개폐밸브(PIV)는 탬퍼 스위치를 설치할 경우 전선의 손상으로 인한 고장이 잦다.
2) 따라서 해외 기준에서와 같이 불가피한 부분에는 Locked Open(개방상태로 잠그는 방식)을 허용하도록 제도를 개선할 필요가 있다.

117회 기출문제 2교시

1 스프링클러설비 수리계산 절차 중 다음 내용에 대하여 설명하시오.
– 상당길이(Equivalent Length)
– 조도계수(C–factor)
– 마찰손실 계산 시 등가길이 반영 방법

문제 1) 스프링클러설비 수리계산 절차

1. 상당길이(Equivalent Length)

1) 개념

① 부속류 또는 밸브류에 의한 부차적 손실을 수리계산에 반영하기 위해 등가의 마찰손실을 가진 배관 길이로 표현한 것

② 이러한 부차적 손실은 상당길이 외에 유량계수(Flow Coefficient) 또는 저항계수(K value) 등을 이용하여 반영할 수 있음

2) 상당길이 적용방법

① 제조업체에서 제시한 공인된 시험성적서 결과값 반영

② 부속류 및 밸브류의 배관경별 등가길이가 표시된 등가길이 표를 이용하여 적용

③ 배관경 및 조도계수에 따라 등가길이를 보정해야 함

• 배관경 보정

다음 계산식에 의한 계수를 등가길이 값에 곱해 산출

$$\left(\frac{\text{실제내경}}{\text{Sch.40 SPPS의 내경}}\right)^{4.87} = \text{계수}$$

• 조도계수 보정

조도계수가 120이 아닌 경우 다른 배관재의 경우에는 다음 표에 따른 계수를 곱해서 등가길이를 산출

C-factor	100	130	140	150
계수	0.713	1.16	1.33	1.51

2. 조도계수(C-factor)

1) 정의

마찰손실 계산식 중 하나인 하젠-윌리엄스 식(Hazen-Williams Formula)에 적용하는 배관 거칠기 계수

2) 적용 방법

① 아래 표에 따라 배관재질에 따라 결정

배관 또는 튜브	조도계수
비라이닝 주철 또는 덕타일 주철 흑관(건식 및 준비작동식) 아연도금강관(건식 및 준비작동식)	100
흑관(습식 및 일제살수식) 아연도금강관(습식 및 일제살수식)	120
콘크리트관 시멘트 라이닝 주철관 또는 덕타일 주철관	140
동관, 황동관 및 스테인리스강관 합성수지관	150

② 조도계수 적용 시 고려사항

- 신관(New Steel Pipe)의 경우 C=140이지만, 노후화에 따른 부식 등을 고려하여 C=120으로 설계함
- 사용하는 소화수가 해수 등 부식성이 클 경우에는 부식에 대한 여유를 더 둘 수 있음

3. 마찰손실 계산 시 등가길이 반영 방법

항목	마찰손실 계산 포함 여부
장치류(밸브류, 부속류, 유량계 및 50 mm 이하 플로우 스위치)	포함
헤드 방수에 영향을 주는 높이 변화	포함
배수배관 및 시험밸브의 관로	제외
분류티	티 설치된 구간에 포함

항목		마찰손실 계산 포함 여부
입상분기관 (교차 → 가지배관)	입상관 상부	가지배관 구간에 포함
	입상관 하부	입상관 구간에 포함
수평 분기관(교차배관 → 가지배관)		가지배관 구간에 포함
직류티		제외
리듀싱 엘보		소구경 측에 포함
표준형 및 롱턴 엘보		포함
회향식 배관 또는 플렉시블 호스		포함 가능

2 물질안전보건자료(MSDS) 작성대상 물질과 작성항목에 대하여 설명하시오.

문제 2) MSDS 작성대상 물질과 작성항목

1. 작성대상물질

1) 대상 화학물질

다음 기준에 해당하는 화학물질 및 화학물질을 함유한 제제

2) 분류기준

① 물리적 위험성 : 16가지

- 폭발성 물질
- 인화성 가스
- 에어로졸
- 인화성 액체
- 인화성 고체
- 산화성 가스
- 산화성 액체
- 산화성 고체
- 자기반응성 물질 및 혼합물
- 자연발화성 액체
- 자연발화성 고체
- 자기발열성 물질 및 혼합물
- 물반응성 물질 및 혼합물
- 유기과산화물
- 금속 부식성 물질
- 고압가스

② 건강 및 환경 유해성 : 13가지

- 급성독성 물질
- 피부 부식성/자극성 물질
- 눈 손상/눈 자극성 물질
- 호흡기 과민성 물질

- 피부 과민성 물질
- 발암성 물질
- 특정 표적장기 독성물질－1회 노출
- 특정 표적장기 독성물질－반복 노출
- 흡인유해성 물질
- 수생환경유해성 물질
- 오존층에 대한 유해성 물질
- 생식세포 변이원성 물질
- 생식독성 물질

2. 작성항목

1) 화학제품과 회사에 관한 정보
2) 유해, 위험성
3) 구성성분의 명칭 및 함유량
4) 응급조치요령
5) 폭발, 화재 시 대처방법
6) 누출사고 시 대처방법
7) 취급 및 저장방법
8) 노출방지 및 개인보호구
9) 물리, 화학적 특성
10) 안정성 및 반응성
11) 독성에 관한 정보
12) 환경에 미치는 영향
13) 폐기 시 주의사항
14) 운송에 필요한 정보
15) 법적 규제 현황
16) 기타 참고사항

3. 결론

1) MSDS의 활용방안

대상화학물질을 양도하거나 제공하는 자는 이를 양도받거나 제공받는 자에게 물질안전보건자료를 작성 방법에 따라 작성하여 제공해야 함

2) 유해, 위험성 분류기준의 개선방안

① 산업안전보건법에 따른 GHS 위험물 분류 기준은 소방청 고시에 의한 분류와 상이함
- 둔감화된 폭발성 물질 없음
- 호흡기/피부 과민성 물질이 별도로 분류됨

② GHS는 UN의 통일된 기준을 도입하는 것이므로, 각 법령별로 상이하면 안 되는 사항임

③ 각 개별 법령마다 GHS 분류 기준을 정의하지 말고, 별도의 통합 기준에서 GHS 위험물 분류를 정의하고 이를 각 개별 법령에서 적용하는 방안이 바람직할 것으로 판단됨

3 리튬이온배터리 에너지저장장치시스템(ESS)의 안전관리가이드에서 정한 다음의 내용을 설명하시오.
- ESS 구성
- 용량 및 이격거리 조건
- 환기설비 성능 조건
- 적용 소화설비

문제 3) ESS의 안전관리가이드

1. ESS 구성

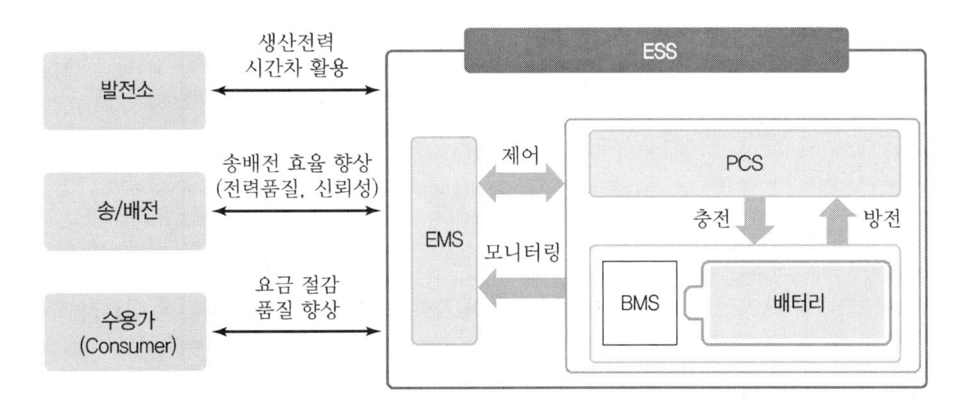

2. 용량 및 이격거리 조건

1) 각 랙의 최대 에너지 용량 : 250 kWh 이하

2) 각 랙과 벽체 간 이격거리 : 0.9 m 이상

3) 최대 정격에너지 : 600 kWh 이하

4) 실대규모 화재시험으로 안전성 입증된 경우 : 1) ~ 3) 기준 제외

5) ESS와 공정지역과 이격거리 : 15 m 이상

6) ESS를 옥외에 설치할 경우
   ① 공동도로, 생산설비, 위험물 등과 3 m 이상 이격
   ② 컨테이너 크기 : 16.2 m × 2.4 m × 2.9 m 초과 금지
   ③ 컨테이너 간 이격 : 6 m 이상 이격 또는 1시간 이상 내화벽체로 구획

④ 검사, 유지관리, 정비 등의 목적 외에는 출입 금지

⑤ ESS 반경 3 m 이내 : 초목이나 가연물 제거

⑥ 컨테이너 재질

- 열을 쉽게 외부로 방출할 수 있도록 철이나 금속류의 불연성 재질
- 방수기능

3. 환기설비 성능조건

1) 환기 성능

최악의 경우에도 구역 내 가연성 가스의 농도가 LFL의 25 %를 초과하지 않도록 설계할 것

2) 기계적인 환기설비 용량

공간의 바닥면적 기준 5.1 L/s·m^2 이상

3) 환기설비 작동

① 환기설비는 연속적으로 작동되거나 가스감지기에 의해 작동될 것

② 수신기에서 감시할 수 있을 것

4) 가스감지기에 의해 작동되는 경우

① 환기설비 작동 농도

공간 내 가연성 가스 농도가 LFL의 25 %를 초과할 경우

② 환기설비 작동 지속

구역 내의 가연성 가스 농도가 연소하한계(LFL)의 25 % 밑으로 떨어질 때까지 작동할 것

③ 예비전원

2시간 이상의 예비전원을 확보할 것

④ 이상신호

가스설비가 고장 난 경우 중앙감시실 또는 상주자가 있는 장소로 이상신호를 발령할 것

4. 적용 소화설비

1) 수계 소화설비

① 스프링클러 소화설비

- 최소 방사밀도 : 12.2 Lpm/m^2 이상
- 실대규모 화재시험에 의해 변경 가능

② 포 소화설비

실대규모 화재시험에 의해 소화성능이 입증된 경우에만 사용할 것

2) 가스계 소화설비

실대규모 화재시험에 의해 소화성능이 입증된 경우에만 사용할 것

4 제연설비의 성능평가 방법 중 Hot Smoke Test의 목적 및 절차, 방법에 대하여 설명하시오.

문제 4) Hot Smoke Test의 목적, 절차 및 방법

1. 개요

1) 화재로 발생되는 연기는 독성, 부식성 및 검댕을 포함하고 있기 때문에 실제 연기를 이용하여 제연설비 성능평가를 수행하는 데에는 많은 어려움(건물 손상이나 독성가스 중독 등)과 비용이 발생하게 된다.

2) 이러한 연기에 의한 실험의 문제점 없이 고온인 연기의 특성을 분석하기 위해 이용되는 시험방법이 Hot Smoke Test이다.

2. Hot Smoke Test의 목적

1) Hot Smoke 발생장치를 이용하여 화재 시의 열, 연기 축적 환경을 조성하여 시험영역 내에 설치된 감지기의 작동시간 측정

2) 시험영역의 제연설비 작동 여부를 확인하고, 해당 건축물에 시공된 제연설비의 성능 확인 및 신뢰성 확보

3. Hot Smoke Test의 방법

1) 수행 시점

① 완공 전의 신축 건축물의 제연설비 및 공조설비 설치 및 검사 완료된 시점에 수행

② 완공 후 제연설비가 작동될 환경과 유사한 조건에서 Hot Smoke Test를 하는 것이 바람직

2) 시험의 최소기준

① 제연설비가 설계 요구사항에 따라 작동되어야 함

② 제연설비의 성능은 미시공 또는 결점에 많은 영향을 받지 않아야 함

③ 제연설비의 모든 구성요소에서 고장 흔적이 없을 것

3) 시험 전 준비

① Hot Smoke Test 전에 건축물의 공조설비는 설계조건에서 최소 4시간 이상 작동

② 제연설비와 각 소방시설 간의 연동시험 완료

③ 방화구획 및 제연구역에 대한 건축 마감공사 완료

4) 시험용 화재의 크기

① 시험용 화재의 크기는 천장 최대온도가 과도하게 상승하지 않을 규모일 것(천장온도가 헤드 및 감지기의 작동온도 또는 천장마감재가 변형되는 온도보다 최소 10 ℃ 이상 낮아야 함)

② 주차장 대공간의 경우 60 ℃ 이하로 선정

5) 시험 장소

① 시험용 화재의 위치는 수직벽체 또는 장애물 등 건축물 구성요소가 Plume의 이동을 주지 않는 부분이어야 한다.

② 시험장소는 현장 조건에 따라 선정한다.

4. Hot Smoke Test의 절차

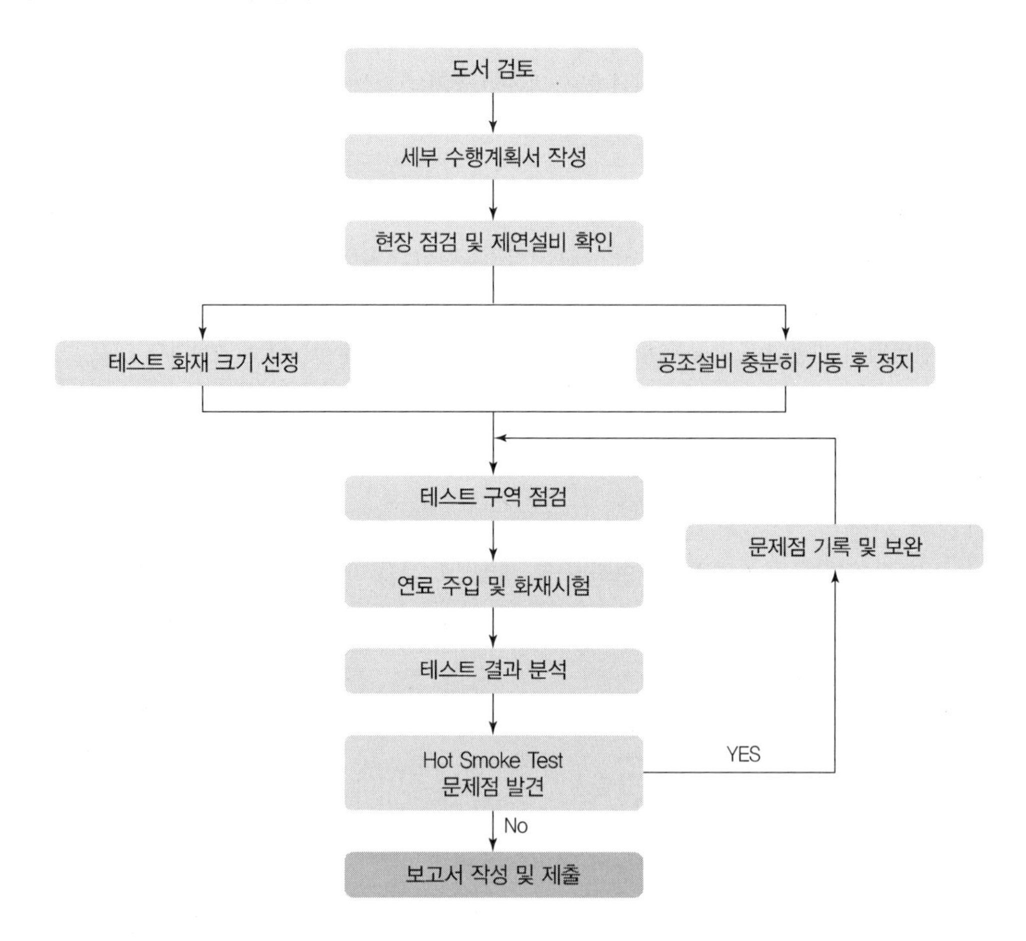

5 액체 상태로 보관하는 가스계소화약제의 약제량을 확인하는 4가지 방법에 대하여 설명하시오.

문제 5) 액체 상태로 보관하는 가스계 소화약제의 약제량 확인방법

1. 개요

1) 액체 상태로 보관하는 가스계 소화약제

① CO_2 소화약제

② 할로겐화합물 소화약제

2) 액체 상태로 저장한 경우 소화약제량은 중량(kg)으로 측정해야 하며, 임계점이 낮지 않은 소화약제는 약제 부피를 이용하여 약제량을 확인할 수 있다.

2. 약제량 확인방법

1) 검량계(저울)

① 다음과 같은 이유로 법적으로 보유만 하고 사용하지 않음

- 저울의 크기, 중량으로 인한 이동 불편
- 중량 측정에 점검인력과 시간이 많이 소요됨

② HFC-23 소화약제

임계점(25.9 ℃)이 낮아 20 ℃ 이상에서 액위가 나타나지 않으므로 저울을 이용해서 무게를 측정해야 함

2) 레벨미터 또는 초음파 기기

① 방사선원을 이용하는 레벨미터

- 가격이 매우 고가
- Co60을 이용한 레벨체커는 원자력안전법 대상이므로 반드시 교육을 받아 취급 자격자만이 이동과 보관해야 함
- 반감기로 인해 정기적으로 방사선원을 교체해야 함
- 제대로 취급하지 않을 경우 방사선에 노출될 위험성 있음

② 초음파를 이용하는 방법

- 젤을 용기 표면에 발라야 함
- 표면 밀착이 제대로 되어야 측정 가능
- 시간이 오래 걸리고 측정이 쉽지 않아 반복적으로 수행해야 함

3) 액면 지시계(Liquid Level Indicator)

① 해외에서 많이 사용

② 저장용기에 측정장치를 삽입해 둔 방식

③ 플로트가 액표면 위치에 따라 이동

④ 그에 따라 테이프 말단의 자석이 테이프를 끌어당겨 액면을 표시하는 방식

⑤ 액면 위치를 간편하게 파악 가능함

⑥ 저장용기가 빈 상태에서 부착해야 하며, 국내에서는 저장용기 누기시험을 하지 않으므로 이를 통한 소화약제 누설 우려가 있음

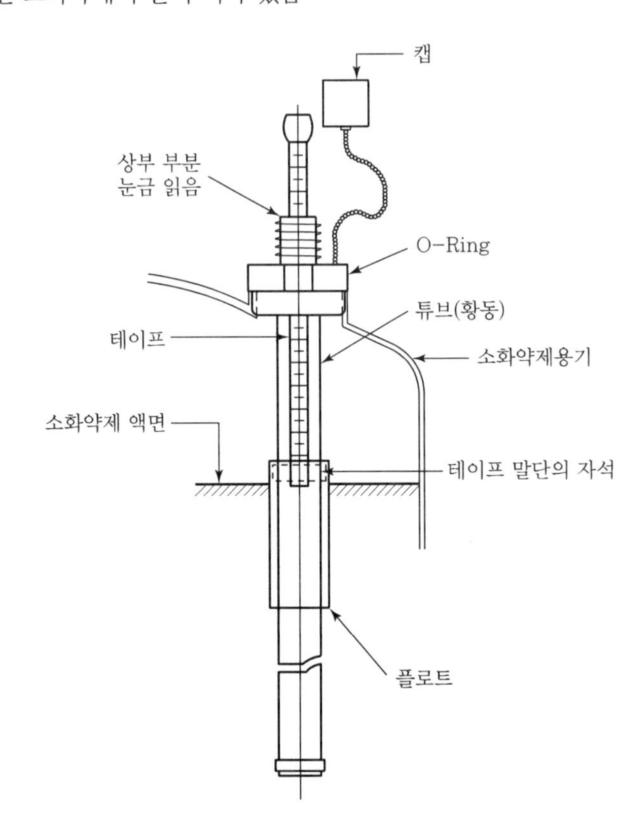

4) 소화가스 액면표시지(LSI : Liquid Strip Indicator)

① 저장용기 외부에 붙이는 테이프 방식

② 근적외선 히터로 테이프에 열을 가하면 색상이 검정에서 노랑 또는 흰색으로 변하여 액면의 위치 파악

③ 약제량 누기 여부를 간편하게 알 수 있고, 한 번 부착하면 반영구적으로 사용이 가능

④ 임계온도가 낮은 CO_2와 HFC-23 소화약제도 레벨미터보다 액위를 간편하게 파악 가능

3. 결론

1) 소화약제는 평상시 누설이 가능하며, 누설될 경우 약제량 부족으로 소화에 실패하게 된다.
2) 이에 따라 화재안전기준에서도 저장량 손실이 5 %를 초과하면 재충전하거나 용기를 교체하도록 요구하고 있다.
3) 상기와 같은 4가지 약제량 측정방법을 비교하면 국내 실정에서는 액면 표시지가 가장 간편하고 정확한 방법이라고 할 수 있다.

6 피난용승강기의 설치대상과 설치기준을 설명하시오.

문제 6) 피난용 승강기의 설치대상과 설치기준

1. 개요

1) 피난용 승강기는 고층건축물 화재 시 피난약자의 대피를 위해 적용하는 피난시설임
2) 주로 피난안전구역까지 대피한 거주자가 피난용 승강기를 이용하여 피난할 수 있도록 함

2. 설치대상

1) 고층건축물의 승용승강기 중 1대 이상
2) 과거 공동주택은 예외로 하였으나, 최근 공동주택에도 피난용 승강기를 설치하도록 법령 개정됨

3. 설치기준

1) 승강장의 구조
① 구획 : 승강장의 출입구를 제외한 부분은 건축물의 다른 부분과 내화구조의 바닥 및 벽으로 구획할 것
② 출입구 : 각 층의 내부와 연결될 수 있도록 하되, 그 출입구에는 갑종방화문을 설치
(방화문은 언제나 닫힌 상태를 유지할 수 있는 구조로 할 것)
③ 바닥 및 반자가 실내의 접하는 부분의 마감 : 불연재료
④ 예비전원으로 작동하는 조명설비를 설치할 것
⑤ 승강장 바닥면적 : $6\,m^2 \times N$ 이상(N : 승강기의 수)
⑥ 표지 : 승강장 출입구 부근의 잘 보이는 곳에 피난용 승강기임을 알리는 표지를 설치할 것

⑦ 건축설비기준에 따른 배연설비를 설치할 것
(소방법령에 따른 제연설비를 설치한 경우 배연설비는 제외 가능)

2) 승강로의 기준

① 구획 : 승강로는 해당 건축물의 다른 부분과 내화구조로 구획할 것

② 각 층으로부터 피난층까지 이르는 승강로를 단일구조로 연결하여 설치할 것

③ 승강로 상부에 건축설비기준에 따른 배연설비를 설치할 것

3) 피난용 승강기 기계실의 구조

① 출입구를 제외한 부분은 건축물의 다른 부분과 내화구조의 바닥 및 벽으로 구획

② 출입구에는 갑종방화문을 설치할 것

4) 피난용 승강기 전용 예비전원

① 정전 시 피난용 승강기, 기계실, 승강장 및 CCTV 등의 설비를 작동할 수 있도록 별도 예비전원 설비를 설치할 것

② 용량
- 초고층 건축물의 경우 : 2시간 이상
- 준초고층 건축물의 경우 : 1시간 이상

③ 상용전원과 예비전원의 공급이 자동 또는 수동으로 전환이 가능한 설비를 갖출 것

④ 전선관 및 배선
- 고온에 견딜 수 있는 내열성 자재를 사용
- 방수조치를 할 것

4. 결론

1) 피난용 승강기는 피난동선이 긴 고층건축물에서의 피난약자의 대피를 위해 중요한 시설이다.

2) 따라서 피난용 승강기의 화재 시 작동성능 유지 및 열, 연기로부터의 방호는 매우 중요하다.

3) 최근 공동주택에도 피난용 승강기를 적용하게 되어 겹부속실이 설치되는데, 이에 따른 제연설비 성능에 영향이 없도록 주의가 필요하다.

117회 기출문제 3교시

기출분석
114회
115회
116회
117회-3
118회
119회

1 송풍기의 System Effect에 대하여 설명하시오.

문제 1) 송풍기의 System Effect

1. 개념

1) 제조공정에서는 흡입 측은 덕트 없이 대기에 개방하고 토출 측은 직관 덕트에 접속하므로, 시스템 구성에 따른 정압손실이 나타나지 않는다.
2) 그러나 현장 적용 시에는 팬룸의 공간부족 등으로 인해 송풍기 흡입 및 토출 측에 일정 길이 이상의 덕트 직관부가 확보하지 못하는 경우가 있다.
3) 이에 따라 발생하는 정압손실을 시스템 효과(System Effect)라 한다.

2. 시스템 효과에 따른 정압 손실

1) 토출 측 시스템 효과
① 송풍기 토출구보다 큰 덕트가 연결된 경우에는 송풍구역에서 높은 풍속의 일부가 정압으로 변환되어 정압 재취득이 생긴다.
② 따라서 송풍기 토출 측에는 정압 회복이 100 % 이루어진 후에 부속류나 댐퍼를 설치하는 것이 바람직하다.

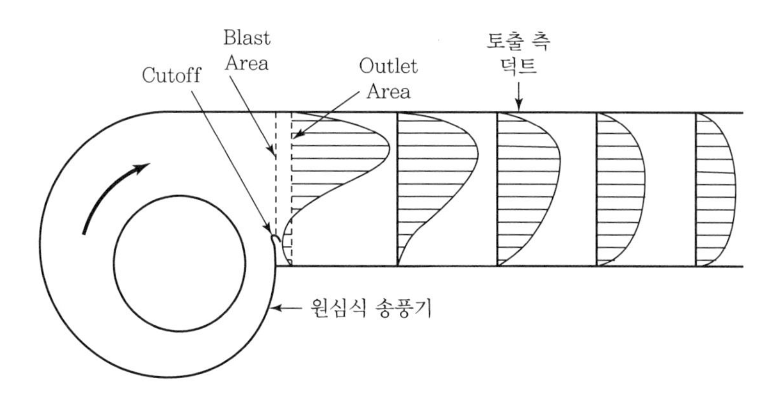

구분	덕트 없음	12% 유효덕트	25% 유효덕트	50% 유효덕트	100% 유효덕트
정압회복률	0%	50%	80%	90%	100%

③ 유효덕트길이 계산식

- $V_0 > 13$ m/s 인 경우

$$L_e = \frac{V_0 \sqrt{A_0}}{4,500}$$

- $V_0 \leq 13$ m/s 인 경우

$$L_e = \frac{\sqrt{A_0}}{350}$$

④ 만약 100% 유효덕트 길이보다 짧은 위치에 엘보 등 부속류가 설치되는 경우 토출 측 시스템 효과 발생에 따른 정압 손실량의 계산이 필요하다.

2) 흡입 측 시스템 효과

① 송풍기 흡입 측의 불균일한 유동도 송풍기의 성능에 악영향을 주므로, 송풍기 흡입구 측에 충분한 직관부를 확보해야 함

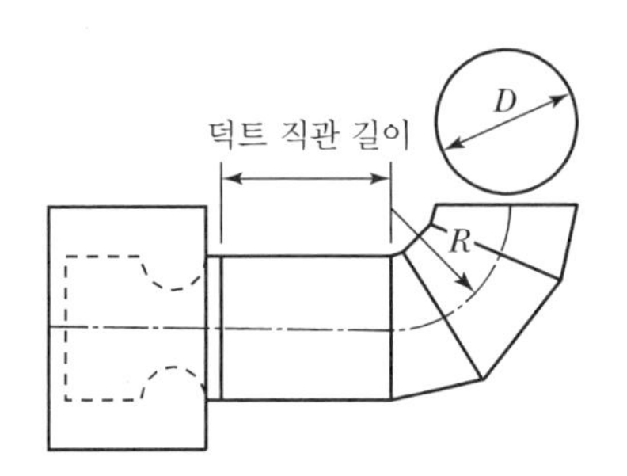

② 송풍기 흡입구에서의 불균일 유동

원형 엘보	사각 엘보	흡입 박스
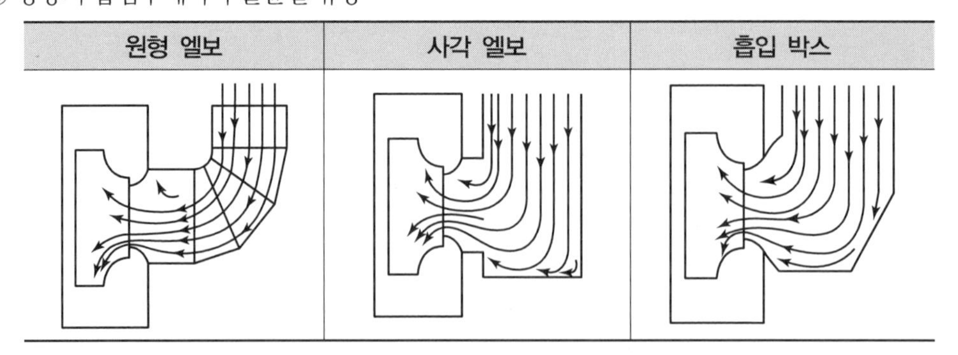		

- 시스템 효과에 의한 손실 크기
  사각 엘보 > 원형 엘보 > 흡입 박스
- 현장에서는 공간 부족 및 시공 편의를 위해 사각 엘보로 많이 시공하는데, 높은 정압손실을 발생시켜 풍량이 부족할 우려 발생

3. 대책

1) 충분한 직관길이 확보
   ① 토출 측 : 유효덕트 길이 이상
   ② 흡입 측 : 덕트 직경의 약 5배 이상(최소 3배 이상) 확보
2) 시스템 효과가 적게 나타나는 덕트 연결방식 적용
   ① 흡입 측 엘보 형태 개선
   ② 토출 측 엘보 연결 방향 개선
3) 정압 손실량 반영
   송풍기 정압 계산에 시스템 효과에 의한 정압손실량을 반영

2 축전지 용량환산계수를 결정하는 영향인자에 대하여 설명하시오.

문제 2) 축전지 용량환산계수를 결정하는 영향인자

1. 개요

1) 국가건설기준(설계기준)의 예비전원설비에서는 다음과 같이 축전지 용량을 산출하도록 규정하고 있다.
2) 축전지 용량

$$C = \frac{1}{L}\left[K_1 I_1 + K_2(I_2 - I_1) + K_3(I_3 - I_2) + \cdots\right]$$

여기서, C : 축전지 용량(Ah)
L : 축전지 보수율 (보통 0.8)
K : 용량환산시간 계수
I : 방전전류(A)

2. 용량환산시간 계수(K)에 대한 영향인자

최저온도에서의 방전시간 T와 단전지 전압에서 표준방전특성으로 결정하되 다음과 같은 영향인자를 고려한다.

영향요소	K값
온도	최저온도가 낮을수록 K값이 크다.
축전지 형식	AHH → AM로 갈수록 K값이 크다. (저율방전특성이 클수록 K값이 크다.)
셀당 최저허용전압	클수록 K값이 크다.
방전시간	방전시간이 길수록 K값이 크다.
축전지 용량	대용량 축전지의 K값이 더 크다. (200 AH 이상)

3. 축전지용량 계산 절차

1) 축전지 부하 결정

최대 부하가 예상되는 화재의 경우로 선정하므로, 지상 1층 화재로 결정하여 부하를 계산한다.

2) 방전전류(I) 계산

방전 전류(A) = 부하용량(VA) ÷ 정격전압(V)

3) 방전시간(T) 결정

NFSC, NFPA 기준 등에서의 비상전원 규정을 참고하여 결정한다.

4) 부하특성곡선 작성

최대부하가 예상되는 화재에서의 방전전류와 방전시간에 따라 그림과 같이 부하특성곡선을 작성한다.

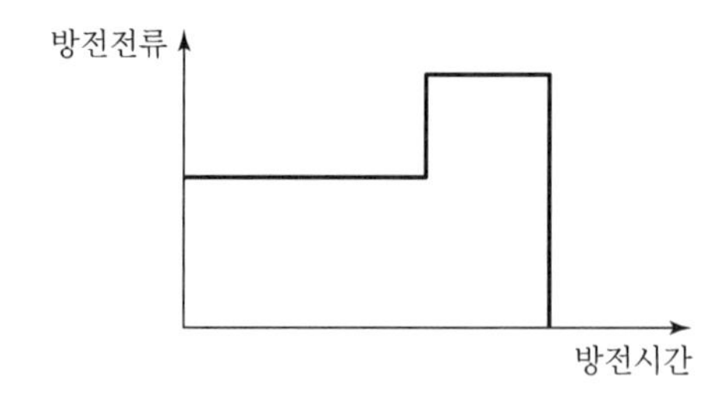

5) 축전지 종류 결정

방전특성(축전지 사용 시간), 가격, 성능 등을 고려하여 축전지 종류를 결정한다.

6) 축전지 수량 결정

$$셀의\ 수 : N = \frac{V(부하\ 정격\ 전압)}{V_B(축전지\ 공칭전압)}$$

7) 용량환산시간계수(K) 결정

축전지의 종류, 방전시간, 셀당 최저허용전압 및 축전지 최저온도 등을 고려하여 표에서 결정한다.

8) 축전지 용량 계산

$$C = \frac{1}{L}[K_1 I_1 + K_2(I_2 - I_1) + K_3(I_3 - I_2) + \cdots]$$

4. 결론

1) 최근 건물의 심층화 · 대형화로 인해 소요 소방부하가 점차 증대되고 있으므로, 반드시 축전지 용량에 대한 검토가 필요하다.

2) 따라서 소방전기설비의 설계 시에는 반드시 축전지 용량계산서를 첨부하고, 그 용량을 도면에 명기하여 비상전원이 실질적으로 확보될 수 있도록 해야 한다.

기출 분석
114회
115회
116회
117회-3
118회
119회

3 국내 소방법령에 의한 성능위주설계에 대하여 다음의 내용을 설명하시오.
– 성능위주설계의 목적 및 대상
– 시나리오 적용기준에서 인명안전 및 피난가능시간 기준

문제 3) 국내 소방법령에 의한 성능위주설계 기준

1. 성능위주설계의 목적 및 대상

1) 목적

① 성능위주설계는 해당 건축물이 가지고 있는 고유의 특성을 고려하여 소방설계가 화재안전 성능을 확보하고 있는지 정량적으로 평가하여 이를 보완 및 검증하는 것을 목적으로 함

② 화재안전 목표

- 인명안전 및 재산보호
- 영업의 연속성 확보

• 문화재나 중요 재산의 보호
• 환경 보호

2) 대상

① 연면적 20만 m^2 이상인 특정소방대상물
  • 아파트등 제외
  • 아파트등 : 공동주택 중 주택 용도의 층수가 5층 이상인 주택

② 다음에 해당하는 특정소방대상물(아파트등 제외)
  • 건축물의 높이가 100 m 이상
  • 지하층을 포함한 층수가 30층 이상

③ 연면적 3만 m^2 이상인 특정소방대상물로서 다음 특정소방대상물
  • 철도 및 도시철도 시설
  • 공항시설

④ 하나의 건축물에 영화상영관이 10개 이상인 특정소방대상물

2. 시나리오 적용 기준에서 인명안전 및 피난가능시간 기준

1) 인명안전 기준

<table>
<tr><th>구분</th><th colspan="2">성능 기준</th><th>비고</th></tr>
<tr><td>호흡한계선</td><td colspan="2">바닥으로부터 1.8 m 기준</td><td></td></tr>
<tr><td>열에 의한 영향</td><td colspan="2">60 ℃ 이하</td><td></td></tr>
<tr><td rowspan="3">가시거리에 의한 영향</td><td>용도</td><td>허용가시거리 한계</td><td rowspan="3">① 고휘도유도등
② 바닥유도등
③ 축광유도표지 설치 시, 집회 및 판매 시설은 7 m 적용 가능함</td></tr>
<tr><td>기타 시설</td><td>5 m</td></tr>
<tr><td>집회 시설
판매 시설</td><td>10 m</td></tr>
<tr><td rowspan="4">독성에 의한 영향</td><td>성분</td><td>독성기준치</td><td rowspan="4">기타 독성가스는 실험결과에 따른 기준치를 적용 가능함</td></tr>
<tr><td>CO</td><td>1,400 ppm</td></tr>
<tr><td>O_2</td><td>15 % 이상</td></tr>
<tr><td>CO_2</td><td>5 % 이하</td></tr>
</table>

[비고] 이 기준을 적용하지 않을 경우, 실험적, 공학적 또는 국제적으로 검증된 명확한 근거 및 출처 또는 기술적인 검토자료를 제출하여야 함

2) 피난가능시간 기준

용도	W1	W2	W3
사무실, 상업 및 산업건물, 학교, 대학교 (거주자는 건물의 내부, 경보, 탈출로에 익숙하고, 상시 깨어 있음)	<1	3	>4
상점, 박물관, 레저스포츠 센터, 그 밖의 문화집회시설 (거주자는 상시 깨어 있으나, 건물의 내부, 경보, 탈출로에 익숙하지 않음)	<2	3	>6
기숙사, 중/고층 주택 (거주자는 건물의 내부, 경보, 탈출로에 익숙하고, 수면상태일 가능성 있음)	<2	4	>5
호텔, 하숙용도 (거주자는 건물의 내부, 경보, 탈출로에 익숙하지도 않고, 수면상태일 가능성 있음)	<2	4	>6
병원, 요양소, 그 밖의 공공 숙소 (대부분의 거주자는 주변의 도움이 필요함)	<3	5	>8

[비고]
(1) W1 : • 방재센터 등 CCTV 설비가 갖춰진 통제실의 방송을 통해 육성지침을 제공할 수 있는 경우
• 훈련된 직원에 의해 해당 공간 내의 모든 거주자들이 인지할 수 있는 육성지침을 제공할 수 있는 경우
(2) W2 : 녹음된 음성 메시지 또는 훈련된 직원과 함께 경고방송을 제공할 수 있는 경우
(3) W3 : 화재경보신호를 이용한 경보설비와 함께 비훈련 직원을 활용할 경우

4 NFPA 13에서 정하는 스프링클러설비 연결송수구의 배관 연결방식을 도시하여 설명하고 국내 기준과 비교하시오.

문제 4) NFPA 13의 스프링클러설비 연결송수구의 배관 연결방식

1. 개요

1) 송수구의 설치목적

공설 소방대 출동 시 건물 자체의 스프링클러 설비에 추가적인 수원을 공급하여 화재를 제어하기 위해 설치하는 것이다.

2) 송수구 연결방식 개념

스프링클러 밸브 개방 여부에 영향을 받지 않고 소화수를 각 헤드에 공급할 수 있도록 설치해야 한다.

2. NFPA 13에 따른 송수구 연결방식

시스템	연결방식 특성
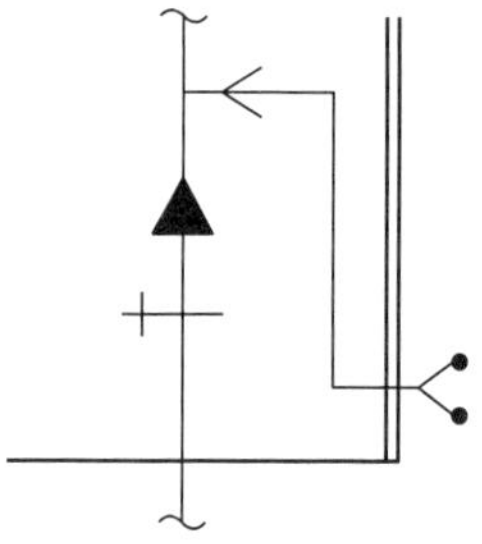 습식 설비	• 개폐밸브 설치금지 • 알람밸브 2차 측에 연결 원칙 • 물 고이지 않도록 체크밸브 위치 선정(결빙 방지) • 송수구에 자동배수밸브 내장 가능함
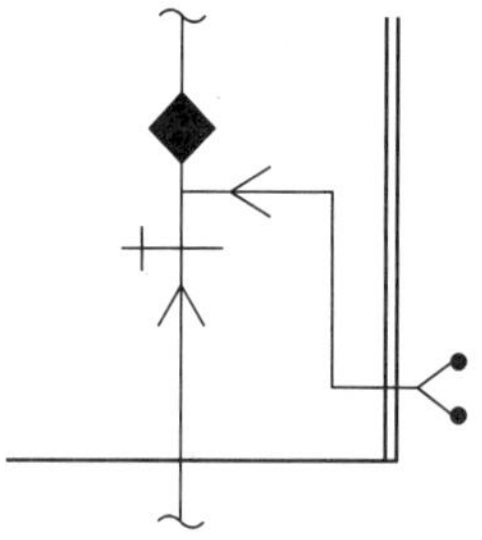 건식 설비	• 건식 밸브마다 별도 송수구 원칙 • 개폐밸브와 건식 밸브 사이에 연결 (2차 측 공기누설 방지와 차압식 밸브 1차 측의 소화수 공급 고려)
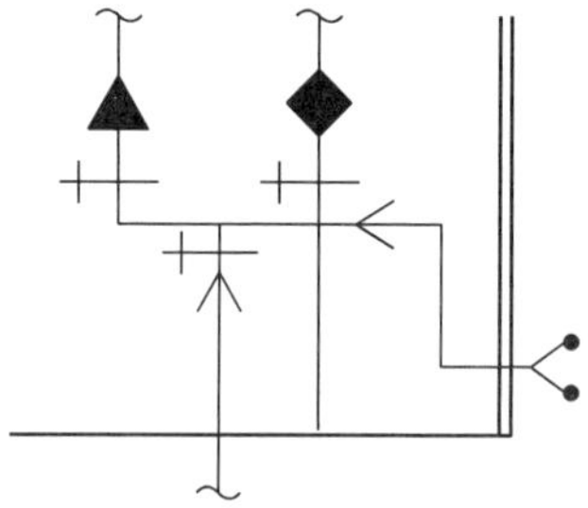 습식 및 건식 설비	• 헤더 구성 시 1차 측에 공용 송수구 연결 가능 (1개 방호구역 화재 고려) • 알람밸브, 건식 밸브는 압력차에 의해 개방될 수 있으므로 1차 측 배관에 연결 가능
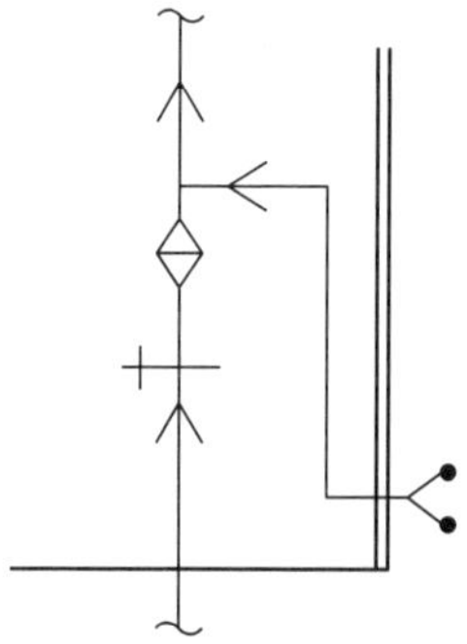 준비작동식 설비	• 준비작동식 밸브 2차 측 배관(준비작동식 밸브와 체크밸브 사이)에 연결 • 수압 차에 의해 개방되는 방식이 아니므로 준비작동식 밸브 미개방 상태를 고려한 것

시스템	연결방식 특성
일제살수식 설비	• 일제살수식 밸브 2차 측 배관에 연결 • 수압 차에 의해 개방되는 방식이 아니므로 일제살수식 밸브 미개방 상태를 고려한 것

3. 국내 기준과의 비교

1) 개폐밸브

① 국내 기준에서는 송수구 배관에 유지보수를 위한 개폐밸브 설치를 허용

② NFPA 기준에서는 개폐밸브 설치를 금지하고 있음

→ 만약 개폐밸브가 닫힌 상태였다면 화재 중기 이후에 출동한 공설소방대가 소화수를 공급할 수 없음

2) 연결 위치

① 스프링클러 헤드에 공급되는 물은 유수검지장치를 지나도록 할 것. 다만 송수구를 통하여 공급되는 물은 그러하지 아니하다.

→ 송수구 배관은 유수검지장치 1, 2차 측 배관 어디에도 연결할 수 있는 규정

② NFPA 13에서는 준비작동식, 일제살수식 밸브에는 반드시 2차 측 배관에 송수구 배관을 연결하도록 규정하고 있음

4. 결론

국내 기준에서도 송수구 배관의 사용목적 등을 고려하여 적절하게 관련 기준을 개선해야 한다.

> **5** 국가화재안전기준(NFSC)을 적용하여야 하는 지하구의 기준 및 지하공간(공동구, 지하구 등)의 화재특성, 소방대책을 설명하시오.

문제 5) 지하구의 기준 및 지하공간(공동구, 지하구)의 화재특성, 소방대책

1. 화재안전기준을 적용해야 하는 지하구

1) 지하구

① 전력 · 통신용의 전선, 가스 · 냉난방용의 배관 또는 이와 비슷한 것을 집합수용하기 위하여 설치한 지하의 인공구조물로서, 사람이 점검 또는 보수를 하기 위하여 출입이 가능한 것 중 폭 1.8 m 이상, 높이 2 m 이상 및 길이 50 m(전력 · 통신사업자용의 경우 500 m) 이상인 것

② 국토의 계획 및 이용에 관한 법률에 따른 공동구

→ 전기 · 가스 · 수도 등의 공급설비, 통신시설, 하수도시설 등 지하매설물을 공동 수용함으로써 미관의 개선, 도로 구조의 보전 및 교통의 원활한 소통을 위하여 지하에 설치하는 시설물

2) 지하구에 적용하는 소방시설

① 자탐설비

② 통합감시시설

③ 피난구유도등, 통로유도등 및 유도표지

④ 연소방지설비

⑤ 무선통신보조설비

⑥ 자동소화장치

2. 지하공간의 화재특성

1) 지하구 내의 Cable

① 화재 시 계속적으로 주변 Cable에 연소 확대되기 쉽다.

② 고분자물질 화재로 인해 유해가스가 다량 발생된다.

2) 지하의 밀폐공간

① 산소부족으로 인한 불완전 연소로 CO가 많이 발생된다.

② 가시도가 낮아 발화지점의 조기발견이 어렵다.

③ 공간이 좁아 소화작업이 어렵다.

3) 주된 피해

사람이 상주하지 않으므로 인명피해는 거의 없지만, 사회에 근간이 되는 전력 및 통신 등의 공급원 차단으로 인한 많은 피해가 발생된다.

3. 지하공간의 소방대책

1) 현행 기준

① 케이블 : 연소방지도료

② 감지기

- 먼지, 습기 등의 영향을 받지 않고, 발화지점을 확인할 수 있는 감지기로 적용
- 축적형, 복합형, 다신호식, 광전식 분리형, 불꽃, 정온식 감지선형, 차동식 분포형, 아날로그 방식의 감지기 중에서 적용 가능

③ 연소방지설비

- 천장 또는 벽면에 설치
- 방수헤드 간 수평거리 : 전용헤드(2 m 이하), 스프링클러헤드(1.5 m 이하)
- 살수구역 : 지하구 길이 방향으로 350 m 이하마다 또는 환기구 등을 기준으로 1개 이상 설치하되, 1개의 살수구역의 길이는 3 m 이상으로 할 것

→ 화재를 국한화하는 대책에 치중하고 있음

④ 방화벽

⑤ 가스, 분말, 고체에어로졸 자동소화장치(지하구의 제어반 또는 분전반)

⑥ 공동구의 통합감시체제

2) 개선방안

① 감지기의 신속한 감지성능 확보

- 케이블 트레이에 정온식 감지선형 감지기를 Sine곡선 형태로 포설
- 천장부에 아날로그 방식의 연기감지기 설치

② 화재 국한화에서 직접적인 화재진압대책 수립

- 일제살수식 스프링클러설비 적용(12.2 Lpm/m^2 이상)
- 기존 지하구에는 연결살수설비를 통해 전체적으로 지하구 내 화점에 직접 방수할 수 있도록 설비 개선

③ 내화 케이블 적용

- 연소방지도료는 10년 정도 지나면 연소방지효과가 거의 소멸됨

④ 방화벽 적용 범위 확대 및 기준 구체화

4. 결론

1) 지하구는 산업기반 시설인 전력, 통신 등을 집합 수용함
   → 직접적 피해 외에 복구지연으로 인한 간접피해도 큼
2) 따라서 지하구의 화재에 의한 피해를 최소화할 수 있도록 기존 지하구시설에는 연결살수설비, 신설되는 지하구는 화재의 국한화가 아닌 화재제어 또는 화재진압의 개념으로 소화설비를 적용하도록 하는 관련 법령 개정이 필요하다.

6 위험물안전관리법령에서 정하는 제5류 위험물에 대하여 다음의 내용을 설명하시오.
- 성질, 품명, 지정수량, 위험등급
- 저장 및 취급방법
- 위험물 혼재기준
- 히드록실아민 1,000 kg을 취급하는 제조소의 안전거리 선정

문제 6) 제5류 위험물 기준

1. 성질, 품명, 지정수량, 위험등급

1) 성질(자기반응성 물질)
   ① 가연성 물질로서 연소 또는 분해속도가 매우 빠르다.
   ② 분자 내에 조연성 물질(산소)을 함유하여 쉽게 연소한다.
   ③ 가열, 충격 또는 마찰 등에 의해 폭발할 수 있다.
   ④ 장시간 공기 중에 방치하면 산화반응에 의해 열분해하여 자연발화하는 경우도 있다.

2) 품명, 지정수량 및 위험등급

품명	지정수량(kg)	위험등급
유기과산화물	10	Ⅰ
질산에스테르류		
히드록실아민	100	Ⅱ
히드록실아민염류		

품명	지정수량(kg)	위험등급
니트로화합물	200	Ⅱ
니트로소화합물		
아조화합물		
디아조화합물		
히드라진유도체		
금속의 아지화합물 질산구아디산		

2. 저장 및 취급 방법

1) 가열, 마찰 또는 충격에 주의
2) 화기 및 점화원과 격리하고, 냉암소에 보관
3) 통풍이 잘 되도록 유지
4) 방폭구조, 정전기 방지를 위한 접지
5) 용기는 밀봉처리할 것
6) 운반용기 및 포장 외부에는 "화기엄금", "충격주의" 등의 주의사항을 표시할 것

3. 위험물 혼재기준

1) 저장 시의 기준

다음 위험물의 경우 유별로 정리하여 저장하되, 서로 1m 이상 간격을 두면 동일한 저장소에 저장 가능

① 제5류위험물과 제1류위험물(알칼리금속의 과산화물 제외)
② 제5류위험물 중 유기과산화물 또는 이를 함유한 것과 제4류위험물 중 유기과산화물 또는 이를 함유한 것

2) 운반 시의 기준

① 혼재 가능
- 제2류 위험물(가연성고체)
- 제4류 위험물(인화성액체)

② 혼재 불가능(함께 적재 금지)
- 제1류 위험물(산화성고체)
- 제3류 위험물(자연발화성 및 금수성 물질)
- 제6류 위험물(산화성액체)

4. 히드록실아민 1,000 kg을 취급하는 제조소의 안전거리 산정

1) 지정수량의 배수

① 지정수량 : 100 kg

② 지정수량의 배수 : 10배

2) 안전거리 산정

① 계산식

$$D = 51.1\sqrt[3]{N}$$

여기서, D : 거리(m)

N : 지정수량의 배수

② 안전거리

$$D = 51.1\sqrt[3]{N} = 51.1 \times \sqrt[3]{10} = 110.1\ \mathrm{m}$$

117회 기출문제 4교시

1 NFPA 12에서 제시한 이산화탄소소화설비의 소화약제 방출과 관련한 "자유유출(free efflux)"에 대하여 설명하고 이산화탄소 소화약제 방출후 "자유유출(free efflux)" 조건에서의 방호구역의 단위체적당 약제량(kg/m³), 방출후 농도(Vol %) 및 비체적(m³/kg)과의 관계식을 유도하시오.
(단, 방호구역 단위체적당 약제량은 F, 방출후 농도를 C, 비체적은 S로 표시한다.)

문제 1) CO_2 소화설비의 자유유출 설명 및 약제량 공식 유도

1. 자유 유출

1) 설계농도에 도달하기 위해 필요한 CO_2 소화약제량은 그 방호구역 내에 남게 되는 최종 약제량보다 많다.
2) 대부분의 경우 CO_2 소화약제는 방호구역 내의 공기와 점진적인 혼합을 촉진하는 방법으로 적용된다.
3) CO_2 소화약제가 방출될 때, 방호구역 내에 있는 기체는 작은 개구부나 배기구 등을 통해 자유롭게 배출된다.
4) 그에 따라 일부 CO_2 소화약제도 유출되는 공기와 함께 손실되며, 그러한 손실량은 CO_2 농도가 높을 경우 더욱 늘어난다.
5) 이러한 적용 방법을 자유유출 방출(Free-efflux Flooding)이라고 한다.

2. 약제량, 농도 및 비체적 관계식 유도

1) 다음 실험식에 의해 산출 가능함
설계농도와 방호구역 1 m³당 방사된 소화약제의 부피(x) 사이의 관계식

$$e^{x} = \frac{100}{100 - C}$$

2) 관계식 정리

양변에 로그를 취하여 정리하면,

$$x\log e = \log\frac{100}{100-C}$$

$$x = \frac{1}{\log e}\times\log\frac{100}{100-C}$$

$$x = 2.303\log\frac{100}{100-C}$$

3) 양변을 비체적으로 나누면

$$F(\mathrm{kg/m^3}) = 2.303\times\log\frac{100}{100-C}\times\frac{1}{S}$$

2 다음 그림의 조건에서 유효누설면적(A_T)을 구하시오.

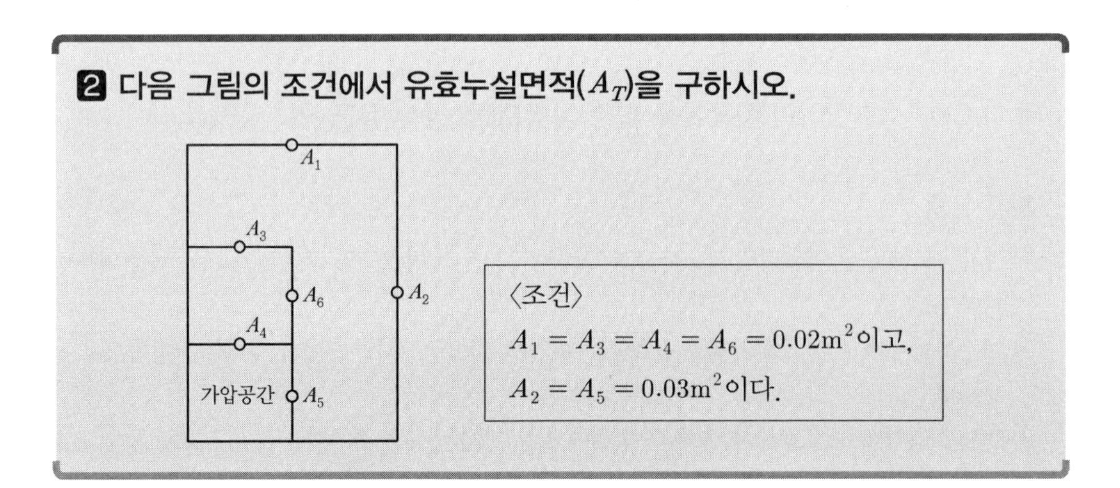

문제 2) 그림의 조건에서 유효누설면적(A_T) 계산

1. 계산의 단순화

다음 그림과 같이 누설면적을 단순화할 수 있다.

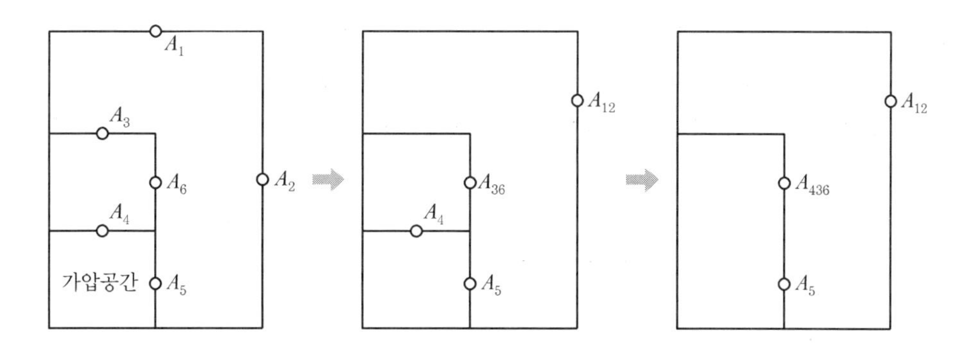

기출분석
114회
115회
116회
117회-4
118회
119회

2. 총 누설면적 계산

1) A_1, A_2의 병렬 누설면적

$$A_{12} = A_1 + A_2 = 0.02 + 0.03 = 0.05\ \text{m}^2$$

2) A_3, A_6의 병렬 누설면적

$$A_{36} = A_3 + A_6 = 0.02 + 0.02 = 0.04\ \text{m}^2$$

3) A_4와 A_{36}의 직렬 누설면적

$$\frac{1}{A_{436}^2} = \frac{1}{A_4^2} + \frac{1}{A_{36}^2} = \frac{1}{0.02^2} + \frac{1}{0.04^2} = 3,125$$

$$A_{436} = 0.0179\ \text{m}^2$$

4) A_{436}과 A_5의 병렬 누설면적

$$A_{4365} = A_{436} + A_5 = 0.0179 + 0.03 = 0.0479\ \text{m}^2$$

5) A_{4365}와 A_{12}의 직렬 누설면적

$$\frac{1}{{A_T}^2} = \frac{1}{A_{4365}^2} + \frac{1}{A_{12}^2} = \frac{1}{0.0479^2} + \frac{1}{0.05^2}$$

$$A_T = 0.0346\ \text{m}^2$$

3 스프링클러헤드의 균일한 살수밀도를 저해하는 3가지(Cold soldering, Skipping, Pipe shadow effect)의 원인 및 대책에 대하여 설명하시오.

문제 3) Cold Soldering, Skipping, Pipe Shadow Effect의 원인 및 대책

1. 개요

1) Cold Soldering

스프링클러 헤드의 감열부가 방수되는 물에 젖거나 냉각되어 개방이 지연되거나 또는 개방되지 않는 현상

2) Skipping

화재로부터 멀리 떨어진 스프링클러 헤드가 화재에 인접한 헤드보다 먼저 개방되는 현상

3) Pipe Shadow Effect

상향식 스프링클러 헤드에서의 방수가 바로 아래의 대구경의 가지배관에 의해 방해되는 현상

2. Cold Soldering

1) 원인

① 개방된 헤드의 물이 인근에 있는 미작동 헤드를 적심

- 고강도 화재의 열기류에 의해 방수된 물방울이 이동하여 인근 헤드를 적심
- 헤드 간 거리가 가까워서 방사된 물이 그 직근의 미작동 헤드를 적심

② 플러시 스프링클러 헤드

- 플러시 헤드의 용융합금이 완전히 용융되지 않아 가압수의 누설로 용융이 진행되지 않아 감지부(분해부)가 완전히 이탈되지 못하고 개방되지 못함
- 가격 경쟁력 때문에 일본에서 도입된 플러시 헤드의 크기와 부품을 줄임

2) 대책

① 고강도 화재에 K-factor가 큰 헤드(CMSA 등)를 적용

② 헤드 간 최소 이격거리 기준 도입

- 일반 스프링클러 : 1.8 m 이상
- ESFR 스프링클러 : 2.4 m 이상

③ 용융 납(Fusible) 방식인 헤드의 시험 도입

- 열 민감도 시험
- 저성장속도의 화재시험을 포함한 실화재 소화시험

3. Skipping

1) 원인

① 하나의 실에 다른 작동온도를 가진 스프링클러 헤드 혼용

② 하나의 실에 다른 열감도를 가진 헤드 혼용

③ 개방 헤드의 물이 직근의 미작동 헤드를 적시는 경우

④ 천장고가 높거나, 복도와 같이 Span이 긴 장소에서의 열기류 이동

2) 대책

① 동일 실에 동일한 작동온도, RTI를 가진 헤드 적용

② 고강도 화재에 K-factor가 큰 헤드 적용

③ 헤드 간 최소 이격거리 확보

④ Draft Curtain을 적용하여 열기류 확산을 제한

4. Pipe Shadow Effect

1) 원인

① CMSA 스프링클러와 같이 높은 방수량을 요구하는 설비에서 가지배관 구경이 큰 경우 (50 mm 초과)

② 상향식 스프링클러 헤드를 가지배관에 직결

③ 기타

- 가지배관의 높이가 달라지는 부분의 수직배관이나 지지대에 의한 살수 장애
- 헤드 하부에 설치된 타 설비 배관이나 덕트 등

2) 대책

① CMSA 헤드 외의 경우

가지배관 구경을 50 mm 이하로 설계

② CMSA 헤드

- 배관에서 수평으로 30 cm 이상 이격하여 설치
- Sprig을 적용

가지배관 구경	65 mm	80 mm
Sprig의 높이	330 mm 이상	380 mm 이상

③ 장애물 하부에 차폐판을 가진 헤드를 추가 설치/지지대 및 꺾인 부분 이격

4 위험물제조소등의 소화설비 설치기준에 대하여 다음의 내용을 설명하시오.
– 전기설비의 소화설비
– 소요단위와 능력단위
– 소요단위 계산방법
– 소화설비의 능력단위

문제 4) 위험물제조소등의 소화설비 설치기준

1. 전기설비의 소화설비

제조소등에 전기설비(전기배선, 조명기구 등 제외)가 설치된 경우
→ 당해 장소 100 m^2마다 소형 수동식 소화기 1개 이상 설치

2. 소요단위와 능력단위

1) 소요단위
소화설비의 설치대상이 되는 건축물 · 공작물의 규모 또는 위험물 양의 기준단위

2) 능력단위
소요단위에 대응하는 소화설비의 소화능력 기준단위

3. 소요단위의 계산

분류	구조	소요단위 계산방법
제조소, 취급소	내화	연면적 100 m^2당 1소요단위
	비내화	연면적 50 m^2당 1소요단위
저장소	내화	연면적 150 m^2당 1소요단위
	비내화	연면적 75 m^2당 1소요단위
제조소등의 옥외에 설치된 공작물 외벽	내화로 간주	최대수평투영면적 기준 • 제조소, 취급소 : 100 m^2당 1소요단위 • 저장소 : 150 m^2당 1소요단위
위험물	지정수량의 10배 : 1소요단위	

4. 소화설비의 능력단위

1) 소형 수동식 소화기 : 형식승인 받은 수치

2) 기타 소화설비

분류	용량	능력단위
소화 전용 물통	8 L	0.3
수조(소화 전용 물통 3개 포함)	80 L	1.5
수조(소화 전용 물통 6개 포함)	190 L	2.5
마른 모래(삽 1개 포함)	50 L	0.5
팽창질석, 팽창진주암(삽 1개 포함)	160 L	1.0

5 건축물의 내부마감재료 난연성능기준에 대하여 설명하시오.

문제 5) 건축물의 내부마감재료 난연성능기준

1. 불연재료

1) 건축재료의 불연성 시험(KS F ISO 1182)

① 가열시험 개시 후 20분간 가열로 내의 최고온도가 최종평형온도를 20 K 초과 상승하지 않을 것(단, 20분 동안 평형에 도달하지 않을 경우에는 최종 1분간 평균온도를 최종 평형온도로 한다.)

② 가열 종료 후 시험체의 질량감소율이 30 % 이하일 것

2) 건축물의 내장재료 및 구조의 난연성 시험(KS F 2271)

가스유해성 시험을 실시하여 실험용 쥐의 평균행동정지시간이 9분 이상일 것

2. 준불연재료

1) 콘 칼로리미터시험(KS F ISO 5660－1)

① 가열시험 개시 후, 10분간 총 방출열량이 8 MJ/m^2 이하일 것

② 10분간 최대 열방출률이 10초 이상 연속으로 200 kW/m^{2}를 초과하지 않을 것

③ 10분간 가열 후, 시험체를 관통하는 방화상 유해한 균열, 구멍 및 용융(복합자재인 경우, 심재가 전부 용융, 소멸되는 것을 포함함) 등이 없을 것

2) 건축물의 내장재료 및 구조의 난연성 시험(KS F 2271)

가스유해성 시험을 실시하여 실험용 쥐의 평균행동정지시간이 9분 이상일 것

3. 난연재료

1) 시험 기준

① 콘 칼로리미터 시험

- 가열시험 개시 후, 5분간 총 방출열량이 8 MJ/m^2 이하일 것
- 5분간 최대 열방출률이 10초 이상 연속으로 200 kW/m^2를 초과하지 않을 것
- 5분간 가열 후, 시험체를 관통하는 방화상 유해한 균열, 구멍 및 용융(복합자재인 경우, 심재가 전부 용융, 소멸되는 것을 포함함) 등이 없을 것

② 건축물의 내장재료 및 구조의 난연성 시험(KS F 2271)

가스유해성 시험을 실시하여 실험용 쥐의 평균행동정지시간이 9분 이상일 것

2) 시험 없이 난연재료로 인정되는 것

① 피난-방화 규칙 제24조의2의 규정에 의한 복합자재로서, 건축물의 실내에 접하는 부분에 12.5 mm 이상의 방화석고보드로 마감한 것

② 건축부재의 내화시험방법(KS F 2257-1)에 따라 내화성능시험을 한 결과, 15분의 차염성능을 가지고, 이면온도가 120 K 이상 상승하지 않은 재료로 마감한 경우

4. 시험체 및 시험횟수

1) 시험체는 실제의 것과 동일한 구성과 재료로 되어 있을 것

2) 시험은 시험체에 대하여 총 3회 실시한다.(가스유해성 시험은 2회)

3) 복합자재인 경우, 시험체의 각 단면에 별도의 마감을 하지 않을 것

4) 콘칼로리미터 시험의 경우에는 가열강도를 50 kW/m^2로 한다.

5. 결론

1) 반자 마감재료 등으로 많이 사용되는 방화 석고보드는 그 두께가 12.5 mm 이상일 경우 복합자재 적용 시 시험 없이 난연재료로 인정되고 있다(시험성적서 불필요).

2) 방화 석고보드가 불연재 또는 준불연재로 인정되는지의 여부는 그에 적합한 성능시험에 합격해야 하며 현장에서는 시험성적서를 확인해야 한다.

6 연료전지의 종류와 특성 및 장단점에 대하여 설명하시오.

문제 6) 연료전지의 종류와 특성 및 장단점

1. 개요

1) 연료를 연소시키지 않고 연료의 화학반응에서 직접 전기를 얻는 장치로서, 전자의 이동을 통해 전기를 생산

2) 일반적인 배터리가 전기를 저장하는 것에 비해 연료전지는 전기를 만들어 냄

2. 연료전지의 종류

온도	종류	주연료	전해질	용도
저온	고분자전해질형 (PEFC 또는 PEM)	수소, 에탄올	이온전도성 고분자 막	자동차
	인산형 (PAFC)	천연가스, 메탄올	인산	분산전원
	알칼리형 (AFC)	수소	없음	특수목적
고온	용융탄산염형 (MCFC)	천연가스, 석탄가스	혼합 용융 탄산염	발전소
	고체산화물형 (SOFC)	–	고체산화물	발전소

3. 연료전지 종류별 특성 및 장단점

1) 고분자 전해질형 연료전지(PEFC 또는 PEM)

① 80 ℃ 이하의 저온에서 운전

② 발전 원리

- 음극에서 H_2가 2개의 수소이온과 2개의 전자로 분해
- 전자는 도선을 통해 양극으로 이동
- 양극에서 수소이온, 전자가 산소와 반응하여 물이 생성
- 전해질은 이온 전도성 고분자 막

③ 자동차용으로 사용 가능(수소 연료전지 자동차)

④ 장단점

- 구조가 간단하고, 빠른 시동과 응답 특성, 우수한 내구성을 가짐
- 충전시간이 오래 필요하고, 주행 가능거리가 짧으며 CO가 발생함

2) 인산형 연료전지(PAFC)

① 200 ℃ 이하의 온도에서 운전

② 발전 원리

- 고분자전해질형과 동일하며, 전해질로 인산염을 이용
- 인산은 전도성이 낮지만, 연료전지에 적합한 수명을 가진 물질

③ 분산형 전원(병원, 호텔 등)으로 이용

④ 장단점

- 백금 촉매를 이용하므로, 제작단가가 높고, 액체 인산이 40 ℃에서 응고되므로 시동이 어려움
- 전체 효율이 80 %에 이를 정도로 높음

3) 용융 탄산염형 연료전지(MCFC)

① 600~700 ℃의 고온에서 운전

② 발전 원리

- 전해질 : Li_2CO_3와 K_2CO_3의 혼합 용융 탄산염
- 전해질 이온은 탄산이온(CO_3^{2-})
- 연료가스(H_2가 주성분)와 산화체(O_2 + CO_2)가 각각 양극과 음극에 공급되면 고온에서 전기화학반응

양극 반응 : $H_2 + CO_3^{2-} \rightarrow H_2O + CO_2 + 2e^-$

음극 반응 : $\frac{1}{2}O_2 + CO_2 + 2e^- \rightarrow CO_3^{2-}$

③ 천연가스, 석탄가스 등의 다양한 연료를 이용

④ 장단점

- 고온에서 운전되므로 전극재료인 촉매로 백금 대신 니켈 사용 가능
- 발생되는 일산화탄소도 연료로 사용 가능하므로, 다양한 연료를 이용 가능
- 부식성 강한 용융탄산염에 대한 내식성 재료 사용에 따른 경제성 문제 발생

4) 고체 산화물형 연료전지(SOFC)

① 700 ~ 1,000 ℃의 고온에서 운전

② 발전 원리

- 양극에서 산소가 산소이온과 전자로 분해
- 음극에서 산소이온, 수소, 전자가 반응하여 물 생성

• 전해질인 고체산화물을 통해 전자와 산소이온 이동

③ 장단점

• 모든 구성요소가 고체이므로, 구조가 간단하며 전해질의 손실, 부식 등의 문제가 없음
• 고온가스를 배출하므로, 폐열을 이용한 열복합 발전도 가능함
• 전기 생성반응을 위해 매우 높은 온도를 필요로 하며, 시간이 지날수록 전지 성능이 저하될 수 있음

CHAPTER 05

제 118 회 기출문제 풀이

118회 기출문제 1교시

1 보상식 스포트형 감지기의 필요성 및 적응장소에 대하여 설명하시오.

문제 1) 보상식 스포트형 감지기의 필요성 및 적응장소

1. 개요

1) 저온도에서는 차동식으로 작동되며

2) 주위 온도가 공칭작동온도에 도달하면 온도상승률에 상관없이 정온식으로 작동되는 감지기이다.

2. 보상식 감지기의 필요성

1) 일반 열감지기의 단점

차동식	심부화재나 훈소에 둔감(느린 온도상승률)
정온식	공칭작동온도에 도달할 때까지 감지 지연

2) 보상식 스포트형 감지기

① 2가지 중 1가지 조건만 만족해도 동작하는 열감지기(OR회로)

② 목적 : 실보 방지

3. 적응장소

1) 심부성 화재가 우려되는 장소

2) 연기가 다량으로 유입되는 장소

3) 배기가스, 부식성 가스 또는 결로가 다량으로 체류하는 장소

4. 결론

1) 보상식 스포트형 감지기는 차동식과 정온식의 감지 원리를 모두 가지고 있으며,

2) 화재 시 감지기가 작동되지 않는 실보나 작동 지연을 방지하기 위하여 사용된다.

2 교차회로 방식으로 하지 않아도 되는 감지기에 대하여 설명하시오.

문제 2) 교차회로 방식으로 하지 않아도 되는 감지기

1. 교차회로 방식

1) 감지기와 연동시키는 소화설비의 오작동을 방지하기 위해 적용하는 감지기 설계방식
2) 2개 이상의 회로를 교차되도록 설치하여 각 회로가 모두 화재를 감지했을 때 소화설비가 작동되도록 하는 방식

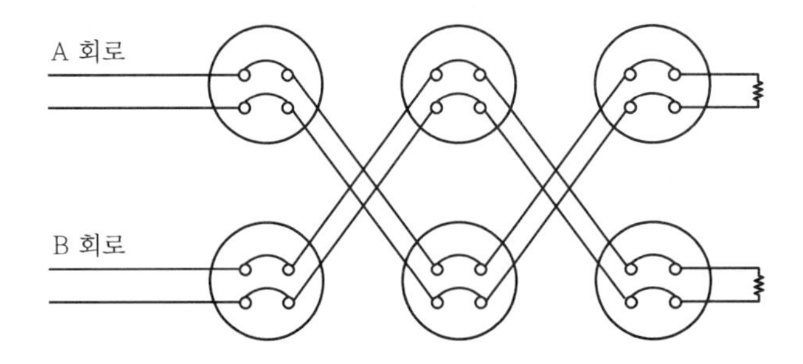

3) 이러한 교차회로 방식은 오작동 방지에는 유효하지만, 실제 화재 시 소화설비 작동을 지연시켜 소화에 실패하게 될 우려가 있다.

2. 교차회로 방식으로 하지 않아도 되는 감지기

1) 축적형 감지기
2) 불꽃 감지기
3) 복합형 감지기
4) 정온식 감지선형 감지기
5) 다신호 방식 감지기
6) 차동식 분포형 감지기
7) 광전식 분리형 감지기
8) 아날로그 방식의 감지기

3. 결론

소화설비의 감지기로 교차회로 방식보다는 신뢰성 높은 감지기를 적용하여 소화설비의 오작동뿐만 아니라 작동지연에 대한 적절한 대응이 필요하다.

3 방화문의 종류 및 문을 여는데 필요한 힘의 측정기준과 성능에 대하여 설명하시오.

문제 3) 방화문의 종류 및 출입문 개방력, 성능

1. 방화문의 종류 및 성능

1) 차열성 유무에 따른 분류

① 비차열성 방화문 : 차염성 + 차연성 요구

- 차염성 : 방화문 뒤쪽의 화염 발생을 차단하는 성능
- 차연성 : 방화문 뒤쪽의 연기를 차단하는 성능

② 차열성 방화문 : 차염성 + 차연성 + 차열성 요구

- 차열성 : 문 뒤쪽으로의 열전달을 차단하는 성능

2) 국내 기준에 따른 방화문의 종류

① 갑종방화문 : 다음 성능을 모두 확보할 것

- 비차열 1시간 이상
- 차열 30분 이상(아파트 발코니에 설치하는 대피공간의 갑종방화문만 해당)

② 을종방화문 : 비차열 30분 이상의 성능을 확보할 것

2. 출입문 개방력

도어클로저가 부착된 상태에서 방화문을 작동하는 데 필요한 힘

1) 문을 열 때 : 133 N 이하

2) 완전 개방한 때 : 67 N 이하

4 건축물의 구조안전 확인 적용기준, 확인대상 및 확인자의 자격에 대하여 설명하시오.

문제 4) 건축물의 구조안전 확인 적용기준, 확인대상 및 확인자의 자격

1. 적용기준

1) 구조설계도서의 작성
2) 구조안전확인서 제출
3) 공사단계의 구조안전 확인
4) 내진성능 확보 여부 확인

2. 확인대상

층수	2층 이상(목구조 : 3층 이상)
연면적	200 m^2 이상(목구조 : 500 m^2 이상)
높이	13 m 이상
처마높이	9 m 이상
기둥 간 거리	10 m 이상
중요도	중요도 특, 1에 해당하는 건축물
국가적 문화유산	연면적 합계 5,000 m^2 이상
특수구조	3 m 이상 보, 차양 등이 돌출된 건축물
주택	단독주택, 공동주택

3. 확인자의 자격

1) 건축구조기술사
- 6층 이상 건축물
- 특수구조 건축물
- 다중이용건축물
- 준다중이용건축물
- 3층 이상의 필로티 형식 건축물
- 지진구역 I에 건축하는 중요도 특에 해당하는 건축물

2) 그 외 건축물 : 설계자(건축사)

3) 공사단계의 구조안전의 확인 : 공사감리자

5 스프링클러 작동시의 스모크 로깅(Smoke－Logging) 현상에 대하여 설명하시오.

문제 5) 스프링클러 작동 시의 스모크 로깅 현상

기 출 분 석 | 114회 | 115회 | 116회 | 117회 | 118회-1 | 119회

1. 정의

스프링클러 작동으로 인해 격렬한 혼합작용이 발생하여 천장부에 있는 고온 연기층이 온도가 낮고 체적이 큰 희석된 연기층으로 확대되는 현상

2. 발생 원인

1) 스프링클러 방수에 의한 온도 저하 및 연기의 이동
2) 고온 연기층의 하강에 따라 하부 공기층과 격렬한 혼합 발생
3) 배출해야 할 연기층 증가 및 호흡선까지의 독성가스 하강
   → 이로 인해 피난에 대한 장애, 제연설비의 배출량 초과 등의 문제가 발생된다.

3. 영향인자

1) 상부 연기층의 두께 및 온도
   스프링클러 작동 시점의 상부 연기층 온도가 높고 두꺼울수록 스모크 로깅 현상이 발생되기 쉬움

2) 소화수의 운동량, 분사 각도, 액적의 특성 및 크기
   상부 연기층의 급격한 성장을 초래할 수 있음

4. 대책

1) 스프링클러의 조기 작동
   ① 화재 초기에 1개 이상의 헤드가 방수를 시작하면 비교적 얇고 온도가 낮은 상부 연기층이 항상 유지된다.
   ② 따라서 헤드의 조기작동이 스모크－로깅 방지에 중요하다.

2) 스프링클러 헤드와 연기배출구 통합설비 적용 검토

6 프레져 사이드 푸로포셔너(Pressure Side Proportioner)의 설비구성과 혼합 원리를 설명하시오.

문제 6) 프레져 사이드 푸로포셔너의 설비구성과 혼합원리

1. 개요

1) 포 소화약제 펌프(용적식 펌프)를 따로 설치하여 포 수용액을 혼합시키는 방식
2) 대형 시스템에 주로 적용하며, 화공플랜트에서는 일반적으로 3,800 L 이상의 포 소화약제를 사용하는 시스템에 적용

2. 설비구성

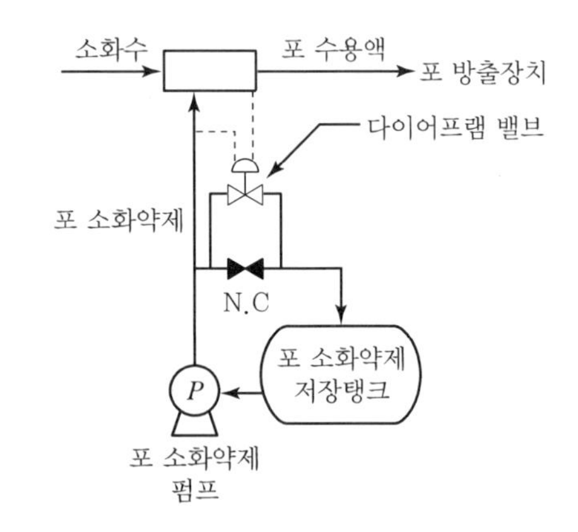

1) 혼합장치(Ratio Controller)
   ① 소화수와 포 소화약제가 혼합되는 장치
   ② 변형된 벤츄리방식
2) 포약제 저장탱크 및 펌프
   용적식 펌프(기어펌프) 적용
3) 다이어프램밸브
4) Duplex Gauge
5) 바이패스 관로(평상시 밸브잠금)

3. 혼합 원리

1) 화재 발생 → 소화수 및 포약제 펌프 기동
2) 혼합장치로 소화수 유동 → 혼합장치 목부분 압력 저하 → 포 소화약제가 저압영역으로 유입(압력차에 따라 포 약제 유입비율 변화됨)
3) 다이어프램 밸브가 혼합비율을 조절
   ① 적은 소화수 유량
   혼합장치의 소화수 압력이 상승하여 다이어프램 밸브가 개방되고 포 소화약제가 저장탱크로 회수됨
   ② 많은 소화수 유량
   혼합장치의 소화수 압력이 낮아져 다이어프램 밸브가 닫히면서 더 많은 양의 포 소화약제가 혼합됨

7 청정소화약제의 인체에 대한 유해성을 나타내는 LOAEL, NOAEL, NEL을 설명하시오.

문제 7) 인체에 대한 유해성을 나타내는 LOAEL, NOAEL, NEL

1. 가스계 소화약제의 주요 위험성 및 정량적 표현

1) 할로겐화합물 계열 : 심장 발작 → NOAEL, LOAEL

2) 불활성가스 계열 : 산소 결핍 → NEL, LEL

2. LOAEL과 NOAEL

1) NOAEL

① No Observed Adverse Effect Level

② 생리학 또는 독성학적 악영향이 관찰되지 않은 최고농도

2) LOAEL

① Lowest Observed Adverse Effect Level

② 생리학 또는 독성학적 악영향이 관찰된 최저농도

3) 적용방법

① 상주지역

설계농도가 (1) NOAEL을 초과하는지 여부와 (2) PBPK 모델링에 따른 노출허용시간에 따라 적용가능 여부 결정

② 비상주지역

설계농도가 LOAEL을 초과하는지 여부와 대피소요시간에 따라 적용 가능 여부 결정

3. NEL

1) No Effect Level

2) 저산소 분위기에서 인체에 생리학적 영향을 주지 않는 최대농도

3) 산소농도 12 %에 해당되는 소화약제의 농도를 의미함

8 「소방기본법」에 명시된 법의 취지에 대하여 설명하시오.

문제 8) 소방기본법에 명시된 법의 취지

1. 소방기본법의 취지

1) 화재를 예방·경계하거나 진압
2) 화재, 재난·재해, 그 밖의 위급한 상황에서의 구조·구급 활동 등을 통하여

→ 국민의 생명·신체 및 재산을 보호함으로써 공공의 안녕 및 질서 유지와 복리증진에 이바지함을 목적으로 한다.

Ref.

화재예방, 소방시설의 설치유지 및 안전관리에 관한 법률

이 법은 화재와 재난·재해, 그 밖의 위급한 상황으로부터 국민의 생명·신체 및 재산을 보호하기 위하여 화재의 예방 및 안전관리에 관한 국가와 지방자치단체의 책무와 소방시설등의 설치·유지 및 소방대상물의 안전관리에 관하여 필요한 사항을 정함으로써 공공의 안전과 복리 증진에 이바지함을 목적으로 한다.

소방시설 공사업법

이 법은 소방시설공사 및 소방기술의 관리에 필요한 사항을 규정함으로써 소방시설업을 건전하게 발전시키고 소방기술을 진흥시켜 화재로부터 공공의 안전을 확보하고 국민경제에 이바지함을 목적으로 한다.

위험물 안전관리법

이 법은 위험물의 저장·취급 및 운반과 이에 따른 안전관리에 관한 사항을 규정함으로써 위험물로 인한 위해를 방지하여 공공의 안전을 확보함을 목적으로 한다.

9 감리 계약에 따른 소방공사 감리원이 현장배치 시 소방공사 감리를 할 때 수행하여야 할 업무를 설명하시오.

문제 9) 소방공사 감리를 할 때 수행하여야 할 업무

1. 감리원의 법적 임무

구분	주요 업무내용
적법성 (관련법 준수)	• 소방시설등의 설치계획표 검토 • 공사업자가 한 소방시설등의 시공이 설계도서와 화재안전기준에 맞는지 지도 · 감독 • 피난 및 방화시설 검토 • 실내장식물의 불연화와 방염물품 검토
적합성 (적법성과 기술상의 합리성)	• 소방시설등 설계도서의 검토 • 소방시설등 설계변경사항의 검토 • 소방용품의 위치, 규격 및 사용자재 검토 • 공사업자가 작성한 시공상세도 검토
성능시험	• 완공된 소방시설등의 성능시험

2. 단계별 감리업무

1) 공사착수단계
- 감리자 지정신고
- 소방공사 감리원 배치 통보
- 소방시설 착공신고(하도급 검토)

2) 공사시행단계
- 감리일지 등의 문서 작성 및 관리
- 품질관리, 시공계획 및 검측
- 성능시험
- 설계도서 검토 및 기술 검토
- 자재관리(승인 및 검수)
- 안전관리

3) 설계변경 및 계약금액 조정

4) 기성 및 완공검사

5) 인수인계

10 공정흐름도(PFD, Process Flow Diagram)와 공정배관계장도(P&ID, Process & Instrumentation Diagram)에 대하여 설명하시오.

문제 10) 공정흐름도(PFD)와 공정배관계장도(P&ID)

1. PFD(공정흐름도)

1) 정의

① 공정계통과 장치 설계 기준을 나타내는 도면

② 주요 장치, 장치 간 연관성, Operating Condition, Heat & Material Balance, 제어설비, 연동장치 등의 기술적 기본정보를 파악할 수 있는 도면

2) PFD에 표시할 사항

① Flow Scheme : 공정 처리 순서 및 흐름 방향

② 주요 장치 : 명칭, 간단한 사양 및 배열

③ 기본 제어논리(Basic Control Logic)

④ 기본설계에 따른 온도, 압력, 유량 및 Heat & Material Balance

2. P&ID(배관 계장 계통도)

1) 정의

① 시스템을 구성하는 기기, 배관 및 제어용 계기의 설치 위치, 기능 및 계기 상호 간의 연계상태 등을 나타낸 도면

② 공정의 시운전, 정상운전, 운전정지 및 비상운전 시에 필요한 모든 장치, 배관, 제어 및 계기를 표시하고 이들 상호 간의 연관 관계를 표시하여 필요한 기술적 정보를 파악할 수 있는 도면

2) P&ID에 표시할 사항

① 장치 : 명칭, 고유번호, 용량, 재질, 구조 및 각종 부속품

② 배관 : 배관번호, 배관경, 재질, 플랜지 압력, 보온 등

③ 밸브 : 모든 차단 밸브를 표시하며, 해당 밸브의 종류 및 개폐상태 명기

④ 계측기기 : 종류, 형식, 기능, 고유번호 및 신호라인

11 가연물 연소패턴 중 다음의 용어에 대하여 설명하시오.
1) Pool-shaped burn pattern
2) Splash pattern

문제 11) 가연물 연소패턴 용어

1. 액체가연물과 관련한 연소패턴

1) 석유류 액체가연물 관련 연소패턴은 NFPA 921에 나와 있으며, 국내에서도 화재조사에 활용되고 있다.
2) 이런 화재패턴은 화재현장에서 석유류 액체가연물의 사용 여부를 판단하는 근거로 활용될 수 있지만, 판단에 혼란을 줄 수 있는 간섭 현상에 대해서도 주의해야 한다.

2. Pool-shaped burn pattern

1) Pool을 이루고 있는 석유류 액체가연물에 의해 발생하지만, 열가소성 플라스틱에 의해서도 발생할 수 있는 불규칙한 바닥재의 연소 흔적
2) 이 패턴은 부분적 가열이나 소락물에 의해서도 생성 가능함
3) 가연성 액체는 광범위한 영역에 균일한 연소 흔적을 남김
4) 액체가 연소한 영역과 그 외부 사이에는 뚜렷한 연소 정도의 차이가 나타남
5) Pour Pattern
   ① Pool-shaped Burn Pattern과 동일한 형태이지만 석유류 액체가연물이 의도적으로 관여된 연소 흔적
   ② 이러한 의도가 형태적으로 독특하게 나타나는 것은 아니므로 연소형태를 묘사할 때 이 용어는 사용하지 않음
   ③ Irregularly Fire Pattern이라고 함

3. Splash Pattern

1) 석유류 액체가연물이 바닥에 쏟아졌을 때, 낙하 충격에 의해서 작은 방울로 튀어 연소 흔적의 경계를 넘어 부착되고 이것이 연소된 국부적인 연소 흔적
2) 특징
   ① 이 패턴은 주변으로 튀어나간 가연성 방울에 의해 생성되므로 약한 풍향에도 영향을 받음
   ② 바람이 부는 방향으로는 잘 생기지 않으며, 반대방향으로는 비교적 먼 지점에서도 생길 수 있음

⑫ 위험물안전관리법 시행령에서 규정하고 있는 인화성 액체에 대하여 설명하고, 인화성 액체에서 제외할 수 있는 경우 4가지를 설명하시오.

문제 12) 위험물안전관리법에 의한 인화성 액체

1. 개요

1) 액체로서 인화의 위험성이 있는 것
2) 제3석유류, 제4석유류 및 동식물유류의 경우 : 1기압과 20 ℃에서 액체인 것만 해당

2. 인화성 액체에서 제외할 수 있는 경우

다음 중 어느 하나에 해당하는 것을 운반용기를 사용하여 운반하거나 저장(진열 및 판매 포함)하는 경우

1) 화장품 중 인화성 액체를 포함하고 있는 것
2) 의약품 중 인화성 액체를 포함하고 있는 것
3) 의약외품(알코올류 제외) 중 수용성인 인화성 액체를 50 % 이하로 포함하고 있는 것
4) 체외진단용 의료기기 중 인화성 액체를 포함하고 있는 것
5) 안전확인대상 생활화학제품(알코올류 제외) 중 수용성인 인화성 액체를 50 % 이하로 포함하고 있는 것

⑬ 전기화재의 원인으로 볼 수 있는 은(Silver) 이동 현상의 위험성과 특징, 대책에 대하여 설명하시오.

문제 13) 은 이동 현상의 위험성, 특징, 대책

1. 개요

1) 은(Ag)은 전기소자 부품을 접합할 때 은랍(Silver solder)이 사용되며, 인쇄회로기판(PCB)의 배선회로 재료로 사용됨

2) 은 이동(Silver Migration)

직류전압이 인가된 은(도금 포함)의 이극 도체 사이에 절연물이 있을 때, 그 절연물 표면에 수분이 부착되면 은의 양이온이 음극으로 이동하며 전류가 흘러 전기소자의 정상적 기능을 방해하여 전기기기의 이상을 초래하는 현상

2. 위험성

1) 은 이동이 발생하면 은 코일이나 은 합금이 용융하며, 회로 간의 누설전류가 증가하여 발열하게 된다.
2) 이로 인해 전극이 용융되고, 반도체가 파손되기도 한다.
3) 이러한 은 이동은 대형화재로 발전할 가능성은 낮지만, 정밀 전자제품의 오작동의 주된 원인이 된다.

3. 특징

1) 은이온의 발생은 점진적으로 진행됨
2) 주변 온도가 높고, 열축적이 잘되는 기기에서 발생하기 쉬움
3) 은 이동에 의한 누설전류는 대부분 매우 적어서 초기에 매우 작은 불씨가 발생함

4. 대책

1) 화재 초기에 적절한 점검 및 진단을 실시하여 대형화재로의 성장 방지
2) 은을 사용하는 전기적 요소 : 주변 습도 관리와 주변 가스와의 반응에 대한 철저한 관리 필요

118회 기출문제 2교시

1 스프링클러 급수배관은 수리계산에 의하거나 아래의 "스프링클러헤드 수별 급수관의 구경"에 따라 선정하여야 한다. "스프링클러헤드 수별 급수관의 구경"의 (주) 사항 5가지를 열거하고 스프링클러 헤드를 가, 나, 다 각 란의 유형별로 한쪽의 가지배관에 설치할 수 있는 최대의 개수를 그림으로 설명하시오.(단, "가"란은 상향식설치 및 상 · 하향식설치 2가지 유형으로 표기하고, 관경 표기는 필수이다.)

스프링클러 헤드 수별 급수관의 구경

(단위 : mm)

구분 \ 급수관의 구경	25	32	40	50	65	80	90	100	125	150
가	2	3	5	10	30	60	80	100	160	161 이상
나	2	4	7	15	30	60	65	100	160	161 이상
다	1	2	5	8	15	27	40	55	90	91 이상

문제 1) 스프링클러 급수관 구경의 (주) 사항 및 유형별로 한쪽 가지배관에 설치할 수 있는 최대 헤드 수

1. 급수관 구경의 주기사항

1) 폐쇄형 스프링클러 헤드를 사용하는 설비의 경우

1개 층에 하나의 급수배관(또는 밸브 등)이 담당하는 구역의 최대면적은 3,000 m^2를 초과하지 않을 것

2) 폐쇄형 스프링클러 헤드를 설치하는 경우

① "가"란의 헤드 수를 따를 것

② 단, 100개 이상의 헤드를 담당하는 급수배관(또는 밸브)의 구경을 100 mm로 할 경우에는 수리계산을 통하여 배관 유속 기준에 적합하게 할 것

• 가지배관 : 6 m/s 이하
• 그 밖의 배관 : 10 m/s 이하

3) 폐쇄형 스프링클러 헤드를 설치하고 반자 아래의 헤드와 반자 속의 헤드를 동일 급수관의 가지관 상에 병설하는 경우 : "나"란의 헤드 수에 따를 것

4) 특수가연물 저장, 취급 또는 무대부에 폐쇄형 헤드를 사용하는 설비의 배관구경 : "다"란에 따를 것

5) 개방형 스프링클러 헤드를 설치하는 경우
① 1개 방수구역이 담당하는 헤드 수 30개 이하 : "다"란의 헤드 수에 의할 것
② 1개 방수구역이 담당하는 헤드 수 30개 초과 : 수리계산 방법에 따를 것

2. 유형별로 한쪽의 가지배관에 설치할 수 있는 최대의 개수

1) 가의 경우
① 상향식 설치

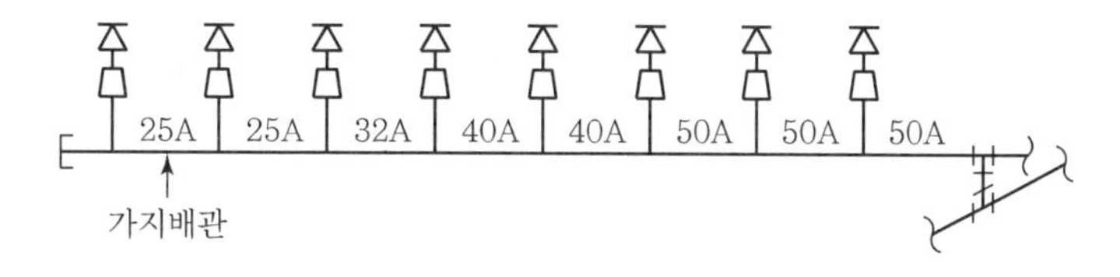

② 상 · 하향식 설치
• 주차장, 기계실 등의 장소에 반자 없이 살수장애로 인해 헤드를 상 · 하향식으로 병설하는 경우
• 상향식과 하향식 헤드 수량을 모두 고려하여 배관경을 결정함

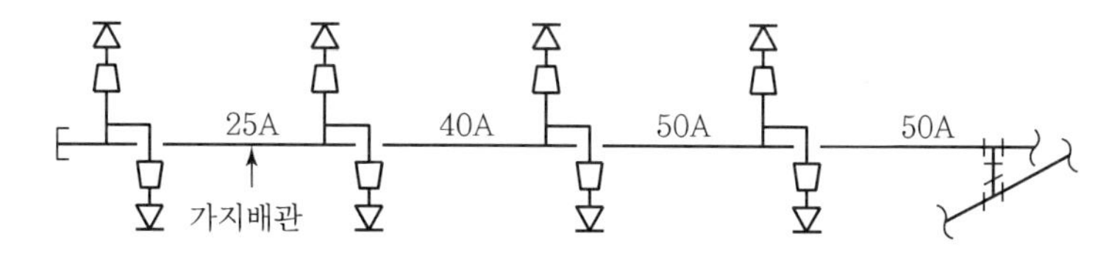

2) 나의 경우
① 반자가 있는 상태에서 설치한 스프링클러 헤드
② 반자 외부에서 화재가 발생하여 반자 아래의 헤드에서 방수되면 반자 속의 헤드 개방이 지연될 것이므로 배관경을 완화하여 적용한 것

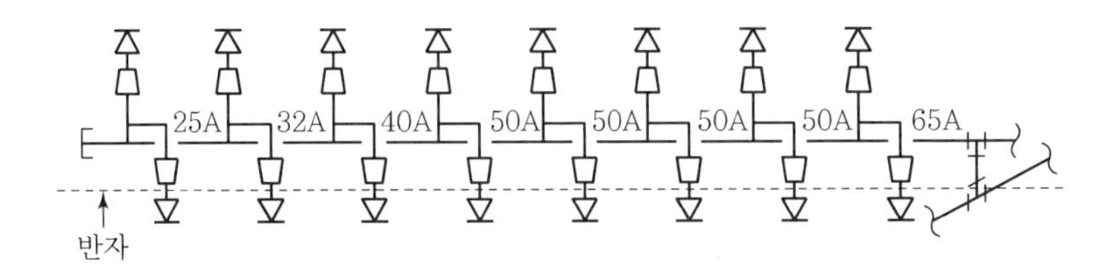

3) 다의 경우

① 천장이 높거나 화재 시 인명피해가 크고, 급격하게 연소가 확대될 우려가 있는 장소에 적용하는 기준

② 상대적으로 엄격한 배관구경을 적용함

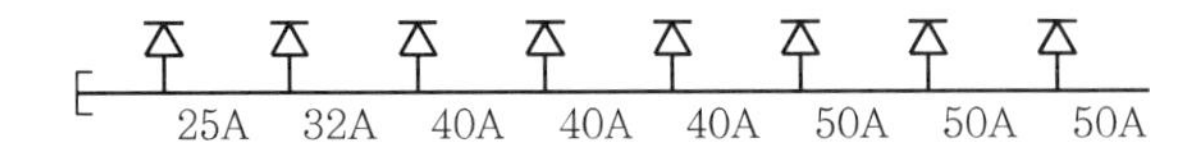

2 호스릴 소화전의 도입배경과 설치기준 및 호스릴 소화전의 특징, 문제점에 대하여 설명하시오.

문제 2) 호스릴 소화전의 도입배경과 설치기준 및 특징 · 문제점

1. 개요

호스릴 소화전은 철심을 넣은 호스를 드럼에 감아둔 소화전으로 호스의 꼬임 · 접힘이 없어 화재 시 조작성능을 높인 설비이다.

2. 도입 배경

1) 기존 호스식 소화전의 문제점

① 반동력이 커서 노약자의 취급이 어려움

② 호스가 꼬이거나 접히면 방수 불가능

③ 화점이 가까이 있어도 전체 호스를 다 펼쳐야 사용 가능

④ 2인 이상의 조작이 필요

⑤ 젖은 호스를 보관할 경우, 접힌 호스 부식 우려

2) 옥내소화전은 그 설치목적상 거주인이 초기소화에 대응하여 사용할 수 있어야 하는데, 위와 같

은 여러 가지 문제점으로 인해 실질적으로 유사시에 사용하기 어려운 문제가 있어 왔다.

3) 이에 따라 소화전의 실질적 사용이 가능하도록 동양인의 기준에 맞춰 개발된 호스릴 소화전을 도입하게 되었다.

3. 호스릴 소화전의 설치 기준

방수량	수원의 양	방사압력	호스구경	수평거리
130 lpm	N×2.6 m^3	0.17 ~ 0.7 MPa	25 mm	25 m 이내

4. 호스릴 소화전의 특징

1) 설치장소 : 아파트, 노유자시설, 업무시설
2) 호스가 수납상태에서도 환형을 유지하여 호스의 점착이 일어나지 않는다.
3) 호스에 철심이 있어서 꼬임, 접힘의 우려가 없다.
4) 필요한 길이만큼만 풀어서 방사하므로, 신속한 대응이 가능하다.
5) 노즐을 쉽게 개폐할 수 있는 장치를 그 노즐에 설치해야 한다.(밸브)
6) NFPA 14에서는 경급 화재위험(Light Hazard Occupancy)에만 적용할 수 있도록 규정하고 있다.

5. 호스릴 소화전의 문제점

1) 국내 호스릴 소화전은 마찰손실이 매우 커서 호스릴을 드럼에 감아둔 상태에서 약 4~5 bar 정도의 압력 저하가 발생하였으며, 최근에는 품질 향상으로 약 2.5 bar 정도의 압력 저하로 감소되었다.
2) 그러나 여전히 전체 건물 내 전체 배관 마찰손실에 비해 매우 큰 손실이며, 이러한 큰 마찰손실이 있는 호스릴 소화전을 사용하는 것은 전체 소화시스템 계통 신뢰성에 악영향을 끼치게 된다.

6. 결론

1) 호스릴 소화전은 취급이 용이하여 실제 화재에서 활용 폭이 클 것으로 기대되지만, 큰 마찰손실로 인해 소화시스템 계통 설계에 많은 문제점을 발생시킨다.
2) 따라서 호스릴의 품질 향상이 될 수 있는 방안이 강구되어야 할 것으로 판단된다.

3 「위험물안전관리법」에서 규정하고 있는 「수소충전설비를 설치한 주유취급소의 특례」 상의 기술기준 중 아래 내용을 설명하시오.

1) 개질장치(改質裝置)
2) 압축기(壓縮機)
3) 충전설비
4) 압축수소의 수입설비(受入設備)

문제 3) 수소충전설비를 설치한 주유취급소의 특례상의 기술기준

1. 개질장치

1) 개념

인화성 액체를 원료로 하여 수소를 제조하는 장치

2) 원료탱크

① 주유취급소에 개질장치에 접속하는 50,000 L 이하의 원료탱크를 설치할 수 있다.

② 원료탱크는 지하에 매설하되, 그 위치, 구조 및 설비는 Ⅲ 제3호가목을 준용할 것

3) 개질장치의 설치 기준

① 특례 기준

- 개질장치는 자동차등이 충돌할 우려가 없는 옥외에 설치할 것
- 개질원료 및 수소가 누출된 경우에 개질장치의 운전을 자동으로 정지시키는 장치를 설치할 것
- 펌프설비에는 개질원료의 토출압력이 최대상용압력을 초과하여 상승하는 것을 방지하기 위한 장치를 설치할 것
- 개질장치의 위험물 취급량은 지정수량의 10배 미만일 것

② 옥외설비의 바닥

- 바닥 둘레에 0.15 m 이상 높이의 턱 설치
- 바닥은 콘크리트 등 위험물이 스며들지 아니하는 재료로 하고, 턱이 있는 쪽이 낮게 경사지게 할 것
- 바닥의 최저부에 집유설비를 설치할 것
- 비수용성 위험물을 취급하는 경우 집유설비에 유분리장치를 설치할 것

③ 안전장치 설치

- 위험물의 누출 · 비산방지
- 가열 · 냉각설비 등의 온도측정장치

- 가열건조설비
- 압력계 및 안전장치
- 정전기 발생 우려 설비에는 정전기 제거설비를 설치
- 전동기 및 위험물을 취급하는 설비의 펌프 · 밸브 · 스위치 등은 화재예방상 지장이 없는 위치에 부착할 것

④ 위험물제조소의 위험물 취급 배관 기준을 적용할 것

2. 압축기

1) 가스의 토출압력이 최대상용압력을 초과하여 상승하는 경우에 압축기의 운전을 자동으로 정지시키는 장치를 설치할 것
2) 토출 측과 가장 가까운 배관에 역류방지밸브를 설치할 것
3) 자동차등의 충돌을 방지하는 조치를 마련할 것

3. 충전설비

1) 위치

① 주유공지 또는 급유공지 외의 장소로 하되
② 주유공지 또는 급유공지에서 압축수소를 충전하는 것이 불가능한 장소로 할 것

2) 충전호스

① 자동차등의 가스충전구와 정상적으로 접속되지 않는 경우
- 가스가 공급되지 않는 구조로 할 것
- 200 kg_f 이하의 하중에 의하여 파단 또는 이탈될 것
- 파단 또는 이탈된 부분으로부터 가스 누출을 방지할 수 있는 구조일 것

3) 자동차등의 충돌을 방지하는 조치를 마련할 것
4) 자동차등의 충돌을 감지하여 운전을 자동으로 정지시키는 구조일 것

4. 압축수소의 수입설비

1) 위치

① 주유공지 또는 급유공지 외의 장소로 하되
② 주유공지 또는 급유공지에서 압축수소를 충전하는 것이 불가능한 장소로 할 것

2) 자동차등의 충돌을 방지하는 조치를 마련할 것

4 축적형 감지기의 작동원리 · 설치장소 · 사용할 수 없는 경우에 대하여 설명하시오.

문제 4) 축적형 감지기의 작동 원리 · 설치장소 · 사용할 수 없는 경우

1. 개요

1) 정의 : 일정농도 이상의 연기가 일정시간 연속하는 것을 검출하여 발신하는 감지기(단순히 작동시간만 지연시키는 것 제외)

2) 종류 : 연기감지기(이온화식과 광전식 스포트형)

3) 목적 : 일과성 비화재보 방지

2. 축적형 감지기의 작동 원리

1) 비축적형 감지기
일정농도 이상의 연기가 감지기에 유입되면 이를 감지하여 즉시 화재신호를 발신

2) 축적형 감지기
① 작동 원리
- 일정농도 이상의 연기를 감지
- 즉시 화재신호를 발신하지 않고, 공칭축적시간 동안 감시 지속
- 연기의 지속을 재확인하여 화재신호를 발신

② 단순히 작동시간만을 지연시키는 것은 제외
→ 축적시간 후의 연기농도의 재확인 기능이 없는 감지기를 제외한다는 의미

③ 축적시간
- 설정농도 이상의 연기 감지 후 화재신호 발신까지의 시간
- 10초 이상으로 60초 이내
- 공칭축적시간 : 10, 20, 30, 40, 50, 60초의 6가지가 있으며, 감지기에 표시되어 있음

④ 축적형의 작동방법

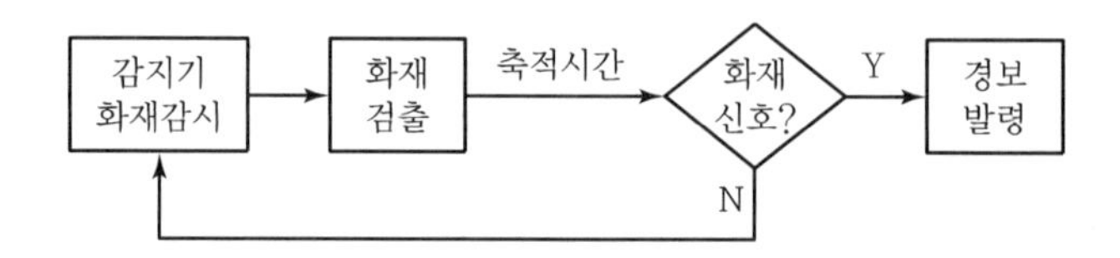

3. 축적형 감지기의 설치장소

1) 지하층, 무창층으로서
   ① 환기가 잘 되지 않거나
   ② 실내면적이 40 m^2 미만인 장소

2) 감지기의 부착면과 실내바닥과의 거리가 2.3 m 이하인 곳으로서 일시적으로 발생한 열, 연기 또는 먼지 등으로 인하여 화재신호를 발신할 우려가 있는 장소

4. 축적형 감지기를 사용할 수 없는 경우

1) 교차회로방식에 사용되는 감지기
   ① 교차회로는 2개의 회로로 구성되어 각각의 회로 내의 감지기가 1개 이상씩 작동해야 해당 소화설비를 작동시키는 것
   ② 교차회로 자체에 비화재보를 방지하는 기능을 가졌다고 볼 수 있음
   ③ 축적형 감지기를 사용할 경우 시간 지연에 따른 연소 확대가 우려됨

2) 급격한 연소 확대가 우려되는 장소에 사용되는 감지기
   ① 화재 시 급격하게 연소 확대될 수 있는 위험물 등의 가연물이 있는 장소에 축적형 감지기를 사용할 경우에는 감지기 동작 지연으로 소화 실패 또는 피난이 불가능해질 우려가 높음
   ② Fast 또는 Ultra-fast 화재 위험이 있는 장소에는 비축적형을 사용해야 함

3) 축적 기능이 있는 수신기에 연결되어 사용되는 감지기
   ① 축적 기능이 있는 수신기는 감지기의 동작 신호를 수신하면 즉각 경보하지 않고, 일정시간 이상 지속되어야 경보를 발한다.
   ② 따라서 축적형 수신기에 축적형 감지기를 적용할 경우 축적시간이 매우 길어져 화재가 확대될 수 있다.

5 건축물에 설치하는 지하층의 구조 및 지하층에 설치하는 비상탈출구의 구조에 대하여 설명하시오.

문제 5) 지하층의 구조 및 비상탈출구의 구조

1. 지하층의 구조

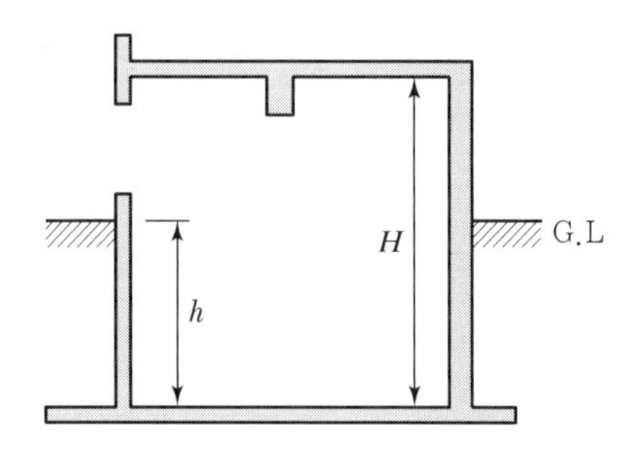

1) 정의

① 건축물의 바닥이 지표면 아래 있는 층으로서

② 그 바닥에서 지표면까지의 평균높이가 당해 층 높이의 1/2 이상인 것

2) 구조

① 거실 바닥면적 50 m^2 이상인 층

직통계단 외에

- 피난층 또는 지상으로 통하는 비상탈출구 설치
- 환기통 설치
- 예외
  - 직통계단 2개소 이상 설치된 경우
  - 주택인 경우

② 다음 용도로 사용되는 층의 거실 바닥면적의 합이 50 m^2 이상인 건축물

- 해당 용도 : 공연장, 단란주점, 유흥주점, 생활권 수련시설, 자연권 수련시설, 예식장, 여관, 여인숙, 다중이용업소 등
- 직통계단을 2개소 이상 설치

③ 바닥면적 1,000 m^2 이상인 층

- 방화구획마다 피난계단 또는 특별피난계단을 1개소 이상 설치

④ 거실 바닥면적 합계 1,000 m^2 이상인 층

- 환기설비 설치

⑤ 바닥면적 300 m^2 이상인 층

- 식수공급을 위한 급수전 1개소 이상 설치

2. 비상탈출구의 구조

1) 크기

0.75 m × 1.5 m 이상

2) 비상탈출구의 문

① 피난 방향으로 개방

② 실내에서 항상 열 수 있는 구조

③ 내부 및 외부에는 비상탈출구 표시

3) 위치

출입구로부터 3 m 이상 떨어진 곳에 설치

4) 사다리

① 지하층 바닥 ~ 탈출구 아랫부분 높이 : 1.2 m 이상

→ 벽체에 사다리를 설치

② 사다리 발판 너비 : 20 cm 이상

5) 연결

① 피난층 또는 지상으로 통하는 복도나 직통계단에

- 직접 접하거나
- 피난통로 등으로 연결될 수 있도록 설치할 것

② 피난통로

- 유효너비 : 0.75 m 이상
- 실내에 접하는 부분의 마감과 그 바탕 : 불연재료

6) 비상탈출구 진입부분 및 피난통로에는 통행에 지장이 있는 물건을 방치하거나 시설물을 설치하지 않을 것

7) 비상탈출구의 유도등과 피난통로의 비상조명등 설치는 소방법령이 정하는 바에 의할 것

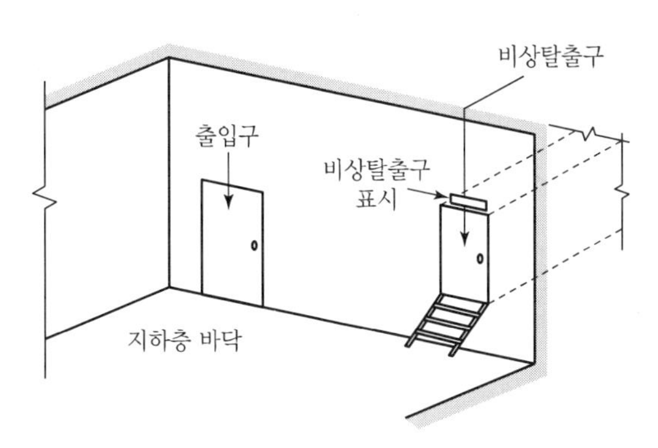

6 프로판의 연소식을 적고 화학양론조성비, 연소상한계(UFL), 연소하한계(LFL), 최소산소농도(MOC)를 구하고 각각의 의미를 설명하시오.

문제 6) 프로판의 연소식, 화학양론조성비, UFL, LFL, MOC 계산 및 의미

1. 프로판의 연소식 및 C_{st}, UFL, LFL, MOC 계산

1) 연소 반응식

$$C_3H_8 + 5O_2 \rightarrow 3CO_2 + 4H_2O$$

2) 화학양론 조성비(C_{st})

$$C_{st} = \frac{1}{1+\frac{O_2\ \text{mol}}{0.21}} \times 100 = \frac{1}{1+\frac{5}{0.21}} \times 100 = 4.03\,\%$$

3) 연소하한계(LFL)

① $LFL = 0.55 \times C_{st} = 2.22\,\%$

② 실제 프로판의 연소하한계인 2.1 %와 유사함

4) 연소상한계(UFL)

① $UFL = 3.50 \times C_{st} = 14.1\,\%$

② 실제 프로판의 연소상한계인 9.5 %와 차이가 큼

③ 알칸류 탄화수소의 LFL을 알고 있을 경우 UFL은 다음과 같이 산출할 수 있음 (실제 LFL : 2.1 % 대입)

- $UFL = 6.5\sqrt{LFL} = 6.5 \times \sqrt{2.1} = 9.4\%$
- $UFL = 7.1\,(LFL)^{0.56} = 7.1 \times (2.1)^{0.56} = 10.75\%$

→ Jones식에 비해 실제 값과 유사함

5) 최소산소농도(MOC)

$$MOC = LFL \times \frac{O_2\ \text{mol}}{\text{fuel mol}} = 2.1 \times \frac{5}{1} = 10.5\,\%$$

2. 각각의 의미

1) 화학양론 조성비(C_{st})

가연성 가스 1 mol이 공기 중 산소와 완전연소할 때, 공기와 가연성 가스의 혼합기체 중에서 가연성 가스의 부피비(vol.%)

2) LFL과 UFL

① 연소범위

가연성 가스와 공기 혼합기체에서 화염 확산이 가능한 가연성 가스의 농도 범위

② 연소하한계(LFL)

연소범위의 가연성 가스가 희박한 측의 한계 농도

③ 연소상한계(UFL)

연소범위의 가연성 가스가 농후한 측의 한계 농도

3) 최소산소농도(MOC)

① 예혼합연소의 예방을 위한 산소농도 한계

② 제3의 물질(CO_2, N_2 등)을 주입하여 산소농도를 MOC 미만으로 유지하면 예혼합연소를 예방 가능함

③ 영향인자 : 온도, 압력, 가연물, 불활성가스의 종류

118회 기출문제 3교시

1 건축물 실내 내장재의 방염의 원리 · 방염대상물품 · 방염성능 기준과 방염의 문제점 및 해결방안에 대하여 설명하시오.

문제 1) 방염의 원리, 방염대상물품, 방염성능 기준과 방염의 문제점 및 해결방안

1. 방염의 원리

1) 화염에 의해 비가연성 피막을 형성하여 가연물로의 열전달 억제
2) 연소반응을 방해하는 입자를 생성시켜 열분해를 억제
3) 기상반응을 억제(방염제에서 발생된 라디칼이 연쇄반응 차단)
4) 비가연성 가스를 발생시켜 가연성 혼합기의 형성을 방해
5) 방염제의 흡열반응으로 냉각

2. 방염대상물품

1) 제조 또는 가공공정에서 방염처리를 한 물품
① 창문에 설치하는 커튼류(블라인드 포함)
② 카펫, 두께가 2 mm 미만인 벽지류(종이벽지 제외)
③ 전시용 합판 또는 섬유판, 무대용 합판 또는 섬유판
④ 암막 · 무대막(영화상영관 및 골프 연습장의 스크린 포함)
⑤ 섬유류 또는 합성수지류 등을 원료로 하여 제작된 소파 · 의자(다중이용업특별법에 따른 단란주점영업, 유흥주점영업 및 노래연습장업의 영업장에 설치하는 것만 해당)

2) 건축물 내부의 천장이나 벽에 부착하거나 설치하는 것
(가구류, 너비 10 cm 이하인 반자돌림대, 내부마감재료 제외)
① 종이류(두께 2 mm 이상) · 합성수지류 또는 섬유류를 주원료로 한 물품
② 합판이나 목재
③ 공간 구획용 간이 칸막이
④ 흡음재 또는 방음재(흡음/방음용 커튼 포함)

3) 다중이용업소 · 의료시설 · 노유자시설 · 숙박시설 또는 장례식장에서 사용하는 침구류 · 소파 및 의자

→ 방염 처리가 필요하다고 인정되는 경우에는 방염 처리된 제품을 사용하도록 권장 가능

3. 방염성능 기준

1) 대상 물품

물품	잔염시간 (초)	잔신시간 (초)	탄화면적 (cm^2)	탄화길이 (cm)	접염 횟수	최대연기 밀도
카페트	20	–	–	10	–	400 이하
얇은 포	3	5	30	20	3	200 이하
두꺼운 포	5	20	40	20	–	200 이하
합성수지판	5	20	40	20	–	400 이하
합판 등	10	30	50	20	–	400 이하

※ 합판 등 : 합판, 섬유판, 목재 및 기타 물품

※ 연기밀도 계산식

$D_s = 132\log_{10}\dfrac{100}{T}$ 여기서, T : 광선투과율

2) 소파 · 의자

① 담배법에 의한 시험

1시간 이내에 발화하거나, 연기가 발생하지 않아야 함

② 버너법에 의한 시험

- 잔염시간 : 120초 이내
- 잔신시간 : 120초 이내
- 내부에서 발화하거나 연기가 발생하지 않아야 함

③ 45도 에어믹스버너 철망법에 의한 시험

- 탄화길이 : 최대 7.0 cm, 평균 5.0 cm 이내일 것

④ 최대연기밀도 400 이하

4. 방염의 문제점 및 해결방안

1) 현장처리물품(합판, 목재류)의 방염성능 불량

① 일반합판 형태로 방염성능시험을 통과한 제품에 임의로 타공하여 시공

② 타공된 합판에 방염필름을 붙여 방염타공합판으로 유통

③ 10 mm 이하의 두께로 성능인증받은 후, 이것보다 두꺼운 12~15 mm 이상의 타공합판을 제작, 유통

→ 방염성능검사를 받지 않은 제품을 설치한 경우에 벌칙규정을 강화하고, 시료 채취 등의 방법 등을 개선해야 함

2) 방염성능시험 제품인지 여부 확인이 어려움

① KFI에는 성능시험을 받은 방염제품을 다른 형태로 가공하여 공급해도 알 수 없고, 제재 규정이 없음

② 관할 소방서에서는 KFI 합격증지만 보고 적합 여부를 판단할 수 없으며, 본래 제품이 어떤 형상인지 또는 변형되었는지 알 수 없음

→ 타공합판의 경우 방염성능검사 성적서에 타공이라는 문구를 명시하고, 이에 대하여 철저히 확인해야 함

2 수렴화재(Convergence Fire)의 화재조사 내용을 설명하시오.

문제 2) 수렴화재의 화재조사 내용

1. 수렴화재(Convergence Fire)

수렴이란 태양 광선의 빛이 볼록 렌즈의 구면에 의해서 굴절되거나 반사하면서 어느 점에선가 초점을 맺는 것을 말하는 것으로 이러한 작용에 의해 가연물에 발화시키는 화재

2. 수렴화재의 원인 및 특징

1) 원인

① 물이 담긴 페트병, 빈 유리병, 배관의 연결 밴드, 비닐하우스에 고여 있는 물과 같이 렌즈상이 될 수 있는 물체를 매개체로 빛이 가연물에 집중

② 건물 외벽에 사용되는 로이 복층유리에 의한 발생

2) 수렴화재는 겨울철에 많이 발생

→ 겨울철에 태양광의 입사각이 초점 형성에 용이하게 되어 출화의 가능성이 높아지기 때문

3. 수렴화재의 화재조사 내용

1) 렌즈상이 될 수 있는 집속기구의 형태나 각도

2) 발화시간과 태양의 고도의 연관성

3) 초점거리의 계산에 대한 판단

4) 화재 발생시점의 날씨, 습도, 기온, 풍향, 풍속

3 건식유수검지장치의 작동 시 방수지연에 대하여 설명하시오.

문제 3) 건식유수검지장치의 작동 시 방수지연

1. 개요

1) 건식 스프링클러설비는 동결의 우려가 있는 장소에 사용

2) 건식 스프링클러는 헤드 개방 시, 즉시 물이 방출되지 않는 방수시간 지연이 단점이다.

2. 방수지연시간의 구성

방수지연시간 = 트립시간(Trip Time) + 소화수이송시간(Transit Time)

1) 방수지연시간

화재에 의해 헤드가 감열되어 개방된 시점으로부터 소화수가 방출되기까지의 시간

2) 트립시간

헤드가 감열에 의해 개방된 후, 공기가 빠져나가면서 클래퍼가 열리기까지의 시간

① 트립시간의 계산식

$$t = 0.0352 \frac{V}{A\sqrt{T}} \ln\left(\frac{P_2}{P_t}\right)$$

여기서, t : 트립시간(sec) V : 2차 측 배관 내용적
A : 개방된 헤드 면적 T : 공기온도
P_2 : 2차 측 공기압력 P_t : 트립압력

② 트립시간에 영향을 주는 인자

- 2차 측 배관 내용적 : 클수록 트립시간이 길어진다.
- 2차 측 공기압력 : 높게 설정될수록 트립시간이 길어진다.
- 설치된 헤드의 오리피스 구경(K-factor) : 작을수록 트립시간이 길어진다.
- 건식 밸브의 트립압력 : 낮을수록 길어진다(저압에서는 압력감소에 시간이 더 오래 걸린다).

3) 소화수 이송시간

① 트립시간 이후, 배관 내의 잔류공기가 배출되어 소화수가 방출되기까지의 시간

② 건식 밸브의 트립 이후에도 배관 내의 잔류공기를 밀어내며 소화수가 방출되려면 상당한 저항을 받아 시간이 지연된다.

③ 소화수 이송시간에의 영향인자

- 설치된 오리피스의 구경이 작을수록 길어진다.
- 1차 측 수압이 낮을수록 길어진다.
- 트립된 이후의 2차 측 배관의 공기압이 높을수록 길어진다.
- 2차 측 내용적이 클수록 길어진다.

3. 설계 시의 대책

1) 시스템 크기 제한

다음과 같은 5가지 방안 중 1가지를 적용할 것

① 60초 이내 방수

② 2차 측 배관 내용적을 500 gal 이하로 제한

③ 2차 측 배관 내용적을 750 gal 이하로 제한하고, 급속개방장치 설치

④ 컴퓨터 프로그램으로 물 이송시간을 계산

⑤ Test Manifold를 적용하고 물 이송시간을 계산

2) 트립시간의 단축대책(트립시간 단축이 이송시간 단축보다 효과적)

① 가속기 설치

② 2차 측 배관 내용적을 작게 함

③ 2차 측 공기압력을 가급적 낮게 세팅함

④ 트립 공기압력이 비교적 높은 밸브로 선정함

3) 이송시간의 단축대책

익저스터 설치(미생산으로 적용 불가능)

4. 결론

건식 스프링클러에서의 방수지연시간은 화세 확대 등의 문제를 일으킬 수 있으므로, 이에 대한 원리를 정확히 이해하여 적절한 보완대책을 수립해야 한다.

4 IBC(International Building Code)에서 규정하고 있는 피난로(Means of Egress) 및 피난로의 구성에 대하여 설명하시오.

문제 4) IBC에 규정된 피난로 및 피난로의 구성

1. 개요

IBC에서는 피난로(Means of Egress)를 구성하는 3가지 요소인 Exit, Exit Access 및 Exit Discharge에 대하여 규정하고 있다.

2. 피난로(Means of Egress)

1) 연속성

① 피난로를 따라 이동하는 경로는 공공 도로까지 장애물 간섭 없이 연속적이어야 함

② 장애물은 피난로의 피난용량이나 최소 폭에 영향을 주어서는 안 됨

2) 피난로의 크기

① 구성요소에 기초한 최소 폭

② 거주밀도에 기초한 피난용량

- 계단 : 7.6 mm/인
- 그 외의 피난로 : 5.1 mm/인

③ 피난로의 분포

2개 이상의 Exit가 필요한 건물에서 하나의 Exit 또는 Exit Access를 이용 불가능해질 경우, 이용 가능한 피난용량이나 폭이 요구치보다 50 % 이상 감소되지 않아야 함

④ 피난로 합류

위, 아래층에서의 피난이 합류되는 층에서는 최대 폭 또는 피난용량의 합계 이상이어야 함

3) 피난로 잠식

① 출입문

- 출입문이 완전 개방되었을 때, 요구되는 피난로 폭을 178 mm 이상 감소시키지 않아야 함
- 어떤 위치에서도 출입문이 통로를 1/2 이상 감소시키지 않아야 함

② 출입문 외의 장치

장식품 등이 38 mm 이상 피난로 폭을 잠식하지 않아야 함

3. 피난로의 구성

1) Exit Access

① 거실에서 비상구까지의 피난경로 중에서 안전 구획되지 않은 장소

② 보행거리 기준

용도	스프링클러 미설치(ft)	스프링클러 설치(ft)
A, E, F-1, M, R, S-1	200	250
I-1	금지	250
B	200	300
F-2, S-2, U	300	400
H-1	금지	75
H-2	금지	100
H-3	금지	150
H-4	금지	175
H-5	금지	200
I-2, I-3, I-4	금지	200

2) Exit

① 통로, 계단, 경사로, 옥외 발코니, 비상구 통로, 수평피난구, 옥외 계단 및 옥외 경사로 등

② 화재로부터 안전 구획된 장소로서, 내화구조 및 불연재로 내장 마감되는 등의 조건을 만족한 장소

3) Exit Discharge

① 피난 층에서의 비상구로부터 공공도로까지의 경로

② Exit Discharge는 다른 건물로 들어가는 형태가 아니어야 함

③ 피난층을 경유하는 경로는 필요한 Exit의 피난용량의 50 % 이하이어야 함
(50 % 이상은 Exit에서 직접 건물 외부로 연결될 것)

④ 연결된 Exit의 폭, 피난용량 이상

⑤ 연기 및 독성가스 축적을 최소화하기 위해 옥외로 충분히 개방되어 있어야 함

5 에너지저장시스템(ESS : Energy Storage System)의 안전관리상 주요확인 사항과 리튬이온 ESS의 적응성 소화설비에 대하여 설명하시오.

문제 5) 에너지저장시스템의 안전관리상 주요 확인사항과 적응 소화설비

1. 개요

1) 국내에 약 1,500여 개소에 설치되어 있는 ESS에서 2017년 10월 이후 약 21건의 화재가 발생함
2) 이로 인해 2019년 ESS 가동이 잠정 중단된 상태이며, 이로 인해 1일 평균 117억의 지속적 손실이 발생 중임
3) 따라서 빠른 문제 해결과 화재 재발방지대책 수립이 필요하며, 화재보험협회에서는 ESS 안전관리가이드를 제정하여 운영 중임

2. ESS의 안전관리상 주요 확인사항

1) 방화구획
ESS가 설치된 공간의 바닥, 천장, 벽 등은 최소 1시간 이상의 내화성능 요구

2) 용량 및 이격거리
① ESS 각 랙의 최대 에너지 용량은 250 kWh가 넘지 않게 구성
② ESS는 각 랙 및 벽체로부터 0.9 m 이상 이격

3) 환기설비
① 환기설비는 공간의 바닥면적 기준 1 m^2당 5.1 L/s 이상으로 할 것
② 가스감지설비는 2시간 이상의 예비전원 확보

4) 수계 소화설비
스프링클러를 설치하는 경우, 최소 방사밀도는 12.2 Lpm/m^2 이상으로 할 것

5) 옥외 설치 시 추가 고려사항
공공도로, 건물, 가연물, 위험물 및 기타 이와 유사한 용도와는 3 m 이상 이격

6) 비상계획 수립 및 훈련
① ESS 대응 직원이 효과적으로 대응할 수 있도록 비상계획 수립 및 훈련
② 비상 운전계획은 다음 사항을 포함
- 안전정지
- 전원인출

3. 리튬이온 ESS의 적응성 소화설비

1) 리튬이온에 대한 물의 적응성
   ① 물은 원래 리튬이온에 적용할 수 없지만, 리튬이온 배터리에는 불순물이 많아 주수가 유효하다고 알려져 있음
   ② 스프링클러는 소화의 목적이 아니라, 화재확산 방지용으로 적용하는 것이며, 활성상태에서 주수하는 것은 위험하므로 소방대 화재진압 절차 수립과 숙지가 중요
   ③ 현재까지의 시험결과로는 주수가 수손을 감안해도 가장 유효한 것으로 판명됨

2) NFPA 855에 따른 스프링클러 설계 기준
   ① 살수밀도 : 12.2 Lpm/m^2
   ② 설계면적 : 230 m^2

3) ESS 안전관리가이드에서는 이러한 NFPA 855를 준용하여 살수밀도를 12.2 Lpm/m^{2}로 규정하고 있으나, 설계면적 기준이 없어 단순히 스프링클러 헤드의 간격만 좁혀서 시공할 문제점을 갖고 있다.

> **6** 「소방기본법」에서 규정하고 있는 화재예방을 위하여 불의 사용에 있어서 지켜야 할 사항 중 일반음식점에서 조리를 위하여 불을 사용하는 설비와 보일러 설비에 대하여 설명하시오.

문제 6) 일반음식점에서 조리를 위하여 불을 사용하는 설비와 보일러 설비

1. 음식조리를 위하여 설치하는 설비

일반음식점에서 조리를 위하여 불을 사용하는 설비를 설치하는 경우에는 다음 사항을 지켜야 한다.

1) 주방설비에 부속된 배기닥트는 0.5 mm 이상의 아연도금강판 또는 이와 동등 이상의 내식성 불연재료로 설치할 것
2) 주방시설에는 동물 또는 식물의 기름을 제거할 수 있는 필터 등을 설치할 것
3) 열을 발생하는 조리기구는 반자 또는 선반으로부터 0.6 m 이상 떨어지게 할 것
4) 열을 발생하는 조리기구로부터 0.15 m 이내의 거리에 있는 가연성 주요구조부는 석면판 또는 단열성이 있는 불연재료로 덮어씌울 것

2. 보일러 설비

1) 가연성 벽 · 바닥 또는 천장과 접촉하는 증기기관 또는 연통의 부분은 규조토 · 석면 등 난연성 단열재로 덮어씌워야 한다.

2) 경유 · 등유 등 액체연료를 사용하는 경우

① 연료탱크와 보일러 이격

보일러 본체로부터 수평거리 1 m 이상의 간격을 두어 설치할 것

② 차단밸브

연료탱크에는 화재 등 긴급 상황이 발생하는 경우 연료를 차단할 수 있는 개폐밸브를 연료탱크로부터 0.5 m 이내에 설치할 것

③ 여과장치

연료탱크 또는 연료를 공급하는 배관에는 여과장치를 설치할 것

④ 연료

사용이 허용된 연료 외의 것을 사용하지 아니할 것

⑤ 받침대

연료탱크에는 불연재료로 된 받침대를 설치하여 연료탱크가 넘어지지 아니하도록 할 것

3) 기체연료를 사용하는 경우

① 가스체류 방지

보일러를 설치하는 장소에는 환기구를 설치하는 등 가연성 가스가 머무르지 아니하도록 할 것

② 배관 재질

연료를 공급하는 배관은 금속관으로 할 것

③ 차단밸브

화재 등 긴급 시 연료를 차단할 수 있는 개폐밸브를 연료용기 등으로부터 0.5 m 이내에 설치할 것

④ 보일러가 설치된 장소에는 가스누설경보기를 설치할 것

4) 보일러와 벽 · 천장 사이의 거리 : 0.6 m 이상

5) 보일러를 실내에 설치하는 경우

콘크리트 바닥 또는 금속 외의 불연재료로 된 바닥 위에 설치할 것

118회 기출문제 4교시

1 열전달 메커니즘(Mechanism)에 대하여 설명하시오.

문제 1) 열전달 메커니즘

1. 개요

화재 시의 열전달은 직접 화염에 의한 열류, 온도에 의한 전도, 대류, 복사에 의해 열이 전달된다.

2. 전도

1) 개념

물질을 통한 분자 간의 점진적인 열의 확산

2) 원인

다음과 같은 원인에 의해 열에너지가 전달됨

① 온도상승에 따라 분자운동 활발

② 온도상승에 따른 자유전자의 이동

3) 열전달 메커니즘

① 전도체의 특정 부분에 부분적으로 에너지를 흡수하여 금속원자와 자유전자의 운동에너지 증가

② 이웃한 원자 또는 전자들과 충돌하여 운동에너지를 전달하여 온도가 낮은 다른 부분까지 온도가 상승

4) 푸리에 열전도 법칙

① 다음 그림과 같이 고온평판에서 저온평판으로 유체에 의해 열전달되는 경우를 가정

② 단위시간, 단위면적당 열의 흐름($\dot{q}''$)은

- 온도 차에 비례하고
- 분리된 거리에 반비례함
- 비례상수 k를 열전도도라고 하면

$$\dot{q}'' = -k\frac{dT}{dy} = \frac{k}{L}\Delta T$$

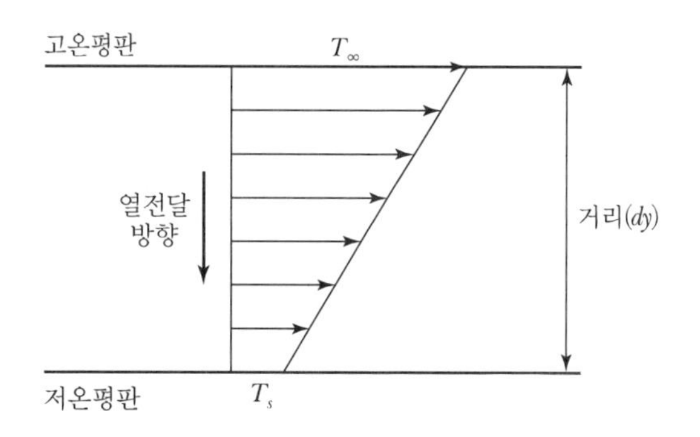

3. 대류

1) 개념

밀도 차에 의해 유체의 저온입자는 내려가고, 고온입자들은 상승하려는 성질이 합해져 발생하는 순환적인 열의 흐름

2) 메커니즘

① 2상 간의 온도차로 인한 유체의 운동(매질이 있음)

② 화열에 의해 공기 가열 → 팽창 → 밀도 저하 → 부력으로 상승

③ 상승하는 가열된 열기류가 천장에 부딪혀 Ceiling Jet 형성

3) 대류열전달 계산식

$$\dot{q}'' = h(T_1 - T_2)$$

① 실제 계산이 불가능하여 모델링을 통해 산출해야 함

② h(대류열전달 계수)의 영향인자

- 유체의 성질 : 열전도도, 밀도, 점성
- 이동 원인 : 기류속도, 이동특성
- 표면 형태 : 흐름에 영향을 주는 치수와 각도

4. 복사

1) 개념

물질을 통해 빛의 속도로 이동하는 전자기파의 이동에 의한 열전달

2) 메커니즘

① 화염 내 분자의 열진동에 의해 전자기파 발생

② 화염 내의 가스, 그을음 입자에 의해 흡수, 방사, 산란이 발생
③ 복사열전달은 방열체의 표면온도, 표면의 크기 및 수열체가 결정

3) 복사열전달 계산식

$\dot{q}'' = \phi \varepsilon \sigma T^4$

2 건축법에서 아파트 발코니의 대피공간 설치 제외 기준과 관련하여 다음 내용을 설명하시오.
1) 대피공간 설치 제외기준
2) 하향식 피난구 설치기준
3) 하향식 피난구 설치에 따른 화재안전기준의 피난기구 설치관계

문제 2) 건축법상 아파트 발코니의 대피공간 설치 제외기준 관련

1. 대피공간 설치 제외기준

1) 인접세대와의 경계벽이 파괴하기 쉬운 경량구조 등인 경우
2) 경계벽에 피난구를 설치한 경우
3) 발코니의 바닥에 기준에 적합한 하향식 피난구를 설치한 경우
4) 중앙건축위원회 심의를 거친 대체시설을 설치한 경우

2. 하향식 피난구 설치기준

1) 구조 : 하향식 피난구(덮개, 사다리, 경보시스템 포함)

2) 피난구의 덮개
① 비차열 1시간 이상의 내화성능
② 피난구의 유효개구부 규격 : 직경 60 cm 이상

3) 상층 · 하층 간 피난구의 설치위치
수직방향 간격을 15 cm 이상 띄워서 설치

4) 아래층에서는 바로 위층의 피난구를 열 수 없는 구조일 것
5) 사다리는 바로 아래층의 바닥면으로부터 50 cm 이하까지 내려오는 길이로 할 것
6) 덮개가 개방될 경우에는 건축물 관리시스템 등을 통하여 경보음이 울리는 구조일 것
7) 피난구가 있는 곳에는 예비전원에 의한 조명설비를 설치할 것

3. 하향식 피난구 설치에 따른 화재안전기준의 피난기구 설치관계

1) 문제점

① 건축법 상의 하향식 피난구와 화재안전기준에 따른 하향식피난구용 내림식사다리는 유사한 시설이나

② 하향식 피난구는 공동주택의 대피 공간 대체시설로 적용되고, 하향식피난구용 내림식사다리는 소방법상의 피난기구로 적용됨

③ 그로 인해 공동주택에 하향식 피난구가 설치되고, 별도로 완강기 등의 피난기구가 추가 설치되는 문제가 있었음

2) 적용 개선

① 서울시 소방기술심의에 따라 다음과 같이 개선함

② 공동주택(아파트)의 경우 대피실과 갑종방화문을 갖추고 하향식 피난구를 설치한 경우 완강기 등 피난기구 면제 여부

→ 피난기구의 화재안전기준에 적합하게 적용할 경우 피난기구를 면제

3) 피난기구로 적용하기 위해 추가 적용해야 할 기준

① 설치경로가 설치 층에서 피난층까지 연계될 수 있는 구조로 설치할 것

② 대피실 내에 설치

- 면적 : 2 m^2(2세대 이상 : 3 m^2) 이상
- 건축법에 따른 대피공간 기준에 적합할 것

③ 대피실의 출입문

- 갑종방화문으로 설치
- 피난 방향에서 식별할 수 있는 위치에 "대피실" 표지판을 부착할 것

④ 하강구(개구부) 기준

- 하강구 내측에는 기구의 연결 금속구 등이 없을 것
- 전개된 피난기구는 하강구 수평투영면적 공간 내의 범위를 침범하지 않는 구조

⑤ 대피실 표지

- 층의 위치표시
- 피난기구 사용설명서 및 주의사항 표지판을 부착

⑥ 경보

- 대피실 출입문 개방 또는 피난기구 작동 시 경보
- 기준
  - 해당층 및 직하층 거실에 설치된 표시등 및 경보장치가 작동될 것
  - 감시 제어반에서는 피난기구의 작동을 확인할 수 있어야 할 것

⑦ 사용 시 기울거나 흔들리지 않도록 설치할 것

3 **아래와 같이 특정소방대상물에 주어진 조건으로 「화재예방, 소방시설 설치 · 유지 및 안전관리에 관한 법률」에 따라 적용하여야 할 소방시설(법적 기준 포함)을 설명하시오.**

〈조건〉

- 용도 : 지하층 – 주차장, 지상1~2층 – 근린생활시설, 지상3~15층 – 오피스텔
- 연면적 : 18,000 m^2(각 층 바닥면적 : 1,000 m^2이며 지하3층 전기실 : 290 m^2)
- 층수 : 지하 3층, 지상 15층
- 층고 : 지하전층 15 m, 지상 1층~지상 15층 60 m
- 구조 : 철근, 철골 콘크리트조
- 특별피난계단 2개소 및 비상용승강기 승강장 1개소
- 지상층은 유창층이며, 특수가연물 해당 없음
- 소방시설 설치의 면제기준 중 소방전기설비는 비상경보설비 또는 단독경보형 감지기만 대체 설비 적용하며, 기타설비는 적용하지 않음(소방기계설비는 적용)

문제 3) 특정소방대상물에 적용해야 할 소방시설(법적 기준 포함)

1. 개요

1) 건축물 용도 : 복합건축물(업무시설 및 근린생활시설)

2) 규모

① 연면적 : 18,000 m^2

② 층수 : 지하 3층, 지상 15층

2. 소화설비

1) 소화기구 : 연면적 33 m^2 이상

2) 자동소화장치

① 변전실, 통신기기실 등 바닥면적 50 m^2마다 유효성 있는 자동소화장치 적용

② EPS, TPS실 등에 가스 또는 분말 자동소화장치 적용

3) 옥내소화전

연면적 3,000 m^2 이상

4) 스프링클러설비

층수가 6층 이상인 특정소방대상물의 경우에는 모든 층

3. 경보설비

1) 비상방송설비

① 연면적 3,500 m^2 이상

② 지하층을 제외한 층수가 11층 이상

③ 지하층의 층수가 3층 이상

2) 자동화재탐지설비

복합건축물로서 연면적 600 m^2 이상

3) 시각경보기

자동화재탐지설비를 설치하는 업무시설, 근린생활시설

4. 피난구조설비

1) 피난기구

특정소방대상물의 모든 층(피난층, 지상 1층, 2층 및 11층 이상 제외)

2) 피난구유도등, 통로유도등 및 유도표지

특정소방대상물

3) 비상조명등설비

지하층 포함 층수가 5층 이상인 건축물로서 연면적 3,000 m^2 이상

5. 소화용수설비(상수도소화용수설비)

연면적 5,000 m^2 이상

6. 소화활동설비

1) 제연설비

특정소방대상물(갓복도형 아파트등 제외)에 부설된 특별피난계단 또는 비상용 승강기의 승강장

2) 연결송수관설비

층수가 5층 이상으로서 연면적 6,000 m^2 이상인 것

3) 비상콘센트설비

① 층수가 11층 이상인 특정소방대상물의 경우에는 11층 이상의 층

② 지하층의 층수가 3층 이상이고 지하층의 바닥면적의 합계가 1,000 m^2 이상인 것은 지하층의 모든 층

7. 무선통신보조설비

① 지하층의 바닥면적의 합계가 3,000 m^2 이상인 것

② 지하층의 층수가 3층 이상이고 지하층의 바닥면적의 합계가 1,000 m^2 이상인 것은 지하층의 모든 층

4 차압식 유량계의 유속측정 원리에 대하여 식을 유도하고 설명하시오.

문제 4) 차압식 유량계의 유속측정 원리

1. 차압식 유량계

1) 벤츄리미터

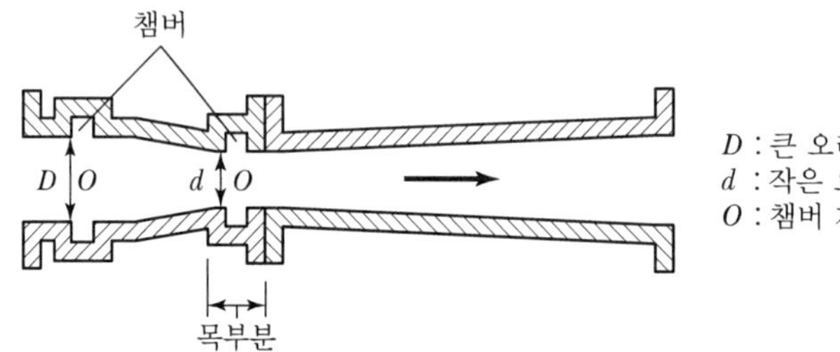

2) 오리피스미터

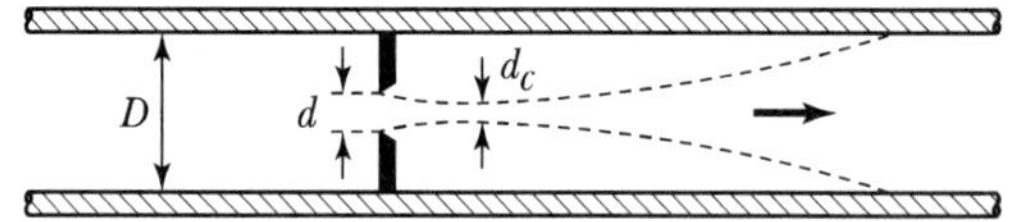

3) 플로우노즐

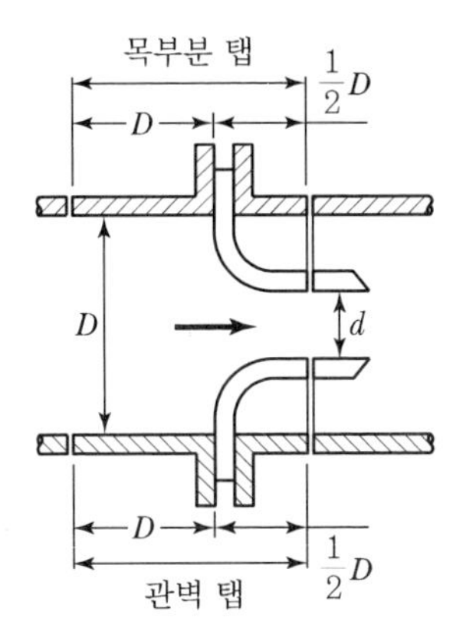

4) 피토정압관

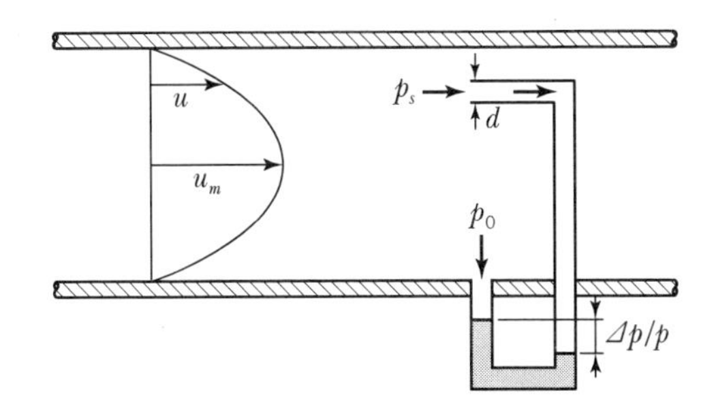

2. 유속계산식 유도

1) 베르누이 방정식

$$\frac{p_1}{\gamma}+\frac{{v_1}^2}{2g}+z_1=\frac{p_2}{\gamma}+\frac{{v_2}^2}{2g}+z_2$$

여기서, $z_1 = z_2$이므로,

$$\frac{{v_2}^2-{v_1}^2}{2g}=\frac{p_1-p_2}{\gamma} \quad \cdots\cdots\cdots\cdots ①식$$

2) 연속방정식

$$A_1v_1=A_2v_2 \quad \rightarrow \quad v_1=\frac{A_2}{A_1}v_2 \quad \cdots\cdots\cdots\cdots ②식$$

3) 유속계산식

②식을 ①식에 대입하면,

$$\left[1-\left(\frac{A_2}{A_1}\right)^2\right]v_2^2 = \frac{2g(p_1-p_2)}{\gamma}$$

$$v_2 = \frac{1}{\sqrt{1-\left(\frac{A_2}{A_1}\right)^2}}\sqrt{\frac{2g(p_1-p_2)}{\gamma}}$$

3. 유속측정 원리

1) 유속 측정

① 차압식 유량계에서는 관로 면적을 변화시켜 속도 차에 의한 차압을 발생시킨다.

② 이러한 차압을 측정하여 상기 유도된 계산식에 의해 유속을 측정하게 된다.

2) 유량 계산

① $Q = K \times A_d V_2$

여기서, K : 유량계수

A_d : 측정부 유동면적

② $K = C \times E$

- C : 이론유속에 대한 실제유속의 비율인 토출계수
- E : 접근계수

$$E = \frac{1}{\sqrt{1-\beta^4}}$$

여기서, $\beta = \frac{d}{D}$

5 정온식 감지선형 감지기의 구조 · 작동원리 · 특성 · 설치기준 · 설치 시 주의사항에 대하여 설명하시오.

문제 5) 정온식 감지선형 감지기의 구조, 작동 원리, 특성, 설치기준 및 설치 시 주의사항

1. 구조

1) 시스템 구성

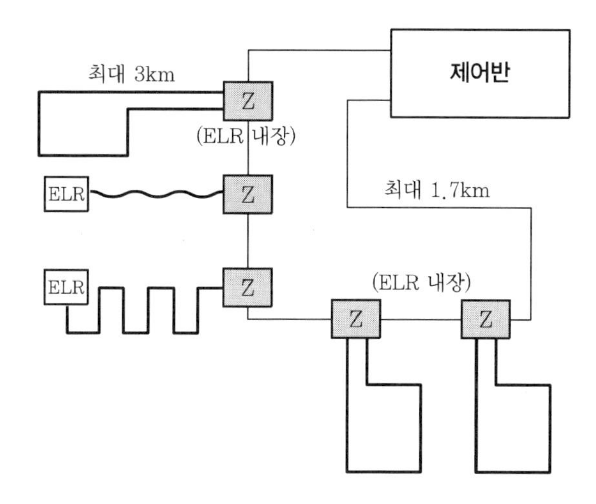

2) 감지선의 구조

① 강철선 : 작동장치

② 가용절연물 : 감지부(에틸셀룰로오스)

③ 내피 : 강철선과 감지부 보호

④ 외피 : 방수 및 내용물 보호 기능

2. 작동 원리

1) 서로 꼬여 있는 강철선의 원래대로 돌아가고자 하는 비틀림 힘을 이용한다.

2) 감지부는 열에 녹기 쉽고, 전기적으로 절연인 에틸셀룰로오스로서, 강철선을 피복하여 새끼처럼 꼬아둔 상태로 있다.

3) 화재 시 열에 의해 감지부가 녹으면 꼬여 있는 강철선이 붙어 단락이 발생하여 전류가 흘러 선형 감지기의 DC 24 V 전압이 감소된다.

4) 이에 따라 수신기에서는 화재경보를 발하며, 몇 m 지점에서 화재가 발생했는지도 알 수 있다.

3. 특성

1) 감지기가 설치되어 있는 모든 지점에서 감지가 동일하게 잘된다.
2) 같은 회로 내에서도 온도 조건이 다른 선형 감지기 간 연결이 가능하다.
3) 부식 · 화학물질 · 먼지 · 습기 등이 잘 견딘다.
4) 어떠한 시설에서도 설치 · 철거가 쉽고, 위험 장소에서도 사용이 가능하다.
5) 하나의 회로로 비교적 먼 거리까지 포설이 가능하다.
6) 일부분이 훼손되면 그 부분만 잘라내어 교체하면 된다.
   (1실에 1개 이상의 접속단자를 이용하여 접속하기 때문)

4. 설치기준

1) 보조선이나 고정 금구를 사용하여 감지선이 늘어지지 않도록 할 것
2) 단자부와 마감 고정금구와의 설치 간격은 10 cm 이내일 것
3) 감지선형 감지기의 굴곡 반경은 5 cm 이상일 것
4) 감지기와 감지구역 각 부분과의 수평거리

구분	내화구조	기타 구조
1종	4.5 m 이하	3 m 이하
2종	3 m 이하	1 m 이하

5) 케이블 트레이에 설치 시에는 케이블 트레이 받침대에 마감금구를 사용하여 설치할 것
6) 지하구나 창고의 천장 등에 지지물이 적당하지 않은 장소에서는 보조선을 설치하고 그 보조선에 설치할 것
7) 분전반 내부에 설치할 경우에는 접착제를 이용하여 돌기를 바닥에 고정시키고, 그 곳에 감지기를 설치할 것
8) 그 밖의 설치 기준은 형식승인 내용에 따르며, 형식승인 사항이 아닌 것은 제조사의 시방에 따를 것

5. 설치 시 주의사항

1) 수신반 설치 : 높이 1.8 m 이하
2) 공구를 사용하지 말고 손으로 부드럽게 구부려 사용한다.
3) 외피에 손상이 갈 정도로 잡아당기지 않는다.
4) 보관 · 설치 시 열 발생부를 피한다.
5) 각 Zone 및 말단 부위에는 각각 Zone Box 및 ELR Box를 설치하여 연결한다.
6) 외부에 페인트 등이 묻지 않도록 해야 한다.

6 특별피난계단의 부속실과 비상용승강기의 승강장의 제연설비 설치와 관련하여, 공동주택 지상1층에는 제연설비를 미적용하는 사례가 있다. 건축법과 소방관계법령의 이원화에 따른 문제점 및 개선방안을 설명하시오.

문제 6) 건축법과 소방관계법령의 이원화에 따른 문제점 및 개선방안

1. 개요

1) 건물 화재 시 재실자의 피난 안전성 확보방안

① 건축물의 구조적 특성을 이용한 피난시설계획

② 유도등, 비상조명등, 피난기구 등의 피난설비계획

→ 상호 연계되어 체계적으로 피난설계가 이루어져야 함

2) 국내 피난관련법령 체계 이원화

법령 간의 상호 연계부족으로 인하여 피난설계 및 계획 시 문제점이 나타날 수 있음

2. 이원화에 따른 문제점 및 개선방안

1) 유사 기준의 이원화에 따른 혼란

① 하향식 피난구 및 대피공간

- 건축법 : 아파트 대피공간 또는 하향식 피난구를 적용
- 소방법 : 피난기구로 하향식피난구용 내림식사다리(대피실 포함)를 인정

→ 이로 인해 아파트에 하향식 피난구를 설치하고, 별도로 사용성이 낮은 완강기를 별도로 설치하고 있으며 적용 층수가 상이하여 현장에서 혼란이 야기됨

(개선방안)

- 2층 이상에 모두 적용하고, 대피공간 등의 세부 기준을 일원화

② 직통계단 간 이격거리

- 건축법 : 직통계단을 2개소 이상 설치해야 하는 건축물을 규정
- 소방법 : 복도 어느 부분에서도 2방향 이상에서 다른 계단에 도달할 수 있을 경우 피난기구 면제

→ 2개소 이상 직통계단이 설치되는 경우에도 직통계단 간의 명확한 기준이 부재하여 피난기구의 면제 기준 적용이 되지 않음

(개선방안)

- 직통계단 간의 적용 기준을 명확히 정량화하여 2방향 피난 안전성 확보

③ 비상탈출구와 비상구

- 건축법 : 거실 바닥면적 50 m^2 이상인 지하층에 직통계단 외 비상탈출구를 설치하도록 규정
- 다중이용업특별법 : 비상구 설치기준 규정

→ 건축법에는 거실 바닥면적 50 m^2 미만인 지하층에 대한 규정이 없고, 다중이용업특별법에는 대부분의 경우 비상구를 설치하도록 규정되어 상이함

(개선방안)

- 설치대상 및 설치 기준의 일원화 필요

④ 배연설비와 제연설비

- 건축법 : 화재 시 연기를 배출하는 배연설비를 규정하고, 특별피난계단에 노대를 허용함
- 소방법 : 화재 시 연기를 제어하는 제연설비 규정

→ 설치대상이 상이하고, 설치 기준이 별도로 규정되어 있으며 건축법의 배연설비는 소방기준에 따라 설계하도록 규정되어 있음

(개선방안)

- 제연설비로의 일원화 필요

⑤ 비상용승강기 승강장의 구조

- 건축법 : 특별피난계단 부속실과 겸용을 허용하고, 피난층의 부속실 출입문 면제

→ 피난동선과 소방대 진입동선이 겹치는 문제와 피난층 화재 시 비상용 승강기를 통한 연기 확산 우려

(개선방안)

- 피난동선과 진입동선이 중복되지 않도록 겸용 가능한 공동주택에 대한 명확한 정의 필요

⑥ 피난용승강기 승강장의 출입문

- 건축법 : 언제나 닫힌 상태 유지하도록 규정
- 소방법 : 제연구역의 출입문은 언제나 닫힌 상태 또는 자동폐쇄장치에 의한 폐쇄 허용

(개선방안)

- 자동폐쇄장치를 포함하여 소방법으로 일원화 필요

2) 설계시점 차이

① 소방설계가 최초 건축계획 및 설계 단계에 참여하지 못하여 화재안전성이 결여된 건축설계가 이루어짐

② 건축과 소방이 대등한 위치에서 설계 초기부터 함께 협업할 수 있도록 제도 개선이 필요함

CHAPTER 06

제 119 회 기출문제 풀이

119회 기출문제 1교시

1 **펌프의 비속도 및 상사법칙에 대하여 설명하시오.**

문제 1) 펌프의 비속도 및 상사법칙

1. 비속도

1) 개념

최대 임펠러 직경을 가진 펌프의 최적효율지점(BEP)에서의 유량, 양정 및 회전속도에서 펌프의 성능을 나타내는 지수

2) 계산식

$$N_s = \frac{n\sqrt{Q}}{H^{3/4}}$$

3) 특성

① 원심 펌프에서 비속도가 작을수록

- 전양정-유량 성능곡선이 완만한 커브 형태가 됨
- 유량 변동에 따른 효율 변화 적음
- 유량이 증가할수록 소요동력 증가

② 원심펌프의 비속도 : 보통 100~500 정도

2. 상사법칙

1) 개념

① 비속도가 같은 펌프 : 기하학적으로 상사함

② 비속도가 같은 펌프 간에는 상사법칙 적용 가능

2) 계산식

① 유량 : $\dfrac{Q_2}{Q_1} = \dfrac{n_2}{n_1} \times \left(\dfrac{D_2}{D_1}\right)^3$

② 양정 : $\frac{H_2}{H_1} = \left(\frac{n_2}{n_1}\right)^2 \times \left(\frac{D_2}{D_1}\right)^2$

③ 동력 : $\frac{L_2}{L_1} = \left(\frac{n_2}{n_1}\right)^3 \times \left(\frac{D_2}{D_1}\right)^5$

3) 활용

상사법칙에 의해 ① 회전수 변경 또는 ② 임펠러 직경을 변화시켜 펌프의 성능(유량, 양정, 동력)을 변화시킬 수 있다.

2 그래파이트(Graphite) 현상과 트래킹(Tracking) 현상에 대하여 설명하시오.

문제 2) 그래파이트 현상과 트래킹 현상

1. 트래킹 현상

1) 소규모 방전 발생

① 이극 도체 간 고체 절연물 표면에 도체(습기, 먼지 등) 부착

② 그 절연물과 부착면 간에 소규모 방전 발생

2) 도전로(Track) 형성

① 소규모 방전이 반복되면 절연물 표면에 도전로가 형성되는데, 이를 트래킹이라고 함

② 유기 절연물은 탄화되어 흑연(도전성 물질)이 생성되어 화재의 원인이 될 수 있음

3) 화재 발생 사례

① 콘센트에 장기간 플러그를 꽂아 두면 접속부에 먼지, 습기 등이 부착되어 도전로가 형성 → 절연파괴를 거쳐 화재 발생

② 누전차단기 전원 측 단자 사이에 먼지와 습기가 부착되어 절연체 표면에 소규모 방전이 지속되다가 트래킹 현상에 의한 화재 발생

2. 흑연화(Graphite) 현상

1) 목재가 스파크에 의한 고열을 받아 점차 흑연화되어 도전성을 띠는 현상

2) 목재 외에 고무 등 유기절연물에서도 발생 가능

3) 화재 발생 사례

전등단자 사이에 먼지, 습기 등으로 인해 전기스파크가 발생하여 절연체가 도전체로 바뀌는 흑연화 현상으로 화재 발생

3. 트래킹과 흑연화 현상

1) 트래킹은 표면 간의 방전에 의해, 흑연화 현상은 전기 불꽃에 의해 발생된다는 점이 다르며, 유기절연물의 탄소가 흑연화된다는 점은 같다.
2) 일반적으로는 그 시작은 다르지만, 출화 원인으로 이 둘을 구분할 만한 특징은 없으므로 일괄적으로 트래킹이라 부른다.

3 연소범위 영향요소에 대하여 설명하시오.

문제 3) 연소범위 영향요소

1. 연소범위의 정의

1) 가연성 가스와 산소의 예혼합 상태에서 화염이 확산될 수 있는 가연성 가스의 농도 범위
2) 연소범위의 상 · 하한계를 연소한계라고 함

2. 연소범위의 영향인자

1) 불활성 가스

① 불활성 가스를 가연성 혼합기에 주입

→ LFL은 약간 증가, UFL은 크게 감소(연소범위가 좁아지고 위험도도 낮아짐)

② 불활성화는 CO_2, N_2 등의 불활성 가스를 주입시켜 연소범위를 좁혀 위험성을 감소시키는 방법

2) 화염의 전파 방향

① 상향 화염전파가 하향 또는 측면 방향으로의 화염전파보다 연소범위가 넓음

② 연소범위는 이를 반영하여 상향 화염전파에 의해 측정

3) 압력

① 압력이 증가하면, 분자 간의 거리가 가까워져 유효충돌횟수가 증가되어 연소범위가 넓어진다.

② 예외

- CO : 압력이 증가되면, 연소범위가 좁아진다.
- H_2 : 압력이 10 atm 이상으로 증가되면, 압력과 무관하게 연소범위가 일정하다.

4) 온도

① 온도가 상승하면 분자 운동이 활발해져 유효충돌횟수가 증가되어 연소범위가 넓어진다.

② 온도에 따른 연소범위의 계산식

$$LFL_t = L_{25} \times [1-(7.21\times10^{-4})(T-25)]$$

$$UFL_t = U_{25} \times [1+(7.21\times10^{-4})(T-25)]$$

4 훈소의 발생 메커니즘 및 특성, 소화대책에 대하여 설명하시오.

문제 4) 훈소의 발생 메커니즘 및 특성, 소화대책

1. 개념

공기 중의 산소와 고체 표면 사이에서 발생하는 상대적으로 느린 연소과정

2. 발생 메커니즘

1) 산소는 연료 표면으로 확산
2) 연료 표면에서 작열(Glowing)과 탄화(Charring) 발생
3) 고체 표면 내부로 반응이 점점 확대

공기
공기
소모된 연료 탄화층
훈소영역(작열)
훈소 방향
미연소 가연물

4) 과정

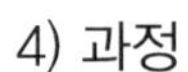

국소발화원에 의해 발생	⇨	불꽃화재 화염으로 전이
(훈소가연물의 조건) • 미세하게 분할되어 내부로의 가열 용이 • 가연물 내부 산소 확산 용이 • 열전도도 낮음(저밀도)		• 산소공급량 증가 및 반응영역 증대 • 가연성 혼합기 형성 및 충분한 크기의 열원 존재(훈소영역) • 불꽃화재로 전이

3. 훈소의 특성

1) 작열현상으로 반응부는 고온(1,000 ℃ 이상)
2) 불꽃 없는 연소과정으로 실내온도의 상승도 느림
3) 연료 면으로의 공기유입이 많아지면 불꽃연소로 전환
4) CO 발생량이 많아 연료량의 10 % 이상이 CO로 전환되며, 이에 따라 인체에 매우 치명적
5) 매우 느린 과정으로 산소를 많이 필요로 하지 않음
6) 다공성고체, 혼합연료, 불침윤성 고체, 고체연료 폐기장 등에서 발생 용이
7) 훈소영역의 두께는 반응속도가 감소함에 따라 증가

4. 소화대책

1) 연기감지기 적용
   ① 실내온도 상승이 느리므로, 차동식 열감지기의 적응성은 매우 낮음
   ② 훈소화재가 예상되는 공간에는 광전식 연기감지기 설치

2) 스프링클러 적용
   고체 표면의 냉각에 의해 소화가 가능하므로, 스프링클러를 건물 전체에 걸쳐 적용

5 할로겐화합물 및 불활성기체 소화설비의 배관 압력등급을 선정하는 방법에 대하여 설명하시오.

문제 5) Clean Agent 배관 압력등급 선정 방법

1. 화재안전기준에 의한 배관 압력등급

1) 배관의 두께

$$t = \frac{PD}{2SE} + A$$

여기서, P : 최대허용압력(kPa)
SE : 최대허용응력(kPa)

2) 배관 부속 및 밸브류
   강관 또는 동관과 동등 이상의 강도

2. 최대허용압력(P)의 선정

1) 할로겐화합물 소화설비
   다음 중 큰 압력을 최소사용설계압력으로 함
   ① 해당 소화약제 21 ℃ 저장용기 압력
   ② 최대충전밀도 및 55 ℃에서 최대충전압력의 80 %

2) 불활성기체 소화설비
   다음과 같이 최소사용설계압력을 선정
   ① 1차 측 : 해당 소화약제의 21 ℃ 저장용기 압력
   ② 2차 측 : 제조사의 설계 프로그램에 의한 압력 값

3. 배관의 압력등급 산정 방법

1) 배관, 부속류, 밸브류의 압력등급은 이러한 최소사용설계압력보다 높은 압력에서도 견딜 수 있는 것으로 선정해야 함

2) 배관 접합 시의 문제
   ① 국내는 맞대기 용접 부속류를 사용하여 배관 두께와 동일하게 시공하고 있음
   ② 맞대기용접 부속류의 사용압력은 강관의 최대허용사용압력보다 낮으므로, 부적합
      (개선방안)
      • 동일두께 : 단조 소켓용접 적용
      • 맞대기 용접 : 한 단계 위의 배관자재 적용(Sch.40 → Sch.80, Sch.80 → Sch.160)

6 소방감리자 처벌규정 강화에 따른 운용지침에서 중요 및 경미한 위반사항에 대하여 설명하시오.

문제 6) 감리자 처벌규정 강화지침에서 중요 및 경미한 위반사항

1. 개요

1) 2016년 1월 소방시설공사업법의 감리자 처벌규정 강화
2) 이에 따른 각 지역별 균형적 처리기준 마련을 위해 운용지침을 정함

3) 중요사항, 경미한 사항으로 구분하여 다음과 같이 조치
   ① 중요사항 : 입건조치
   ② 경미한 사항 : 시정보완 명령 → 시정보완 불이행 → 입건조치

2. 중요사항

1) 특정소방대상물에 갖추어야 하는 소방시설이 설치되지 않은 경우
2) 비상구, 방화문 및 방화셔터가 설치되지 않은 경우
3) 형식승인받지 않은 소방용품을 소방시설공사에 사용한 경우
4) 완공된 소방시설에 대하여 성능시험을 실시하지 않은 경우
5) 소방시설공사가 완료되지 않은 상태에서 소방공사감리 결과보고서를 제출한 경우
6) 화재안전기준 위반으로 소방시설등 성능에 장애가 발생되거나 인명 및 재산피해가 발생한 경우
7) 소방시설 시공공정과 소방공사 감리일지 기재내용의 불일치 행위가 명백하거나 반복적으로 발생한 경우
8) 법령위반 행위가 고의 또는 중대한 과실로 발생한 경우
9) 기타 소방관서장이 중요하다고 정한 위반행위

3. 경미한 사항

1) 소방공사감리 결과보고서, 소방시설 성능시험조사표, 소방공사 감리일지 등에 단순 오기사항으로 즉시 시정이 가능하거나 기타 참고자료 등으로 증빙이 가능한 경우
2) 부속품의 탈락 및 미점등 등 화재안전기준에 극히 사소한 차이가 있는 사항으로 소방시설의 성능에 지장이 없고 즉시 현지시정이 가능한 경우

7 소화기구 및 자동소화장치의 화재안전기준(NFSC 101) 별표 1 관련 소화기구의 소화약제별 적응성에 관하여 설명하시오.

문제 7) 소화기구의 소화약제별 적응성

1. 개요

NFSC 101에서는 화재별로 소화기구의 소화약제별 적응성을 구분

2. 소화기구의 소화약제별 적응성

적응대상 \ 소화약제 구분	가스			분말		액체				기타			
	이산화탄소소화약제	할론소화약제	할로겐화합물 및 불활성기체소화약제	인산염류소화약제	중탄산염류소화약제	산알칼리소화약제	강화액소화약제	포소화약제	물·침윤소화약제	고체에어로졸화합물	마른모래	팽창질석·팽창진주암	그 밖의 것
일반화재(A급 화재)	–	○	○	○	–	○	○	○	○	○	○	○	–
유류화재(B급 화재)	○	○	○	○	○	○	○	○	○	○	○	○	–
전기화재(C급 화재)	○	○	○	○	○	*	*	*	*	○	–	–	–
주방화재(K급 화재)	–	–	–	–	*	–	*	*	*	–	–	–	*

※ 비고
"*"의 소화약제별 적응성은 「화재예방, 소방시설 설치 · 유지 및 안전관리에 관한 법률」 제36조에 의한 형식승인 및 제품검사의 기술기준에 따라 화재 종류별 적응성에 적합한 것으로 인정되는 경우에 한한다.

3. 적응성 개념

1) 일반화재(A급 화재)

① CO_2 : 소화기구는 소용량이므로 가스계 소화설비와 달리 A급 적응성이 없음

② 인산염류 분말 : 방진작용으로 A급 화재에 적응성 있음

2) 유류화재(B급 화재)

가스, 분말, 액체, 기타 소화약제 모두 적응성 있음

3) 전기화재(C급 화재)

① 가스, 분말 및 고체에어로졸은 C급 화재에 적응성 있음

② 액체 소화약제는 별도 형식승인 요구

4) 주방화재(K급 화재)

① 일반 유류화재와 달리 가스, 2 · 3종 분말 등은 적응성 없음

② 1종분말(비누화), 강화액, 포 등은 별도 형식승인 요구

8 주거용 주방자동소화장치의 정의, 감지부, 차단장치 공칭방호면적에 대하여 설명하시오.

문제 8) 주거용 주방자동소화장치의 정의, 감지부, 차단장치, 공칭방호면적

1. 정의

주거용 주방에 설치된 열발생 조리기구의 사용으로 인한 화재 발생 시 열원(전기 또는 가스)을 자동으로 차단하며 소화약제를 방출하는 소화장치

2. 감지부

1) 화재 시 발생하는 열 또는 불꽃을 감지하는 부분
2) 형식승인받은 유효한 높이 및 위치에 설치할 것
3) 감지부 형태 : 감지기, 이융성금속, 유리벌브, 온도센서 방식

3. 차단장치

1) 수신부에서 신호를 받아 가스 또는 전기의 공급을 차단시키는 장치
2) 상시 확인 및 점검이 가능하도록 설치할 것

4. 공칭방호면적

1) 소화약제 방출구는 형식승인된 방호면적에 따라 설치해야 함

2) 공칭방호면적의 계산

그림과 같이 방출구를 위치시켜 소화시험하여 소화된 경우

① 방호면적(A) : πr^2
② 공칭방호면적 : $L_1 \times L_2$
③ 방출구가 2개 이상인 경우 공칭방호면적 : $L_1 \times L_3$
④ 공칭방호면적은 방출구의 방호면적 내에 위치해야 함

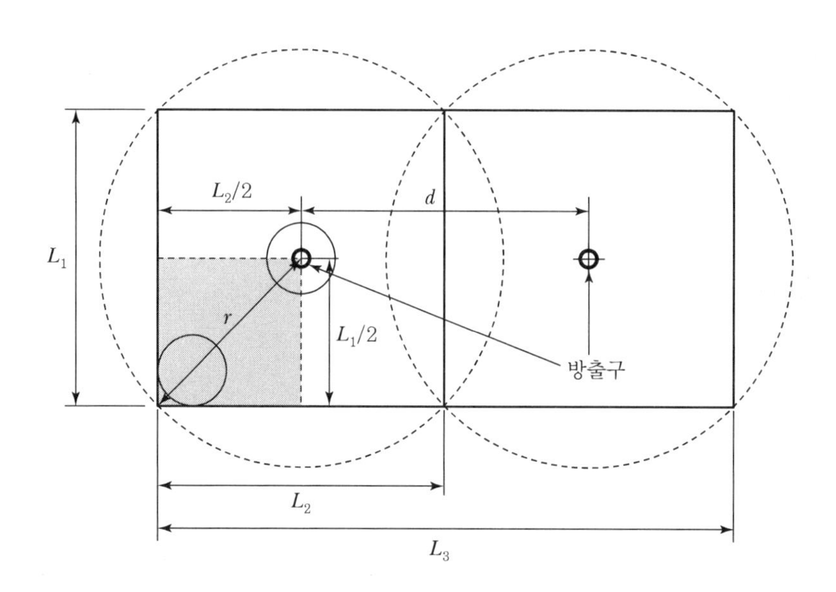

9 어떤 구획실의 면적이 24 m^2이고, 높이 3 m일 때 구획실 내부에서 화원 둘레가 6 m인 화재가 발생하였다. 이때 화재 초기의 연기 발생량(kg/s)을 구하고 바닥에서 1.5 m 높이까지 연기층이 강하하는 데 걸리는 시간(s)과 연기 배출량(m^3/s)을 계산하시오.(단, 연기의 밀도 ρ_s = 0.4 kg/m^3이고, 기타 조건은 무시한다.)

문제 9) 연기 발생량, 연기층 하강시간 및 연기 배출량 계산

1. 연기 발생량

1) 계산식

토머스의 실험식 $\dot{m}_s = 0.096 P \rho_o y^{\frac{3}{2}} g^{\frac{1}{2}} \left(\frac{T_o}{T}\right)^{\frac{1}{2}}$ 에서

외기온도 $T_0 = 290\ \text{K}$, 화염온도 $T = 1{,}100\ \text{K}$, $\rho_o = 1.22\ \text{kg/m}^3$, $g = 9.81\ \text{m/s}^2$을 대입하면

$$\dot{m}_s = 0.188 P y^{\frac{3}{2}}$$

2) 연기 발생량

$$\dot{m}_s = 0.188\,P\,y^{\frac{3}{2}} = 0.188 \times (6) \times (1.5)^{\frac{3}{2}} = 2.07\ \text{kg/m}^3$$

2. 연기 하강시간

$$t = \frac{20A}{P\sqrt{g}}\left(\frac{1}{\sqrt{y}} - \frac{1}{\sqrt{h}}\right) = \frac{20 \times (24)}{(6)\sqrt{9.8}}\left(\frac{1}{\sqrt{1.5}} - \frac{1}{\sqrt{3}}\right) = 6.11\text{초}$$

3. 연기 배출량

$$Q = \frac{\dot{m}_s}{\rho_s} = \frac{2.07}{0.4} = 5.18\ \text{m}^3/\text{s}$$

10 직통계단에 이르는 보행거리를 건축물의 주요구조부 등에 따라 설명하시오.

문제 10) 직통계단에 이르는 보행거리

1. 직통계단까지의 보행거리

1) 기준

층의 구분			거실 → 직통계단 보행거리	
주요구조부 재질			내화 또는 불연재료	기타 재료
용도	일반용도		50 m 이하	30 m 이하
	공동주택	15층 이하	50 m 이하	–
		16층 이상	40 m 이하	–
자동식 소화설비 여부			설치	미설치
용도	반도체 및 디스플레이패널 제조공장		75 m 이하	30 m 이하
	위 공장이 무인화된 경우		100 m 이하	30 m 이하

2) 강화 기준

지하층에 설치하는 바닥면적 합계 300 m^2 이상인 공연장, 집회장, 관람장 및 전시장의 경우
→ 주요구조부 재질에 관계없이 보행거리 30 m 이하

2. 직통계단 간의 이격 및 연결

1) 가장 멀리 위치한 직통계단 2개소의 가장 가까운 직선거리
   ① 건축물 평면의 최대 대각선 거리의 1/2 이상
   ② 자동식 소화설비 설치 시 1/3 이상
   ③ 직선거리 : 직통계단 간 연결복도를 다른 부분과 방화구획한 경우에는 보행거리로 적용

2) 각 직통계단 간에는 각각 거실과 연결된 복도 등 통로를 설치할 것

11 정온식감지선형 감지기 적응장소 및 지하구에 설치할 경우 설치기준을 설명하시오.

문제 11) 정온식 감지선형 감지기의 적응장소 및 지하구에 대한 설치기준

1. 적응장소

1) 화재안전기준에 따른 적응장소
   ① 먼지 또는 미분 등이 다량으로 체류하는 장소
   ② 수증기가 다량으로 머무는 장소
   ③ 부식성 가스가 발생할 우려가 있는 장소
   ④ 평상시에 연기가 체류하는 장소
   ⑤ 현저하게 고온으로 되는 장소
   ⑥ 연기가 다량으로 유입될 우려가 있는 장소
   ⑦ 물방울이 발생되는 장소
   ⑧ 불을 사용하는 설비로서 불꽃이 노출되는 장소

2) 실제 정온식 감지선형 감지기를 설치하는 장소

지하구, FRT, 컨베이어 벨트, 케이블 트레이 등

2. 지하구에 설치할 경우 설치기준

1) 보조선이나 고정 금구를 사용하여 감지선이 늘어지지 않도록 할 것
2) 단자부와 마감 고정금구와의 설치 간격은 10 cm 이내일 것
3) 감지선형 감지기의 굴곡 반경은 5 cm 이상일 것
4) 감지기와 감지구역 각 부분과의 수평거리

구분	내화구조	기타 구조
1종	4.5m 이하	3m 이하
2종	3m 이하	1m 이하

5) 케이블 트레이에 설치 시에는 케이블 트레이 받침대에 마감금구를 사용하여 설치할 것
6) 지하구나 창고의 천장 등에 지지물이 적당하지 않은 장소에서는 보조선을 설치하고 그 보조선에 설치할 것
7) 그 밖의 설치 기준은 형식승인 내용에 따르며, 형식승인 사항이 아닌 것은 제조사의 시방에 따를 것

3. 결론

1) 화재안전기준에서는 지하구 천장에 정온식 감지선형 감지기를 설치하도록 규정하고 있다.
2) 그러나 이러한 경우 화재감지가 매우 지연되므로, 케이블 트레이 상부에 사인(sine) 곡선 형태로 설치하는 것이 바람직하다.

⑫ 소방성능위주설계 대상물과 설계변경 신고 대상에 대하여 설명하시오.

문제 12) 소방성능위주설계 대상물과 설계변경 신고대상

1. 성능위주설계 대상

다음에 해당하는 특정소방대상물을 신축하는 경우

1) 연면적 20만 m^2 이상인 특정소방대상물(아파트등 제외)

2) 다음 중 하나에 해당하는 특정소방대상물(아파트등 제외)
   ① 건축물의 높이가 100 m 이상인 특정소방대상물
   ② 지하층을 포함한 층수가 30층 이상인 특정소방대상물

3) 연면적 3만 m^2 이상인 특정소방대상물로서 다음 중 하나에 해당하는 특정소방대상물

① 철도 및 도시철도시설

② 공항시설

4) 하나의 건축물에 영화상영관이 10개 이상인 특정소방대상물

2. 성능위주설계의 설계변경 신고대상

1) 연면적이 10% 이상 증가되는 경우
2) 연면적을 기준으로 10% 이상이 용도 변경되는 경우
3) 층수가 증가되는 경우
4) 소방법령을 적용하기 곤란한 특수공간으로 변경되는 경우
5) 건축 허가 또는 신고한 사항을 변경하려는 경우
6) 5)에 해당하지 않는 허가 또는 신고사항의 변경으로 종전의 성능위주설계 심의내용과 달라지는 경우

⑬ 헬리포트 및 인명구조공간 설치기준, 경사지붕 아래에 설치하는 대피공간의 기준을 설명하시오.

문제 13) 헬리포트 및 인명구조공간과 경사지붕 아래 대피공간의 기준

1. 설치대상

1) 층수가 11층 이상인 건축물로서
2) 11층 이상의 층의 바닥면적 합계가 10,000 m^2 이상인 건축물의 옥상
3) 적용

① 평지붕 : 헬리포트를 설치하거나, 헬리콥터를 통해 인명 등을 구조할 수 있는 공간

② 경사지붕 : 경사지붕 아래에 설치하는 대피공간

2. 설치기준

1) 헬리포트 및 인명구조공간

구분	헬리포트	인명구조공간
길이와 너비	각 22 m 이상(15 m까지 감축 가능)	직경 10 m 이상
장애물	반경 12 m 이내 이착륙에 방해되는 건축물, 공작물, 조경시설, 난간 설치 금지	구조활동에 방해되는 건축물, 공작물, 난간 설치 금지
표시	• 중앙에 지름 8 m의 Ⓗ표지(백색) • H : 선 너비 38 cm • ◎ : 선 너비 60 cm	• 중앙에 지름 8 m의 Ⓗ표지(백색) • ◎ : 선 너비 60 cm
주위한계선	백색으로 선 너비 38 cm 이상	

2) 대피공간

① 대피공간의 면적 : 지붕 수평투영면적의 1/10 이상
② 특별피난계단 또는 피난계단과 연결될 것
③ 출입구, 창문을 제외한 부분 : 해당 건축물의 다른 부분과 내화구조의 바닥 및 벽으로 구획할 것
④ 출입구 : 유효너비 0.9 m 이상으로 하고, 갑종방화문을 설치할 것
⑤ 내부마감재료 : 불연재료
⑥ 예비전원으로 작동하는 조명설비를 설치할 것
⑦ 관리사무소 등과 긴급 연락이 가능한 통신시설을 갖출 것

119회 기출문제 2교시

1 비상방송설비의 단락보호기능 관련 문제점 및 성능개선방안에 대하여 설명하시오.

문제 1) 비상방송설비의 단락 보호 기능 관련 문제점 및 성능개선방안

1. 문제점

비상방송설비 배선 단락 → 과도한 전류 발생 → 앰프(증폭기) 손상방지 위해 보호차단기 작동 → 증폭기 음성출력 차단

2. 개선방안

1) 각 층 배선상에 배선용 차단기(퓨즈) 설치

① 설치방법 : 각 층 중계기함의 스피커 단자대에 출력전압에 맞는 퓨즈 설치

② 장점 : 저렴, 단순, 인터넷 구입 가능

③ 단점

- 퓨즈 이상 발생 시 : 각 층 중계기함 전수 확인 필요
- 단선 확인 LED가 없는 경우 : 퓨즈 단선 여부 확인 곤란

→ 유지관리 어려움

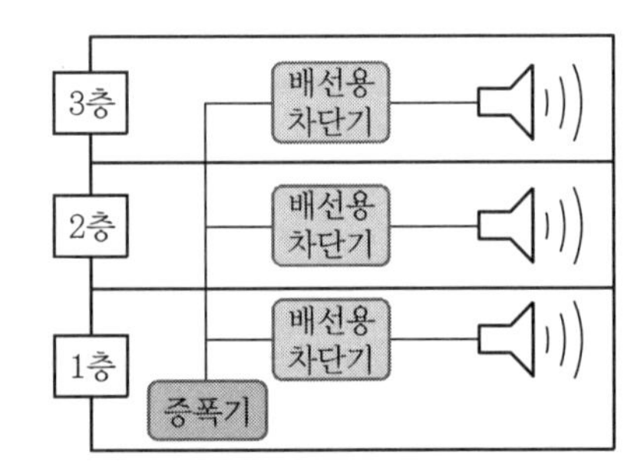

2) 각 층별 증폭기(앰프) 또는 다채널 앰프 적용

① 설치방법 : 방재실(관리실)의 방송랙에 설치 (다채널의 경우 2~4회로)

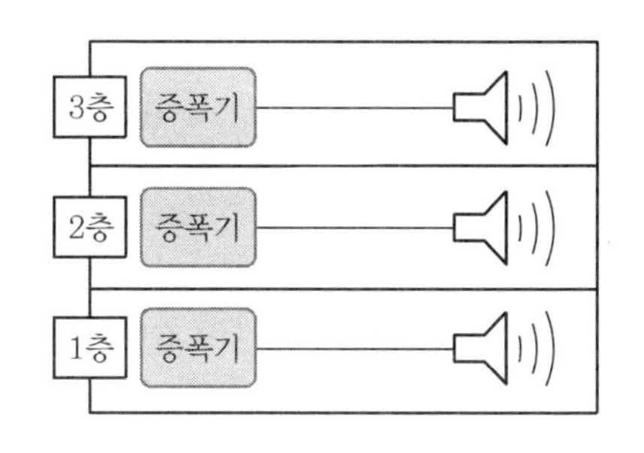

② 장점

- 단락 시 고장회로 차단
- 별도의 로컬장치 불필요
- 상가, 업무시설 등에 적합

③ 단점

- 증폭기(앰프) 추가 설치에 따른 비용 증가
- 여러 동의 공동주택에 적용 어려움(비용 및 설치공간)

3) 단락신호 검출장치(특허 제품) 설치

① 설치방법 : 각 층 소방중계기함에 설치

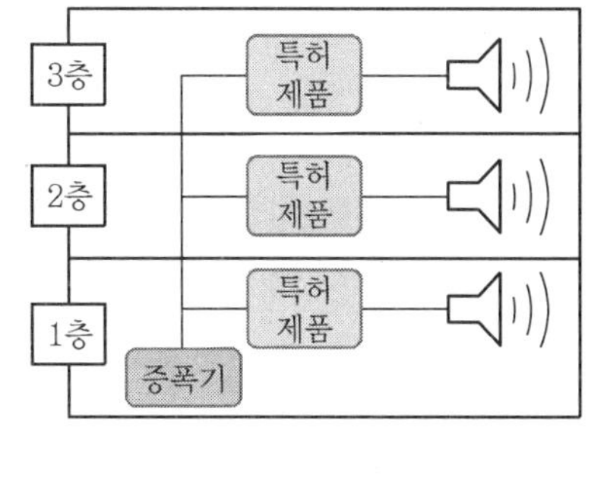

② 장점

- R형 수신기에 동작상태 표시됨
- 동작표시등(정상, 방송, 단선, 단락)으로 쉽게 상태 확인 가능
- 공동주택 등에 용이한 방식

4) 폴리스위치를 이용한 시스템(특허 제품) 설치

① 설치방법 : 각 층 소방중계기함 또는 통신단자함에 설치

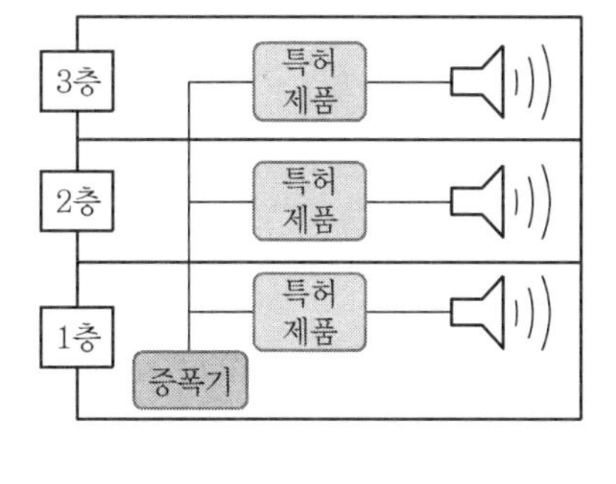

② 장점

- 4~32채널에 대한 단락, 단선 시 확인 및 조치 가능
- 동작표시등으로 상태 확인 가능
- R형 수신기에 동작상태 표시됨

5) 이상부하 컨트롤러 또는 RX방식 리시버 설치

① 설치방법 : 관리실 또는 각 동 통신단자함에 설치

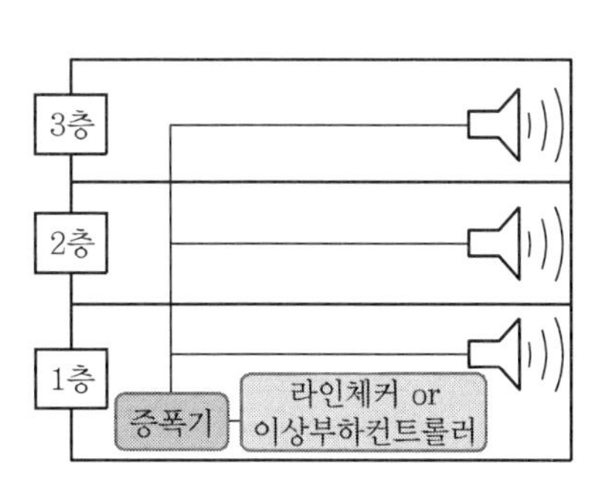

② 장점

- 관리실에서 운영하는 PC 프로그램에 표시
- 메인방송장비의 LED 창에 상태 표시
- 주차장, 옥외스피커용으로 가능
- 전관 방송용 장애 감시 및 차단 제어 가능

2 **소화배관의 기밀시험 방법 중 국내 수압시험 기준과 NFPA 13의 수압시험 및 기압시험에 대하여 설명하시오.**

문제 2) 국내 수압시험 기준과 NFPA 13의 수압 및 기압 시험

1. 개요

1) 배관 작업이 완료되면, 누수 우려가 없게 제대로 시공되었는지 기밀시험을 실시해야 한다.

2) 국내에서는 소방시설 성능시험조사표에 수압시험 방법이 기술되어 있으며, NFPA 13에서는 시스템 방식에 따라 수압 또는 기압시험을 수행하도록 요구하고 있다.

2. 국내 수압시험 기준

1) 수압시험 대상

① 가압송수장치 및 부속장치(밸브류 · 배관 · 부속류 · 압력챔버의 접속상태에서 실시)

② 옥외연결송수구 및 연결배관

③ 입상배관 및 가지배관

2) 수압시험 방법

① 1.4 MPa의 압력으로 2시간 이상 시험하고자 하는 장치의 가장 낮은 부분에서 가압

② 상용수압이 1.05 MPa 이상인 부분에서의 압력은 그 상용수압에 0.35 MPa을 더한 값으로 가압

③ 배관과 배관, 부속류, 밸브류, 각종 장치 및 기구의 접속부분에서 누수 현상이 없을 것

3. NFPA 13의 수압 및 기압시험

1) 수압시험 기준

① 대상 : 습식, 건식, 준비작동식 및 일제살수식

② 시험압력

- 최소 200 psi(=14 bar(1.4 MPa)) 이상
- 작동압력+50 psi(=3.5 bar(0.35 MPa)) 이상

→ 높은 압력으로 시험함

③ 성능조건

시험 압력하에서 2시간 동안 손실 없이 그 압력을 유지할 것

2) 기압시험

① 대상 : 건식, 준비작동식 설비

② 시험시간

- 0 ℃ 미만의 장소에서는 최저온도인 아침에 시험을 실시할 것
- 공기가 가장 응축되는 시점에 시험

③ 약 40 psi의 압력을 채워 24시간 뒤에 압력강하가 약 $1\frac{1}{2}$ psi 이하일 것

4. 결론

1) 소화배관의 수압시험 기준은 국내와 NFPA 13 기준이 동일하다.

2) NFPA 13에서는 건식, 준비작동식 소화설비 배관에 기압시험을 추가로 실시하는데, 그 이유는 다음과 같다.

① 평상시 소화배관에 주입되는 것은 공기임

② 수압시험에서 누설이 없는 배관에서도 공기 누설은 발생할 수 있음

3) 국내에서도 건식으로 이용하는 배관에 대한 기압시험을 도입하고, 현장에서 기밀시험을 엄격하게 실시하여 스프링클러 설비 사용에 문제가 없도록 해야 할 것이다.

3 특별피난계단의 계단실 및 부속실 제연설비의 화재안전기준(NFSC 501A)에서 정하는 누설면적 기준 누설량 계산방법과 KS 규격 방화문 누설량 계산방법에 대하여 설명하시오.

〈조건〉
- 제연구역의 실내 쪽으로 열리는 경우(방화문 높이 : 2.0 m, 폭 : 1.0 m)
- 적용 차압은 50 Pa

문제 3) 누설량 계산방법

1. 화재안전기준에 따른 누설량 계산

1) 누설틈새면적

$A_d : l = A : L$에서

$$A = A_d \times \frac{L}{l} = 0.01 \times \frac{6}{5.6} = 0.0107\ \text{m}^2$$

2) 누설량

$$Q = 0.827\,A\sqrt{P} = 0.827\times(0.0107)\times\sqrt{50} = 0.06257\ \mathrm{m^3/s} = 225\,\mathrm{CMH}$$

2. KS 기준 방화문에 의한 누설량 계산

1) 방화문의 차연성능

방화문 1 m^2당 공기 누설량이 0.9 m^3/min 이하일 것(25 Pa의 차압 기준)

2) 50 Pa의 차압에서의 방화문 누설비율

$Q \propto \sqrt{P}$ 이므로,

$$0.9 : q = \sqrt{25} : \sqrt{50}$$

$$q = 0.9\times\sqrt{\frac{50}{25}} = 0.0212\ \mathrm{m^3/s}$$

3) 누설량

$$Q = S\times q = (2.0\times1.0)\times0.0212 = 0.0424\ \mathrm{m^3/s} = 153\,\mathrm{CMH}$$

3. 결론

1) 위 계산에 따르면 화재안전기준에 의한 누설량은 KS 규격 방화문의 누설량보다 약 1.5배 정도 크다.
2) 화재안전기준에 따라 설계할 경우 송풍기 용량이 과다하게 커질 수 있으므로, 설계 시 이를 충분히 고려해야 한다.

4 비상전원으로 축전지를 적용할 때 종류 선정방법 및 용량 산출순서에 대하여 설명하시오.

문제 4) 축전지 종류 선정 방법 및 용량산출 순서

1. 축전지 종류 선정 방법

1) 축전지의 종류

① 연축전지

• 클래드식(CS) : 저율방전특성 우수
• 페이스트식(HS) : 고율방전특성 우수

② 알칼리축전지
• 포켓식(AM)
• 소결식(AMH, AH-P, AH, AHH)

2) 축전지 선정방법

① 클래드식 : 예비전원 비내장형 비상조명등
② 페이스트식 : 소방법에 의한 대용량 비상전원, 엔진펌프 등
③ AM : 예비전원 내장형 비상조명등
④ AMH : 자동방화셔터, 소방법에 따른 비상전원
⑤ AH-P, AH, AHH : UPS용

2. 축전지 용량산출 순서

1) 축전지 부하 결정

① 축전지에서 동시에 공급해야 할 전체 부하 고려
② 최대 부하가 사용되는 화재 : 지상 1층 화재

2) 방전전류 계산

$$\text{방전전류} = \frac{\text{부하용량(VA)}}{\text{정격전압(V)}}$$

3) 방전시간 결정

① 화재안전기준
• 일반 : 60분 감시상태 유지 후, 10분간 경보
• 고층 : 60분 감시상태 유지 후, 30분간 경보

② NFPA 72 기준 : 24시간 감시 후 5분간 경보

4) 부하특성곡선 작성

최대부하가 예상되는 화재에서의 방전전류와 방전시간에 따라 그림과 같이 부하특성곡선을 작성

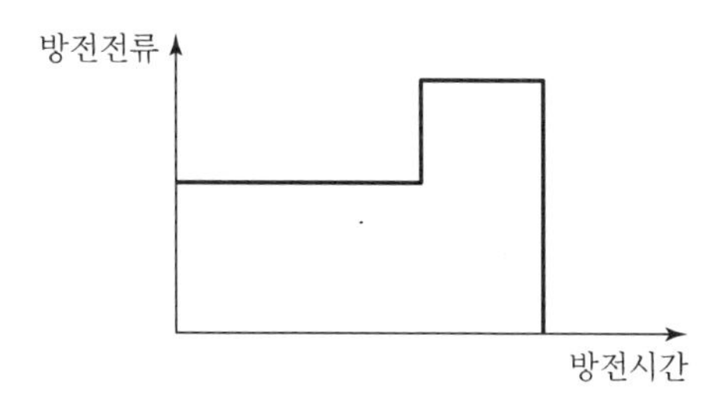

5) 축전지 종류 결정

시스템 종류, 방전특성, 가격, 성능 등을 고려하여 축전지 종류를 결정

6) 축전지 수량 결정

$$N(\text{셀의 수}) = \frac{\text{부하 정격 전압}(V)}{\text{축전지 공칭전압}(V_B)}$$

7) 용량환산시간(K) 결정

① 축전지의 종류, 방전시간, 셀당 허용최저전압 및 축전지 최저온도 등을 고려하여 표에서 결정한다.

② 영향인자

- 온도
- 축전지 형식
- 셀당 최저허용전압
- 방전시간
- 축전지 용량

8) 축전지 용량 계산

$$C = \frac{1}{L}\left[K_1 I_1 + K_2(I_2 - I_1) + \cdots\right]$$

5 피난기구의 설치에 대하여 다음 사항을 설명하시오.

1) 피난기구의 설치 수량 및 추가 설치기준

2) 승강식피난기 및 하향식 피난구용 내림식 사다리 설치기준

문제 5) 피난기구 설치기준

1. 피난기구의 설치 수량 및 추가 설치기준

1) 설치 수량

① 층마다 설치할 것

② 층별 피난기구 수량기준

층별 용도	피난기구 수량 기준
숙박 · 노유자 · 의료시설로 사용되는 층	바닥면적 500 m^2마다
위락 · 문화집회 · 운동 · 판매시설로 사용되거나 복합용도로 사용되는 층	바닥면적 800 m^2마다
계단실형 APT	각 세대마다
그 밖의 용도	바닥면적 1,000 m^2마다

2) 추가 설치 기준

① 숙박시설(휴양콘도미니엄 제외) : 위의 규정 외에 추가로 객실마다 간이완강기 설치

② 아파트 : 관리 주체마다 공기안전매트 추가 설치(옥상이나 인접세대로 피난이 가능한 경우 제외)

2. 승강식피난기 및 하향식 피난구용 내림식사다리 설치기준

1) 설치경로가 설치층에서 피난층까지 연계될 수 있는 구조로 설치할 것

[예외] 건축물 규모가 지상 5층 이하로서 구조 및 설치 여건상 불가피한 경우

2) 대피실

① 면적 : 2 m^2(2세대 이상일 경우 3 m^2) 이상

② 건축법 시행령에 적합한 구조일 것

③ 하강구(개구부) 규격은 직경 60 cm 이상일 것

[예외] 외기에 개방된 장소

3) 하강구 내측에는 기구의 연결 금속구 등이 없을 것

전개된 피난기구는 하강구 수평투영면적 공간 내의 범위를 침범하지 않을 것

[예외] 직경 60 cm 크기의 범위를 벗어난 경우 또는 직하층의 바닥면으로부터 높이 50 cm 이하의 범위

4) 대피실의 출입문

① 갑종방화문으로 설치

② 피난 방향에서 식별할 수 있는 위치에 "대피실" 표지를 부착할 것

[예외] 외기와 개방된 장소

5) 착지점과 하강구는 상호 수평거리 15 cm 이상의 간격을 둘 것

6) 대피실 내에는 비상조명등을 설치할 것

7) 대피실에는 층의 위치표시/피난기구 사용설명서/주의사항 표지판을 부착할 것

8) 대피실 출입문의 개방, 피난기구 작동 시 해당층 및 직하층 거실에 설치된 표시등 및 경보장치가 작동되고 감시 제어반에서는 피난기구의 작동을 확인할 수 있을 것

9) 사용 시 기울거나 흔들리지 않도록 설치할 것

10) 승강식 피난기는 지정 성능시험기관에서 성능을 검증받은 것으로 설치할 것

6 화학공장의 위험성평가 목적과 정성적평가와 정량적평가 방법에 대하여 설명하시오.

문제 6) 위험성평가 목적과 정성적평가 및 정량적평가 방법

1. 화학공장 위험성평가의 절차

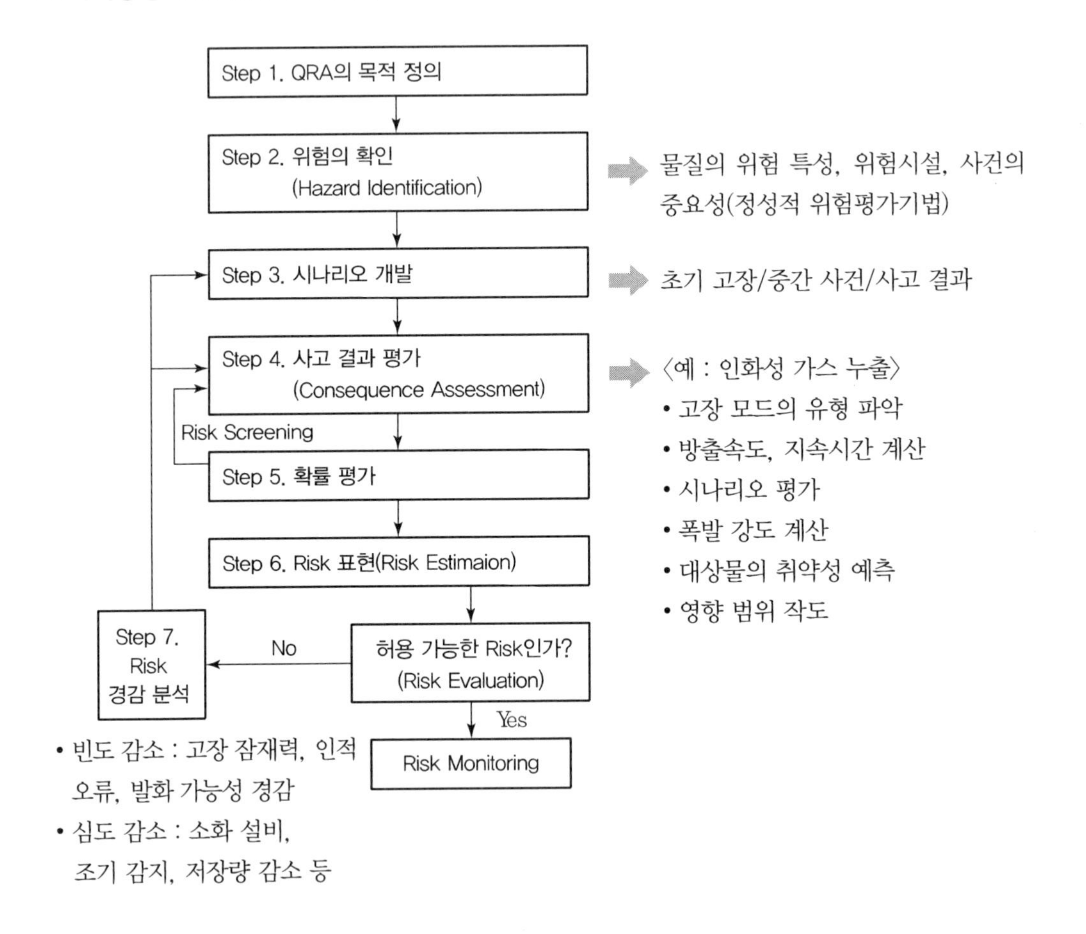

2. 화학공장의 위험성 평가 목적

1) 화재 및 폭발 Risk는 재산 피해, 업무 중단, 인명 안전, 환경문제, 기업 이미지 및 향후 수익성 등 기업의 목적과 생존에 큰 위협이 됨

2) 화학공장의 위험성 평가는 화재안전요소를 정량화하여 다음과 같은 부분에 활용할 수 있다.
   ① Risk의 정량화를 통해 Risk를 줄일 우선순위 결정
      → 최적의 안전분야 투자 가능
   ② 상대적 Risk 경감대책의 평가를 통해
      → 예방/방호/비상 대응 대책 사이의 최적의 균형을 이룰 수 있도록 효율적인 비용 - 이익 분석에 활용
   ③ Hazard는 크지만, Risk는 작다는 것을 지역사회 및 보험사에 입증
      → 매우 심각한 사고의 발생 확률을 정량화
   ④ 가스 확산, 복사열 및 과압 영향 범위 예측
      → 비상대응계획과 비상훈련에 활용
   ⑤ 산업안전보건법에 따른 공정안전보고서를 작성, 제출
      → 사업장 근로자 및 인근 지역에 영향을 줄 수 있는 중대산업사고 예방

3. 정성적 위험성 평가의 방법

1) 정성적 위험성 평가는 위험의 확인(Hazard Identification) 단계에서 잠재적인 화재위험성을 파악하는 방법으로 이를 통해 위험 분석의 대상을 확인하게 된다.

2) 정성적 위험성 평가 방법의 종류
   ① 사고예상질문 분석법(What-if)
   ② 체크리스트법
   ③ 이상위험도 분석법(FMECA)
   ④ 작업자 실수 분석법(HEA)
   ⑤ 안전성 검토법(Safety Review)
   ⑥ 예비위험 분석법(PHA)
   ⑦ 상대 위험순위 판정법(D&M Indices)
   ⑧ 위험과 운전성 분석(HAZOP)

4. 정량적 위험성 평가의 방법

1) 파악된 위험성이 얼마나 위험한지를 분석하여 그 위험을 정량화하는 과정이다.
2) 즉, 위험성의 발생확률(빈도)과 크기(심도)를 수치로 분석하는 것이다.
   ① 사고빈도 분석 : FTA, ETA, HEA
   ② 사고심도 분석 : CCA, Severity Analysis
3) 정량적 위험성 평가 방법의 종류
   ① FTA(결함수 분석법)
   ② ETA(사건수 분석법)
   ③ HEA(작업자 실수 분석법)
   ④ CCA(사고 원인 및 결과 영향분석)

119회 기출문제 3교시

1 방염에 대하여 아래 내용을 설명하시오.
1) 방염대상 2) 실내장식물 3) 방염성능기준

문제 1) 방염대상, 실내장식물 및 방염성능 기준

1. 방염대상

1) 근린생활시설 중 의원, 체력단련장, 공연장 및 종교집회장
2) 건축물의 옥내에 있는 다음의 시설
   ① 문화 및 집회시설
   ② 종교시설
   ③ 운동시설(수영장 제외)
3) 의료시설
4) 교육연구시설 중 합숙소
5) 노유자시설
6) 숙박이 가능한 수련시설
7) 숙박시설
8) 방송통신시설 중 방송국 및 촬영소
9) 다중이용업소
10) 11층 이상인 것(아파트 제외)

2. 실내장식물

1) 개념
   ① 건축물 내부의 천장 또는 벽에 설치하는 것으로서 대통령령으로 정하는 것
   ② 건축물 내부의 천장이나 벽에 붙이는(설치하는) 것으로서 다음 중 어느 하나에 해당하는 것
   - 종이류(두께 2 mm 이상) · 합성수지류 또는 섬유류를 주원료로 한 물품
   - 합판이나 목재

• 간이 칸막이

• 흡음재 또는 방음재(흡음용 또는 방음용 커튼 포함)

③ 가구류, 너비 10 cm 이하의 반자돌림대, 내부마감재료는 실내장식물에서 제외

2) 적용기준

① 다중이용업소에 설치 또는 교체하는 실내장식물

→ 불연 또는 준불연재료로 설치할 것

② 방염처리 가능한 경우

• 합판 또는 목재로 실내장식물을 설치하는 경우로서

• 그 면적이 영업장 천장과 벽을 합한 면적의 3/10(스프링클러 또는 간이 스프링클러 설치 시 5/10) 이하인 부분

3. 방염 성능기준

1) 대상 물품

물품	잔염시간 (초)	잔신시간 (초)	탄화면적 (cm^2)	탄화길이 (cm)	접염 횟수	최대연기 밀도
카페트	20	–	–	10	–	400 이하
얇은 포	3	5	30	20	3	200 이하
두꺼운 포	5	20	40	20	–	200 이하
합성수지판	5	20	40	20	–	400 이하
합판등	10	30	50	20	–	400 이하

※ 합판 등 : 합판, 섬유판, 목재 및 기타 물품

※ 연기밀도 계산식

$D_s = 132\log_{10}\frac{100}{T}$ 여기서, T : 광선투과율

2) 소파 · 의자

① 담배법에 의한 시험 : 1시간 이내에 발화하거나 연기가 발생하지 않아야 함

② 버너법에 의한 시험

• 잔염시간 : 120초 이내

• 잔신시간 : 120초 이내

• 내부에서 발화하거나 연기가 발생하지 않아야 함

③ 45도 에어믹스버너 철망법에 의한 시험

• 탄화길이 : 최대 7.0 cm, 평균 5.0 cm 이내일 것

④ 최대연기밀도 400 이하

2 수계시스템에서 배관경 산정방법인 규약배관방식(pipe schedule method)과 수리계산방식(hydraulic calculation method)을 비교 설명하시오.

문제 2) 배관경 산정 방법인 규약배관방식과 수리계산방식

1. 개요

1) 규약배관방식

주어진 방수구(스프링클러 헤드 등)의 수량에 따라 미리 정해진 표(Schedule)에 의해 배관경을 결정하는 방법

2) 수리계산방식

수계 소화설비의 작동을 위해 필요한 소화수가 제대로 공급될 수 있도록 소방수리학 원리에 입각하여 필요한 배관경, 유량, 압력을 계산하는 방법

2. 배관경 산정 방법

1) 규약배관방식

① 배관경에 따라 헤드 수량을 미리 정해두고, 그 기준 범위 이내에서 설계 · 시공하는 방법

② 소방설계에 대한 전문지식이 없어도 누구나 쉽게 설계 · 시공이 가능

③ 소규모 건물에서는 수리계산방식에 비해 더 편리하므로, NFPA에서는 5,000 ft^2 이하에서는 이 방식으로 설계하도록 허용

④ 여유율이 커서 건물에 따라 과대설비로 인해 비경제적

⑤ 화재안전기준에 의한 스프링클러설비의 규약배관 기준

구분 \ 배관경	25	32	40	50	65	80	90	100	125	150
가	2	3	5	10	30	60	80	100	160	161 이상
나	2	4	7	15	30	60	65	100	160	161 이상
다	1	2	5	8	15	27	40	55	90	91 이상

- 가 : 폐쇄형 스프링클러 헤드의 경우
- 나 : 폐쇄형 스프링클러 헤드로 반자 아래와 반자 내부에 헤드를 동일 가지 배관에서 병설하는 경우
- 다 : (1) 무대부, 특수가연물을 저장, 취급하는 장소의 경우로서 폐쇄형 스프링클러 헤드를 사용하는 설비의 배관구경
  (2) 개방형 스프링클러 헤드를 설치하는 경우 하나의 방수구역이 담당하는 헤드의 개수가 30개 이하일 때

2) 수리계산방식

① 특징

- 각 배관에 필요한 압력과 유량을 Hazen－Williams식 등에 의해 계산하고, 공학적 해석을 통해 적절한 마찰손실 값이 되도록 각 구간의 배관경을 결정하는 방식
- 필요한 크기의 배관경으로 설계가 가능하므로, 경제성을 높일 수 있음
- 수리계산에 대한 기술적 지식이 요구되며, 미국에서는 대부분 이 방식에 의해 배관을 설계하도록 규정

② 국내 기준에서 수리계산방식을 적용해야 하는 경우

- 폐쇄형 스프링클러 헤드 : 100개 이상의 헤드를 담당하는 급수배관의 구경을 100 mm로 할 경우
  → 수리계산을 통해 배관 유속 기준(가지배관 : 6 m/s 이하, 그 밖의 배관 : 10 m/s 이하)에 적합하도록 할 것
- 개방형 스프링클러 헤드 : 하나의 방수구역이 담당하는 헤드의 개수가 30개를 초과할 경우

3. 결론

1) 소화배관 설계에서 수리계산방식을 적용할 경우, 유속 및 구간별 마찰손실을 고려하여 배관경을 결정해야 한다.
2) 그러나 국내 설계 실무에서는 미리 규약배관방식으로 배관경을 결정한 상태에서 필요한 유량, 양정만을 수리계산으로 정하는 방식을 적용하고 있다.
3) 수리계산을 활성화하기 위해 배관경도 수리계산에 의해 결정하는 것이 바람직하다.

3 무창층의 기준해석에 대한 업무처리 지침 관련 아래 사항을 설명하시오.
1) 개구부 크기의 인정기준
2) 도로 폭의 기준
3) 쉽게 파괴할 수 있는 유리의 종류

문제 3) 무창층의 기준해석에 대한 업무처리지침

1. 개요

1) 무창층 용어 해석에 논란의 소지를 해소하고자 소방청에서는 2011년에 무창층 기준해석에 관한 업무처리지침을 운영

2) 2018년 8월에 이 업무처리지침의 일부 내용이 추가됨

2. 개구부 크기의 인정 기준

1) "개구부의 크기가 지름 50 cm 이상의 원이 내접할 수 있을 것"이라는 규정과 관련한 개구부의 크기 기준(지름 산정 시 창틀은 포함하지 않으며, 파괴가 가능한 유리부분의 지름만을 인정)

2) 인정 기준

① 쉽게 파괴가 불가능한 개구부의 경우
문이 열리는 부분(공간)이 지름 50 cm 이상의 원이 내접할 수 있는 경우에만 개구부로 인정

② 쉽게 파괴가 가능한 개구부인 경우
유리를 일부 파괴하고 내 · 외부로부터 개방할 수 있는 부분이 지름 50 cm 이상의 원이 내접할 수 있는 경우에만 개구부로 인정

③ 일반유리창의 경우
바닥으로부터 1.2 m 이내에 파괴가 가능하거나 문이 열리는 부분(공간)이 지름 50 cm 이상의 원이 내접할 수 있는 경우에만 개구부로 인정

④ 프로젝트창의 경우
- 하부창이 바닥으로부터 1.2 m 이내에 파괴가 가능하거나 문이 열리는 부분(공간)이 지름 50 cm 이상의 원이 내접할 수 있는 경우로서
- 상부창이 "쉽게 파괴할 수 있는 유리의 종류"에 해당하고 지름 50 cm 이상의 원이 내접할 수 있는 경우에는 상 · 하부 창 모두를 인정

3. 도로 폭의 기준

1) 건축법 제2조제11호 및 제44조 제1항 "도로" 준용
2) 일반도로 4 m, 막다른 도로 2 m

4. 쉽게 파괴할 수 있는 유리의 종류

1) 일반유리 : 두께 6 mm 이하

2) 강화유리(반강화유리 포함) : 두께 5 mm 이하

3) 복층유리

① 일반유리 두께 6 mm 이하 + 공기층 + 일반유리 두께 6 mm 이하
② 강화유리(반강화유리 포함) 두께 5 mm 이하 + 공기층 + 강화유리(반강화유리 포함) 두께 5 mm 이하

4) 기타 소방서장이 쉽게 파괴할 수 있다고 판단되는 것

5. 결론

무창층 관련 지침의 개선을 통해 반강화유리를 쉽게 파괴할 수 있는 유리에 포함하였다.

4 스프링클러의 작동시간 예측에 있어 감열체의 대류와 전도에 대하여 열평형식을 이용하여 설명하시오.

문제 4) 스프링클러 감열체의 대류와 전도에 대하여 열평형식을 이용하여 설명

1. 스프링클러의 열평형식

1) 감열부로의 열전달

① 화재 초기단계이므로, 복사 열전달은 무시

② 감열부와 다른 부분으로의 열전도 손실 무시

③ $\dot{q} = \dot{q}_{conv} = hA(T_g - T_d)$ ······ ①식

여기서, h : 대류열전달계수 　 A : 가열면적

T_d : 감열부 온도 　 T_g : 기체의 온도

2) 감열부의 온도 변화

$$\frac{dT_d}{dt} = \frac{\dot{q}}{mc} \quad \cdots\cdots ②식$$

3) ①식을 ②식에 대입하면,

$$\frac{dT_d}{dt} = \frac{hA(T_g - T_d)}{mc} = \frac{(T_g - T_d)}{\tau}$$

$$dt = \frac{\tau}{(T_g - T_d)} dT$$

여기서, τ : 시간상수

4) 위 식을 시간 t와 감열부 온도 T_d로 적분하면

$$t = \tau \left[\ln \frac{(T_g - T_a)}{(T_g - T_d)} \right]$$

5) $RTI = \tau\sqrt{u}$ 이므로, 이를 대입하면 열평형식을 유도 가능

$$t = \frac{RTI}{\sqrt{u}}\left[\ln\frac{(T_g - T_a)}{(T_g - T_d)}\right]$$

2. 감열부의 열전도 손실을 고려한 계산식

1) 최신 작동예측 모델링의 경향

최근에는 스프링클러의 프레임이나 부속류 및 배관 내 소화수 측으로의 전도 열손실을 감안하고 있음

① 이러한 전도 열손실은 헤드 작동을 지연시키게 됨

② 기류 속도가 감소되는 부분에서의 헤드 오작동 방지라는 장점도 있음

→ 온도가 낮고 유속이 느릴 경우 열전도손실을 고려함

2) 최신 작동예측 모델링의 경향

① 적용조건

$\frac{T_g - T_d}{T_g - T_a} < \frac{1}{4}$ 인 경우

② 전도열손실을 고려한 작동시간 예측

$$t = \frac{RTI}{\sqrt{u}\times\left(1+\frac{C}{\sqrt{u}}\right)}\times\ln\left[\frac{T_g - T_a}{(T_g - T_a)-(T_d - T_a)\left(1+\frac{C}{\sqrt{u}}\right)}\right]$$

여기서, C : 배관 및 충수된 소화수로의 전도 열손실 계수

3. 스프링클러의 작동시간 예측

1) 작동시간에 대한 영향인자

① 기류속도 : 빠를수록 작동시간 단축

② 열기류의 온도 : 높을수록 조기 작동

③ 헤드의 작동온도 : 낮을수록 조기 작동

④ 헤드의 반응시간지수 : 낮을수록 조기작동

⑤ 전도열손실 : 클수록 작동지연

2) 열전달(대류, 전도)과 작동시간 간의 관계

① 감열부로의 대류 열전달이 클수록 헤드의 작동시간 단축

→ 헤드는 반드시 Ceiling Jet Flow 영역 내에 위치하도록 천장부 가까이에 설치해야 함

② 전도열손실이 클수록 헤드의 작동 지연
→ 열전도도가 큰 재질(구리관 등)보다는 열전도도가 낮은 재질로 소화배관을 구성하는 것이 바람직함

5 소방시설의 내진설계 기준에서 정한 면진, 수평력, 세장비에 대하여 설명하고, 단면적이 9 cm²로 동일한 정삼각형, 정사각형, 원형의 버팀대가 있을 경우 세장비가 300일 때 최소회전반경(r)과 버팀대의 길이를 계산하시오.

문제 5) 면진, 수평력, 세장비 및 최소회전반경과 버팀대 길이 계산

1. 내진설계 기준에 따른 정의

1) 면진

건축물과 소방시설을 분리시켜 지반진동으로 인한 지진력이 직접 구조물로 전달되는 양을 감소시킴으로써 내진성을 확보하는 수동적인 지진 제어 기술

2) 수평력

지진 시 버팀대에 전달되는 배관에 작용하는 동적 지지하중을 같은 크기의 정적 하중으로 환산한 값

3) 세장비(L/r)

① 버팀대의 길이(L)와, 최소회전반경(r)의 비율
② 세장비가 커질수록 좌굴(Buckling) 현상이 발생하여 지진 발생 시 파괴되거나 손상을 입기 쉬움

2. 최소회전반경과 버팀대의 길이 계산

1) 조건

① 단면적 : $A = 9\ \text{cm}^2$
② 세장비 : $\lambda = \dfrac{L}{r} = 300$

2) 정삼각형인 경우

① 각 변의 길이와 높이

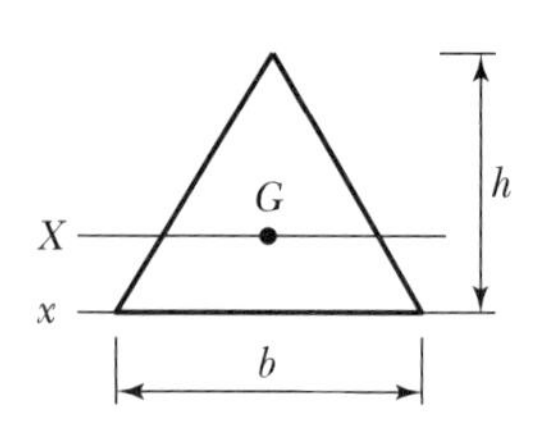

- 높이 $h = b\cos 30° = \dfrac{\sqrt{3}}{2}b$
- $A = \dfrac{1}{2}bh = \dfrac{\sqrt{3}}{4}b^2 = 9\ \text{cm}^2$

  $b = 4.56\ \text{cm}$

  $h = 3.95\ \text{cm}$

② 단면 2차 모멘트

$$I_x = \frac{bh^3}{36} = \frac{(4.56)\times(3.95)^3}{36} = 7.81\ \text{cm}^4$$

③ 최소회전반경

$$r = \sqrt{\frac{I_x}{A}} = \sqrt{\frac{7.81}{9}} = 0.93\ \text{cm}$$

④ 버팀대의 길이

$$\lambda = \frac{L}{r} = \frac{L}{0.93} = 300 \text{이므로,}$$

$L = 279\ \text{cm}$

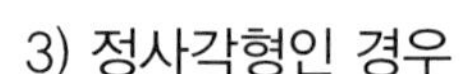

3) 정사각형인 경우

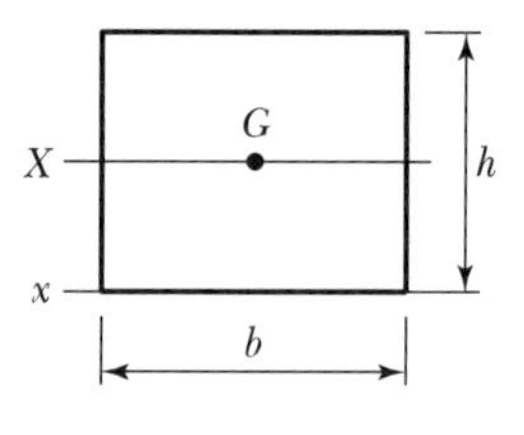

① 각 변의 길이와 높이

$A = bh = b^2 = 9\ \text{cm}^2$

$b = h = 3\ \text{cm}$

② 단면 2차 모멘트

$$I_x = \frac{bh^3}{12} = \frac{(3)^4}{12} = 6.75\ \text{cm}^4$$

③ 최소회전반경

$$r = \sqrt{\frac{I_x}{A}} = \sqrt{\frac{6.75}{9}} = 0.866\ \text{cm}$$

④ 버팀대의 길이

$$\lambda = \frac{L}{r} = \frac{L}{0.866} = 300 \text{이므로,}$$

$L = 260\ \text{cm}$

4) 원형인 경우

① 직경

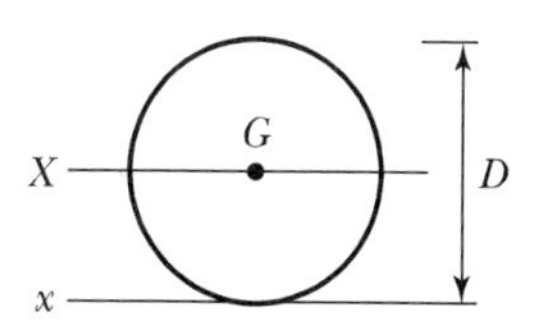

$$A = \frac{\pi}{4}d^2 = 9\ \text{cm}^2$$

$$d = 3.385\ \text{cm}$$

② 단면 2차 모멘트

$$I_x = \frac{\pi d^4}{64} = \frac{\pi \times (3.385)^4}{64} = 6.445\ \text{cm}^4$$

③ 최소회전반경

$$r = \sqrt{\frac{I_x}{A}} = \sqrt{\frac{6.445}{9}} = 0.846\ \text{cm}$$

④ 버팀대의 길이

$$\lambda = \frac{L}{r} = \frac{L}{0.846} = 300\text{이므로,}$$

$$L = 254\ \text{cm}$$

3. 결론

위와 같이 단면 형태에 따라 세장비 또는 버팀대의 길이가 달라지며, 정삼각형 > 정사각형 > 원형 순으로 버팀대를 길게 적용할 수 있다.

6 옥외에 설치된 유입변압기 화재방호를 위해 설계된 물분무소화설비의 배수설비 용량(m^3)을 NFPA 15에 따라 아래 조건을 이용하여 계산하시오.

〈조건〉
- 단일저장용기에 저장된 절연유의 최대 용량 : 50 m^3, 절연유 비중 : 0.83
- 변압기 윗면 표면적 : 35 m^2
- 변압기 외형 둘레길이 : 32 m, 변압기 높이 : 4.5 m
- Conservator Tank 지름 및 길이 : 1.2 m, 5.2 m
- 소화수 방출시간 : 30분
- 변압기 설치 지역의 비흡수지반 면적 : 16.5 m^2

(단, 배수설비 용량 산정 시 빗물 및 공정액체 또는 냉각수가 배수설비로 보내지는 정상적인 방출유량을 제외한다.)

문제 6) 물분무 소화설비의 배수용량 계산

1. 배수설비용량 기준

1) 동시 작동 물분무 소화설비 실제 유량
2) 화재 중에 사용될 수 있는 보조 Hose Stream 및 모니터
3) 최대 예상 공정 액체의 누출
4) 배수설비로 보내지는 공정액체 또는 냉각수의 정상적인 누출 → 문제 조건에 따라 제외
5) 빗물 → 문제 조건에 따라 제외

2. 물분무 소화설비 유량

1) 변압기 표면적

① 변압기 외부면적 : $32 \times 4.5 = 144\ m^2$

② Conservator Tank : $2 \times \left(\frac{\pi}{4} \times 1.2^2\right) + (\pi \times 1.2 \times 5.2) = 21.9\ m^2$

③ 전체 표면적 : $35 + 144 + 21.9 = 200.9\ m^2$

2) 물분무 유량

① 변압기 : $200.9\ m^2 \times 10.2\ lpm/m^2 = 2,049.18\ lpm$

② 비흡수 지반 : $16.5\ m^2 \times 6.1\ lpm/m^2 = 100.65\ lpm$

③ 전체 유량 : $2,049.18 + 100.65 = 2,149.83\ lpm$

3. 배수설비용량

1) 물분무 소화설비

$2,149.83\ \text{lpm} \times 30\ \text{min} = 64494.9\ \text{L} = 64.5\ \text{m}^3$

2) 보조 Hose Stream

$946\ \text{lpm} \times 30\ \text{min} = 58,380\ \text{L} = 58.4\ \text{m}^3$

3) 공정액체의 누출 : $50\ \text{m}^3$

4) 배수설비 용량 : $64.5 + 58.4 + 50 = 172.9\ \text{m}^3$

119회 기출문제 4교시

1 최근 건설현장에서 용접 · 용단작업 시 화재 및 폭발사고가 증가하고 있다. 아래 내용을 설명하시오.
1) 용접 · 용단작업 시 발생되는 비산불티의 특징
2) 발화원인물질별 주요 사고발생 형태
3) 용접 · 용단작업 시 화재 및 폭발 재해예방 안전대책

문제 1) 건설현장의 용접 · 용단작업 시의 화재

1. 용접 · 용단 작업 시 발생되는 비산불티의 특징

1) 용접 · 용단 작업 시 수천 개의 불티가 발생하고 비산됨
2) 풍향, 풍속에 따라 비산거리가 달라짐
3) 용접 비산불티는 1,600 ℃ 이상의 고온물질
4) 점화원이 될 수 있는 비산불티의 크기는 0.3~3 mm 정도
5) 가스 용단에서는 산소압력, 절단속도 및 절단 방향에 따라 비산불티의 양과 크기가 달라질 수 있음
6) 비산된 후 상당시간이 경과한 뒤에도 열축적에 의해 화재가 발생할 수 있음

2. 발화 원인물질별 주요 사고 발생 형태

1) 인화성 가스, 인화성 물질
인화성 유증기 및 인화성 액체 등이 체류할 수 있는 용기, 배관 또는 밀폐공간 인근에서 용접 · 용단작업 중 불티가 유증기에 착화

2) 발포 우레탄
① 스프레이 뿜칠 발포우레탄 인근에서 용접 · 용단 중 불꽃이 튀어 우레탄에 축열되어 발화
② 샌드위치 패널 또는 우레탄 단열판 내부로 용접 · 용단 불꽃이 튀어 축열되어 발화

3) 기타 가연물

① 용접 · 용단 불꽃이 비산하여 가연물(자재, 유류 묻은 작업복 등)에 착화

② 밀폐공간 환기를 위해 산소를 사용하여 발화

3. 용접 · 용단작업 시 화재 및 폭발 재해 예방 안전대책

1) 위험성 평가 및 근로자 안전교육

① 원청, 하청업체 간 작업지시체계를 확립하고 화기작업 지역의 모든 공사참여 업체별 관리감독자가 함께 위험성 평가를 실시하고 그 결과를 공유

② 용접 · 용단작업 시 인화성 물질 착화화재의 특징, 대처 방법 등에 대해 근로자 안전보건교육 실시

2) 철저한 관리감독 및 점검활동

① 인화성 물질 또는 가스가 잔류하는 배관, 용기 등에 직접 또는 인근에서 용접 · 용단작업 시 위험물질 사전제거 조치

② 용기 및 배관에 인화성 가스나 액체의 체류 또는 누출 여부에 대한 상시 점검 및 위험요인 제거

③ 전기케이블은 절연 조치하고, 피복 손상부는 교체하며, 단자부 이완 등에 의해 발열되지 않도록 조임

④ 작업에 사용되는 모든 전기기계 · 기구는 누전차단기를 통해 전원 인출

⑤ 가스용기의 압력조정기와 호스 등의 접속부에서 가스 누출 여부를 항상 점검

⑥ 착화 위험이 있는 인화성 물질 및 인화성 가스가 체류할 수 있는 배관, 용기, 우레탄폼 단열재 등의 인근에서 용접 · 용단작업 시에는 화재감시인 배치

3) 안전작업 방법 준수

① 인화성 물질은 용접 · 용단 등 화기작업으로부터 10 m 이상 떨어진 안전한 곳으로 이동조치하거나, 방화덮개나 방화포로 도포

② 용접 · 용단작업 실시 장소에는 "경고, 주의" 표지판을 설치하고, 인근에 적응성 있는 소화기 비치

③ 지하층 및 밀폐공간은 강제 환기시설을 설치하여 급 · 배기 실시

④ 화재로 인한 정전에 대비하여 비상경보설비와 외부와의 연락장치, 유도등, 비상조명설비 등을 설치하여 비상 대피로 확보

⑤ 용접 · 용단작업을 우레탄폼 시공보다 선행하는 등 작업 공정계획 수립 시 화재 예방을 면밀하게 고려

2 NFPA 20에 따라 소방펌프 및 충압펌프 기동 · 정지압력을 세팅하려고 한다. 아래 내용에 대하여 설명하시오.
1) 소방펌프 및 충압펌프 기동 · 정지압력 설정기준
2) 소방펌프의 최소운전시간
3) 소방펌프의 운전범위
4) 소방펌프(전동기 구동 1대, 디젤엔진 구동 2대) 및 충압펌프의 정격압력은 150 psi, 체절압력은 165 psi이다. 현재 정격압력 기준 자동기동, 자동정지로 셋팅된 상태를 체절압력 기준 자동기동, 수동정지 상태로 변경하려고 한다. 소방펌프 및 충압펌프의 기동 · 정지 압력 세팅값을 계산하시오.(단, 최소 정적 급수압력은 50 psi으로 한다)
5) 계통 신뢰성 향상을 위한 고려사항

문제 2) NFPA 20에 따른 소방펌프의 압력 세팅

1. 소방펌프 및 충압펌프 기동 · 정지압력 설정 기준

1) 충압펌프
① 정지점 : 체절압력+공공용수의 최소 정수압력
② 기동점 : 충압펌프 정지점 − 10 psi

2) 주펌프
① 기동점 : 충압펌프 기동점 − 5 psi
② 정지점 : 수동정지 또는 충압펌프의 정지점

3) 병렬 설치된 주펌프 및 예비펌프
① 기동점 : 주펌프 기동점 − 10 psi
② 정지점 : 주펌프 정지점과 동일함

2. 소방펌프의 최소운전시간

1) NFPA 25에서는 매주 또는 매월 주기로 소방펌프의 체절운전시험(Non-flow Test)을 수행하도록 규정하고 있으며, 그 시간은 다음과 같다.
① 전기모터 펌프 : 10분 이상
② 디젤엔진 펌프 : 30분 이상

2) 전기 펌프의 10분 구동 이유

① 전동기 권선 냉각

② 펌프 패킹 및 베어링 점검시간 확보

3) 디젤 펌프의 30분 구동 이유

① 펌프 및 구동장치의 과열 여부 확인

② 저장탱크 내 연료의 정체 방지

③ 불연소 배기 현상(Wet Stacking) 방지

3. 소방펌프의 운전 범위

1) 성능 기준

① 체절운전

체절운전 시의 양정은 정격양정의 140 % 이하일 것

② 정격운전

정격운전 시의 양정은 펌프 명판 또는 펌프 사양서에 명시된 정격양정일 것

③ 최대운전

정격유량의 150 %로 운전 시의 양정은 정격양정의 65 % 이상일 것

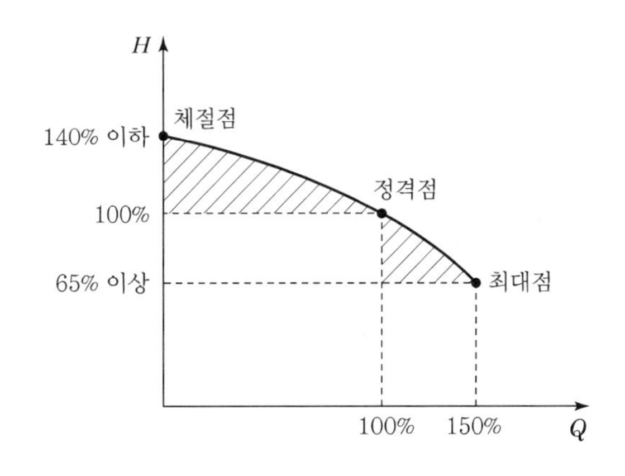

2) 운전 범위

소방펌프의 운전 범위는 토출량이 0인 체절운전(릴리프 밸브를 통한 배수는 포함)부터 헤드 1~2개가 개방된 저유량 운전, 정격유량 운전 및 최대유량 운전까지 포함된다.

→ 운전 범위 : 유량 0 ~ 정격유량의 150 %

4. 소방펌프 및 충압펌프의 압력 세팅값 계산

1) 충압펌프

① 정지점 : 165 + 50 = 215 psi

② 기동점 : 215 − 10 = 205 psi

2) 전동기 펌프

① 기동점 : 205 − 5 = 200 psi

② 정지점 : 수동정지 또는 215 psi

3) 디젤엔진 펌프 #1

① 기동점 : 200 − 10 = 190 psi

② 정지점 : 수동정지 또는 215 psi

4) 디젤엔진 펌프 #2

① 기동점 : 190 − 10 = 180 psi

② 정지점 : 수동정지 또는 215 psi

5. 계통 신뢰성 향상을 위한 고려사항

1) 적절한 압력 세팅

NFPA 20 기준과 같이 평상시 배관압력을 높게 유지하여 압력 서지에 의한 수격 현상 방지

2) 펌프의 품질 향상

① 내부식성 임펠러 재질 적용(황동 또는 스테인리스)

② 경년에 따른 성능 저하가 적은 펌프 선정(UL 인증 펌프)

3) 올바른 펌프 주변배관 설계

① 흡입 측 : 연성계 적용, NPSH 고려한 배관경 산정, 편심리듀서 적용 등

② 펌프 설치 : 기초부에 단단히 고정, 펌프 패킹방식 개선

4) 주기적인 성능시험

3 피난구유도등에 대하여 아래 사항을 답하시오.

1) 점등방식(2선식, 3선식)에 따른 회로도 작성
2) 유도등의 크기 및 상용점등 시/비상점등 시 평균 휘도
3) 유도등의 색상이 녹색인 이유

문제 3) 피난구유도등

1. 점등방식(2선식, 3선식)에 따른 회로도 작성

1) 2선식 배선

① 배선회로를 전용회로로 하여 점멸기에 의해 소등 시 자동적으로 축전지에 의해 점등이 20분 이상 지속

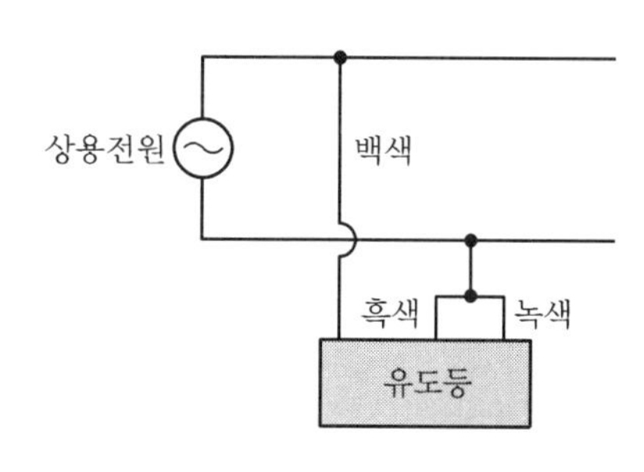

② 구조

- 백색선 : 공통선
- 흑색선 : 충전선
- 녹색선 : 점등선

③ 상용전원이 차단되면, 흑색선 ~ 녹색선으로 축전지 전원이 공급되어 점등이 유지

2) 3선식 배선

① 배선구조

- 평상시 : 소등 상태로 축전지가 충전되고 있는 상태
- 정전이나 자탐 작동 시 : 자동적으로 충전된 축전지 설비에 의해 20분 이상 점등 유지

② 점등 방법

- 화재 시 : 스위치가 접점 형성 → 점등
- 정전 시 : 축전지에 의해 → 점등

공통선
상용전원
충전선
원격
스위치
점등선
유도등

2. 유도등의 크기 및 상용점등 시/비상점등 시 평균휘도

1) 피난구 유도등의 크기

크기	정사각형 한 변(mm)	직사각형	
		짧은 변(mm)	최소면적(m^2)
대형	250 이상	200 이상	0.1 이상
중형	200 이상	140 이상	0.07 이상
소형	100 이상	110 이상	0.036 이상

2) 평균휘도

크기	평균휘도(cd/m^2)	
	상용점등 시	비상점등 시
대형	320 이상 800 미만	100 이상
중형	250 이상 800 미만	
소형	150 이상 800 미만	

3. 유도등의 색상이 녹색인 이유

1) Purkinje Effect

① 주위의 밝기에 따른 색의 명도 변화

② 밝은 곳에서는 같은 밝은 계통인 적색이 밝게 보이며, 조도가 낮아지면 적색은 어두워지고 청색이나 녹색이 밝게 보이게 된다.

2) 유도등이 녹색인 이유

① 화재 시에는 정전이 발생되기 쉽고, 연기로 인해 조도가 낮아진다.

② 따라서 어두운 공간에서는 녹색의 식별도가 높기 때문에 이를 사용한다.

3) 유도등의 색상

해외에서는 유도등의 색상을 적색과 녹색으로 사용하고 있다.

4 **건축물 화재 시 안전한 피난을 위한 피난시간을 계산하고자 한다. 아래 사항에 대하여 답하시오.**
1) 피난계산의 필요성, 절차, 평가방법
2) 피난계산의 대상층 선정 방법

기 출
분 석
114회
115회
116회
117회
118회
119회-4

문제 4) 피난계산

1. 피난계산의 필요성

1) 건축물 기획 및 설계단계에서는 재실자의 안전한 피난을 위한 피난계획을 수립하게 된다.
2) 이 피난계획이 충분하게 이루어졌는지 평가하기 위해 피난모델을 수행하여 화재 시 안전한 장소까지 피난하는 데 걸리는 시간을 추정하게 된다.
3) 피난계산은 피난허용시간(ASET)과 총 피난시간(RSET)을 계산하여 비교하며, 병목 현상에 따른 체류인원수를 계산하여 최대 체류인원이 공간의 용량을 초과하는지 확인하여 피난계획의 적정성을 평가하는 데 이용된다.

2. 피난계산의 절차

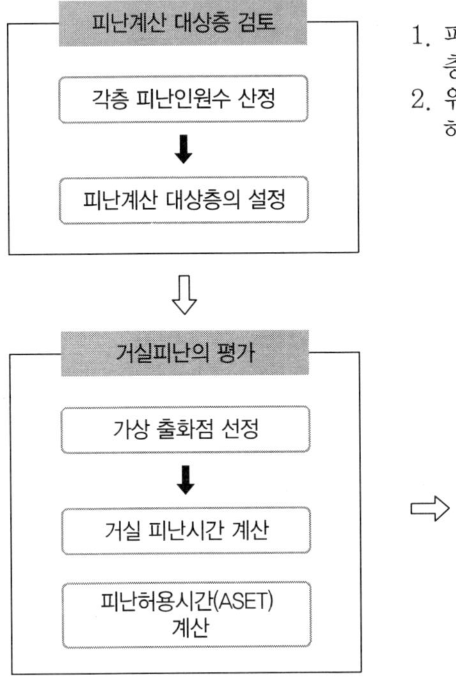

1. 피난을 필요로 하는 사람이 있는 모든 층에 대해 피난계산 수행함이 원칙
2. 위험성이 높다고 평가되는 층을 우선하여 피난 계산을 반복

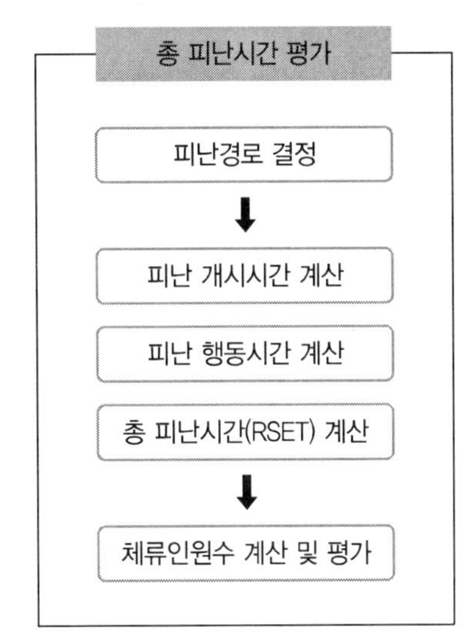

3. 피난계산의 평가방법(간략 계산)

1) 피난 경로 결정(=피난의 Zoning)

① 화점에서 멀어지는 방향으로 피난(퇴피 본능)

② 피난시간이 가장 짧아지도록 피난

2) 피난개시시간 계산

① 화재 발생에 따라 인지 가능한 연기 두께(천장 높이의 10%)가 된 시간으로 할 수 있다.

② 간략 계산방법

- 화재실 : $T_{a0} = 2\sqrt{A}$ (초)

  여기서, A : 화재실의 면적 (m^2)

- 비화재실 : $T_{b0} = 2T_{a0} = 4\sqrt{A}$

3) 피난행동시간 계산

① 거실 피난시간

- 거실 출입구까지 이동에 필요한 시간(t_{1a})

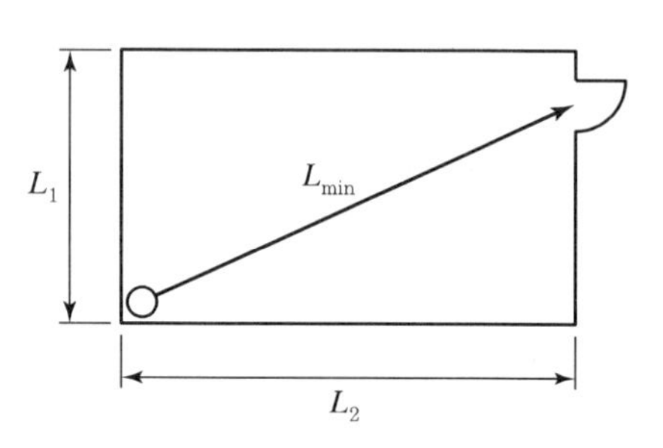

$$t_{1a} = \frac{L}{V} = \frac{L_1 + L_2}{V}$$

여기서, L : 거실 보행거리

V : 보행속도

- 거실 출입구를 통과하는 데 필요한 시간(t_{2a})

$$t_{2a} = \max\left(t_{1a}, \frac{Q}{N \times B_a}\right) = \max\left(\frac{L}{V}, \frac{Q}{N \times B_a}\right)$$

여기서, Q : 거실 재실자 수 (인)

N : 유출계수 (인/m 초)

B_a : 출입구 a의 폭 (m)

- 거실 피난행동시간

$$T_1 = t_{2a}$$

② 복도 피난시간

- 1번 피난자가 계단으로의 출입구(b)에 도달하는 시간(t_c)

$$t_c = \frac{L}{V} = \frac{L_3}{V}$$

여기서, L_3 : 복도 보행거리

V : 보행속도

• 계단 출입구 b를 통과하는 데 필요한 시간(t_{2b})

$$t_{2b} = \max\left(t_{1b},\ \frac{Q}{N \times B_b}\right)$$

여기서, t_{1b} : 거실출입구 a에서 L_3만큼 떨어진 계단 출입구 b까지 이동시간

Q : 거실 재실자 수 [인]

N : 유출계수 [인/m 초]

B_b : 출입구 b의 폭 [m]

• 복도 피난행동시간

$$T_2 = t_c + t_{2b} = \frac{L_3}{V} + \max\left(t_{1b},\ \frac{Q}{N \times B_b}\right)$$

4) 총 피난시간(RSET) 계산

총 피난시간 = 피난 개시시간 + 피난 행동시간

= 피난 개시시간 + (거실 피난시간 + 복도 피난시간)

5) 피난 허용시간(ASET) 계산

① 거실 피난허용시간

• 일반적인 경우 : $2\sqrt{A}$

• 천장높이 6 m 이상인 경우 : $3\sqrt{A}$

여기서, A : 각 거실의 면적

② 복도 피난 허용시간 : $4\sqrt{A_1 + A_2}$

③ 각 층 피난 허용시간 : $8\sqrt{A_1 + A_2}$

여기서, A_1 : 거실 면적의 합

A_2 : 층의 복도 면적의 합

6) 체류인원 계산

① t초 후 체류인원(M_t [인])

$$M_t = \min\left(Q,\ Q \times \frac{t}{t_{1b}}\right) - \min\left(Q,\ Q \times \frac{t}{t_{2b}}\right)$$

② 최대 체류인원

$$M_{\max} = \left(Q - Q \times \frac{t_{1b}}{t_{2b}}\right) = Q\left(1 - \frac{t_{1b}}{t_{2b}}\right)$$

4. 피난계산의 대상층 선정 방법

1) 원칙

① 피난계산은 피난을 요하는 사람이 있는 모든 층에 대해 수행함이 원칙

② 위험성이 높은 층에 대하여 우선적으로 수행

- 재실자가 많은 층
- 노약자 또는 환자 등이 이용하는 층
- 지하부분에 있는 층

2) 대상 층 선정 기준

각 층의 피난인원수를 계산하고, 다음에 해당하는 층을 피난계산의 대상 층으로 함

① 재실자가 가장 많은 층

② 바닥면적 및 재실자 수가 동일한 층이 복수일 경우 : 그 대표적인 층

③ 불특정 다수가 모이는 층(연회장, 대회의실 등)

④ 피난인원수는 많지만 피난계단이 적은 층

⑤ 피난로의 위치에 편중되어 피난안전성의 검증이 필요한 층

5 유기 과산화물의 활성산소량, 분해온도, 활성화에너지, 반감기, 사용 시 주의사항에 대하여 설명하시오.

문제 5) 유기과산화물의 활성산소량, 분해온도, 활성화에너지, 반감기 및 사용 시 주의사항

1. 개요

1) 유기과산화물

과산화수소의 수소를 유기화합물로 치환한 물질로 과산화기(-O-O-)를 가진 유기화합물

2) 과산화물의 활성산소량(AO Content), 반감기(Half-life), 분해속도 및 활성화에너지 등에 대한 특성치는 유용한 정보로 활용된다.

2. 활성산소량

1) 화학반응을 라디칼로 진행시키는 경우, 반응의 개시제 또는 가교제로서의 기능을 갖고 있는 과

산화물의 결합수 또는 방출되는 라디칼 수를 표시하는 데 활성산소량 %를 이용함

2) 계산식

$$\text{활성산소량}(\%) = \text{순도} \times \frac{-O-O-\ \text{결합의 수} \times 16}{\text{분자량}}$$

3) 희석 제품의 활성산소량은 순수 제품의 활성산소량 %와 대비하여 그 순도를 나타낼 수 있다.
4) 활성산소량은 과산화물로부터 생성되는 유리라디칼 양뿐만 아니라 제품의 농도 또는 순도를 표시한다.

3. 반감기

1) 주어진 온도에서 유기과산화물의 분해속도를 나타내는 값
2) 과산화물 중의 활성산소량이 분해에 의해 원래 수치의 1/2이 되는 데 필요한 시간으로 측정되며, 분해속도에 반비례하며 온도가 높을수록 작아진다.
3) 시간에 따른 분해량

시간(반감기의 배수)	분해량(%)	시간(반감기의 배수)	분해량(%)
반감기 × 1	50	반감기 × 5	96.88
반감기 × 2	75	반감기 × 6	98.88
반감기 × 3	87.5	반감기 × 7	99.24
반감기 × 4	93.75		

→ 유기과산화물의 완전분해에는 반감기의 6~7배의 시간이 필요하다.

4. 분해온도

1) 유기과산화물을 중합반응 개시제로 사용할 경우 어느 온도에서 어떤 속도로 라디칼을 방출하는지 알아야 한다.
2) 유기과산화물의 분해속도는 다음과 같이 표시할 수 있다.

$$k = \alpha e^{-\frac{E}{RT}}$$

여기서, k : 분해속도
α : 빈도계수
E : 활성화 에너지
R : 기체상수
T : 분해온도

3) 위의 식에서와 같이 분해온도가 높을수록 유기과산화물의 분해속도는 빨라진다.

5. 활성화에너지

1) 유기과산화물을 분해시키기 위해 필요한 에너지
2) 활성화에너지에 의해 과산화물이 분해되고, 자유라디칼이 생성된다.
3) 계산식

$$\ln\tau = C - \frac{E}{RT}$$

여기서, τ : 반감기
C : 상수
E : 활성화에너지
R : 기체상수
T : 절대온도

4) 활성화에너지가 낮은 물질은 저온에서 분해되기 쉬워 불안정하므로 저장하기 어렵다.
5) 일반적인 유기과산화물의 활성화에너지는 25~40 kcal/mol이며, 더 낮은 활성화 에너지를 가진 유기과산화물은 저장 시 특별한 조건이 필요하다.
6) 촉매를 가하는 경우, 활성화에너지가 10~15 kcal/mol 정도까지 낮아지며 저온에서도 분해가 쉽게 일어난다.

6. 사용 시 주의사항

1) 자기촉진분해온도(SADT) 이하로 유지되면 대부분의 위험을 피할 수 있으므로, 냉각 저장한다(저온창고).
2) 희석제를 첨가하여 일정 농도 이하로 유지한다.
3) 가열, 충격, 마찰에 주의하고, 화기를 엄금한다.
4) 액체의 경우에는 용기 내 압력상승을 방지해야 한다.
5) 화재 시에는 다량의 물로 냉각소화한다.

6 거실제연설비에 대하여 아래 내용을 설명하시오.
1) 배출풍도 및 유입풍도의 설치기준
2) 상당지름과 종횡비(Aspect ratio)
3) 종횡비를 제한하는 이유

문제 6) 거실제연설비

1. 배출풍도 및 유입풍도의 설치 기준

1) 배출풍도의 설치 기준

① 재질

- 아연도금강판 또는 이와 동등 이상의 내식성 · 내열성이 있는 것으로 할 것
- 내열성(석면재료 제외)의 단열재로 유효한 단열 처리할 것

② 강판의 두께

풍도 단면의 긴 변 또는 직경(mm)	450 이하	450 초과 750 이하	750 초과 1,500 이하	1,500 초과 2,250 이하	2,250 초과
두께(mm)	0.5	0.6	0.8	1.0	1.2

③ 배출풍속

- 배출기 흡입 측 풍도 안의 풍속 : 15 m/s 이하
- 배출 측 풍속 : 20 m/s 이하

2) 유입풍도의 설치 기준

① 유입풍도 풍속 : 20 m/s 이하

② 강판의 두께 : 배출풍도 기준으로 설치

3) 특징

① 배출 풍도는 화재 시 발생하는 열, 연기를 배출하므로 내열성 및 단열 처리를 요구함

② 공기의 유입은 화세를 촉진하지 않아야 하므로, 유입 풍도 내부의 풍속은 빠르지만, 유입구에서는 5 m/s 이하의 풍속을 요구한다.

③ 제연설비의 풍도는 사각 덕트로 적용하므로, 풍속은 기준에서 정하는 최대 풍속보다 낮게 적용함이 바람직하다.

2. 상당지름과 종횡비(Aspect ratio)

1) 상당지름

① 장방향 덕트와 동일한 저항을 가진 원형덕트의 직경

→ 장방형 덕트의 단면적을 원형 덕트로 환산하는 데 이용

② 계산식

$$d_e = 1.3 \times \left[\frac{(ab)^5}{(a+b)^2} \right]^{1/8}$$

여기서, d_e : 상당직경, a : 장방형 덕트의 장변 길이, b : 장방형 덕트의 단변 길이

2) 종횡비

① 장방형 덕트의 단면에서의 장변과 단변의 비율

② 원칙적으로 종횡비는 4 : 1 이하로 제한함(최대 8 : 1까지 허용)

③ 제연설비에서는 2 : 1 이하로 하되, 최대 4 : 1까지 허용

3. 종횡비를 제한하는 이유

1) 상당지름 비교

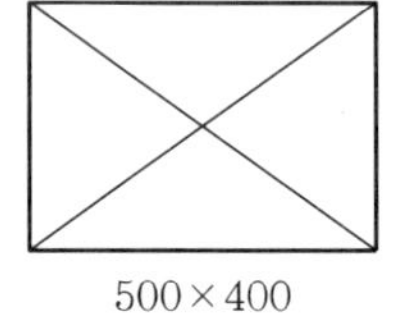

500×400

① 500×400 장방형 덕트의 상당직경

- 단면적 : $0.5 \times 0.4 = 0.2\ \text{m}^2$
- 상당직경

$$d_e = 1.3 \times \left[\frac{(0.5 \times 0.4)^5}{(0.5+0.4)^2} \right]^{1/8} = 0.488\ \text{m}$$

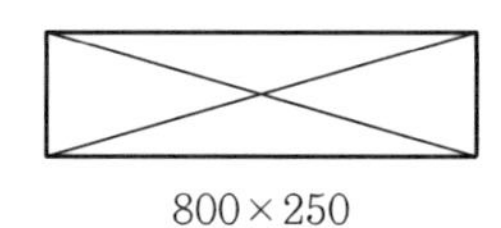

800×250

② 800×250 장방형 덕트의 상당직경

- 단면적 : $0.8 \times 0.25 = 0.2\ \text{m}^2$
- 상당직경

$$d_e = 1.3 \times \left[\frac{(0.8 \times 0.25)^5}{(0.8+0.25)^2} \right]^{1/8} = 0.4696\ \text{m}$$

③ 위 2가지 덕트의 단면적 크기는 같지만, 원형 덕트로 환산하면 종횡비가 클수록 상당직경이 작아진다.

2) 종횡비를 제한하는 이유

① 종횡비가 큰 장방형 덕트는 동일한 상당직경이 되게 하려면 단면적이 커져야 한다.

② 동일한 저항을 갖도록 설계하려면 종횡비가 작은 덕트에 비해 덕트 단면적이 증가하므로 덕트 재료를 줄이기 위해 종횡비를 제한하게 된다.

마스터 소방기술사 기출문제 풀이 01

발행일 | 2020. 3. 10 초판 발행
2021. 1. 10 초판 2쇄
2022. 11. 10 초판 3쇄

편저자 | 홍운성
발행인 | 정용수
발행처 | 예문사

주 소 | 경기도 파주시 직지길 460(출판도시) 도서출판 예문사
TEL | 031) 955-0550
FAX | 031) 955-0660
등록번호 | 11-76호

• 예문사 홈페이지 http : //www.yeamoonsa.com

정가 : 27,000원

ISBN 978-89-274-3515-0 13530